轻松玩转系列丛书

轻松玩转PIC单片机C语言

姚晓通　杨　博　刘建清　编著

北京航空航天大学出版社

内容简介

这是一本专门为PIC单片机玩家和爱好者“量身定做”的“傻瓜式”教材（基于C语言），在内容上，主要突出“玩”，在“玩”中学，在学中“玩”，使读者在不知不觉中轻松玩转PIC单片机！

本书采用新颖的讲解形式，深入浅出地介绍了PIC单片机（以PIC16F877A为例）的组成、开发环境及PIC单片机C语言基础知识，并结合大量实例，详细演练了PIC单片机I/O口、中断、定时器、CCP模块、串行通信、键盘接口、LED数码管、LCD显示器、DS1302时钟芯片、EEPROM存储器、温度传感器DS18B20、红外和无线遥控电路、单片机看门狗、休眠模式、模拟比较器、A/D转换器、步进电动机等内容。本书中的所有实例均具有较高的实用性和针对性，且全部通过了实验板验证；尤其珍贵的是，所有源程序均具有较强的移植性，读者只需将其简单地修改甚至不用修改，即可应用到自己开发的产品中。

全书语言通俗，实例丰富，图文结合，简单明了，可作为大学本科、专科单片机课程教学用书，也可作为PIC单片机爱好者和从事PIC单片机开发的技术人员的参考用书。

图书在版编目(CIP)数据

轻松玩转PIC单片机C语言 / 姚晓通，杨博，刘建清编著. -- 北京 ：北京航空航天大学出版社，2011.7

ISBN 978-7-5124-0527-1

Ⅰ. ①轻… Ⅱ. ①姚… ②杨… ③刘… Ⅲ. ①单片微型计算机，PIC系列②C语言－程序设计 Ⅳ. ①TP368.1②TP312

中国版本图书馆CIP数据核字(2011)第142685号

轻松玩转PIC单片机C语言

姚晓通　杨　博　刘建清　编著

责任编辑　刘　晨

*

北京航空航天大学出版社出版发行

北京市海淀区学院路37号(邮编100191)　http://www.buaapress.com.cn

发行部电话:(010)82317024　传真:(010)82328026

读者信箱：emsbook@gmail.com　邮购电话:(010)82316936

北京时代华都印刷有限公司印装　各地书店经销

*

开本:787 mm×1 092 mm　1/16　印张:19　字数:486千字

2011年7月第1版　2011年7月第1次印刷　印数:5 000册

ISBN 978-7-5124-0527-1　定价:39.00元(含光盘1张)

前　言

《轻松玩转51单片机》、《轻松玩转51单片机C语言》和《轻松玩转AVR单片机C语言》出版后，深受广大读者的欢迎，很多读者通过邮件、QQ、阿里旺旺或手机与笔者联系，反应此书简单明了，实例丰富，操作性强，易于移植……有的读者还提出了一些宝贵意见。借此机会，我们向广大读者表示衷心感谢！

由美国Microchip(微芯)公司推出的PIC单片机系列产品，采用了RISC结构的嵌入式微控制器，其高速度、低电压、低功耗、大电流LCD驱动能力和低价位OTP技术等都体现出单片机产业的新趋势。PIC单片机在计算机的外设、家电控制、通信、智能仪器、汽车电子等各个领域均得到了广泛的应用。现今的PIC单片机已经是世界上最有影响力的嵌入式微控制器之一，掌握PIC单片机编程已是一名单片机技术人员和玩家必备的技能。

本书从实用出发，通过大量实例，详细介绍了PIC单片机(以PIC16F877A为例)程序的设计方法与技巧，并进行了详细的解读。按照循序渐进的写作要求，全书共分18章，其中，第1～2章介绍了PIC单片机的组成、引脚功能、硬件电路及C语言入门知识；第3章介绍了PIC单片机实验设备的制作与使用方法；第4章介绍了PIC单片机开发的整个过程，使读者对PIC单片机开发有一个大致的了解与认识；第5章对PIC单片机C语言中的重点、难点进行了简要介绍；第6～18章采用实例的形式，详细演练了PIC单片机中断、定时器、CCP模块、串行通信、键盘接口、LED数码管、LCD显示器、DS1302时钟芯片、EEPROM存储器、温度传感器DS18B20、红外和无线遥控电路、单片机看门狗、休眠模式、模块比较器、A/D转换器、步进电动机等内容。

为方便读者学习，本书配备了一张多媒体光盘，光盘中收集了书中所有源程序等内容。

值得庆幸的是，学习本书的成本很低，只需有一个51实验板、一块PIC核心板和PIC KIT仿真下载器，即可进行本书中的实验。

本书第1～14章由姚晓通副教授编写，第15～17章由杨博编写，第18章由刘建清编写，全书由姚晓通组织定稿。

本书编写过程中，参阅了《无线电》、《单片机与嵌入式系统应用》等杂志，并从互联网上搜索了一些有价值的资料，由于其中很多资料经过多次转载，已经很难查到原始出处，仅在此向资料提供者表示感谢。

本书在编写工作中，北京航空航天大学出版社的嵌入式系统事业部主任胡晓柏也做了大量耐心细致的工作，使得本书得以顺利完成，在此表示衷心感谢！由于编著者水平有限，加之时间仓促，书中难免会有疏漏和不足之处，恳请专家和读者不吝赐教。

如果您在使用本书的过程中有任何问题、意见或建议，请登录以下网站：ddmcu. taobao. com 和 www. dxeda. com，也可通过 E-mail：ddmcu@163. com 向我们提出，我们将为您提供超值延伸服务。

最后，请记住我们的诺言：顶顶电子携助你，轻松玩转单片机！

作　者

2011 年 5 月

于兰州交通大学

目 录

第1章 PIC 单片机介绍

由美国 Microchip(微芯)公司推出的 PIC 单片机系列产品,采用了 RISC 结构的嵌入式微控制器,其高速度、低电压、低功耗、大电流 LCD 驱动能力和低价位 OTP 技术等都体现出单片机产业的新趋势。现在,PIC 系列单片机在世界单片机市场的份额排名中已逐年升位,尤其在 8 位单片机市场,据称已从 1990 年的第 20 位上升到目前的第 2 位。PIC 单片机从覆盖市场出发,已有 3 个系列多种型号的产品问世,所以在全球都可以看到 PIC 单片机从计算机的外设、家电控制、通信、智能仪器、汽车电子到金融电子各个领域的广泛应用。现今的 PIC 单片机已经是世界上最有影响力的嵌入式微控制器之一。

1.1 PIC 单片机概述

1.1.1 集中指令集和精简指令集

当今单片机厂商琳琅满目,产品性能各异。针对具体情况,用户应选何种型号呢?首先,我们来弄清两个概念:集中指令集(CISC)和精简指令集(RISC)。采用 CISC 结构的单片机数据线和指令线分时复用,即所谓冯·诺伊曼结构。它的指令丰富,功能较强,但取指令和取数据不能同时进行,速度受限,价格也高。采用 RISC 结构的单片机数据线和指令线分离,即所谓哈佛结构。这使得取指令和取数据可同时进行,且由于一般指令线宽于数据线,使其指令较同类 CISC 单片机指令包含更多的处理信息,执行效率更高,速度也更快。同时,这种单片机指令多为单字节,程序存储器的空间利用率大大提高,有利于实现超小型化。

属于 CISC 结构的单片机有 51 系列、Freescade 的 M68HC 系列等;属于 RISC 结构的有 Microchip 公司的 PIC 系列、ATMEL 的 AVR 单片机、台湾义隆的 EM-78 系列等。一般来说,控制关系较简单的小家电,可以采用 RISC 型单片机;控制关系较复杂的场合,如通信产品、工业控制系统应采用 CISC 单片机。

1.1.2 PIC 单片机与 51 单片机的区别

和 51 单片机相比,PIC 单片机有 3 个主要特点:

① 总线结构:51 单片机的总线结构是冯·诺依曼型,计算机在同一个存储空间取指令和数据,两者不能同时进行;而 PIC 单片机的总线结构是哈佛结构,指令和数据空间是完全分开的,一个用于指令,一个用于数据,由于可以对程序和数据同时进行访问,所以提高了数据吞吐率。正因为在 PIC 单片机中采用了哈佛双总线结构,所以,与常见的微控制器不同的是:程序和数据总线可以采用不同的宽度。数据总线都是 8 位的,但指令总线位数分别为 12、14、16 位。

② 流水线结构:51 单片机的取指和执行采用单指令流水线结构,即取一条指令。执行完后再取下一条指令;而 PIC 的取指和执行采用双指令流水线结构,当一条指令被执行时,允许下一条指令同时被取出,这样就实现了单周期指令。

③ 寄存器组:PIC 单片机的所有寄存器,包括 I/O 口,定时器和程序计数器等都采用 RAM 结构形式,而且都只需要一个指令周期就可以完成访问和操作;而 51 单片机需要两个或两个以上的周期才能改变寄存器的内容。

1.1.3 PIC 单片机的分类

PIC 单片机有 8 位、16 位和 32 位,其中 8 位机应用最广。微芯公司提供多个系列的 8 位 MCU,可以满足各种用户的使用需求。

1. PIC12CXXX/PIC12FXXX 系列

PIC12CXXX/PIC12FXXX 系列采用 12 位或 14 位宽指令集,工作电压很低(仅为 2.5 V),封装小,占位空间少,有中断处理能力,有更深的硬件堆栈、多个 A/D 通道、闪存、OTP 或 ROM 程序存储器及 EEPROM 数据存储器。

2. PIC16C5X 系列

PIC16C5X 是一个完善的基础产品系列,这些产品带有 12 位宽指令集,目前采用 14、18、20 和 28 引脚封装。在 SOIC 和 SSOP 封装的产品中,它们是业界占位面积最小的 MCU;工作电压低,OTP 型 MCU 最低可达 2.0 V,使该系列产品成为电池供电应用的理想产品。

3. PIC16CXXX/PIC16FXXX 系列

微芯推出的新款 PIC16CXXX/PIC16FXXX 系列产品是业界最高性能的带模/数转换器功能的 12 位 MCU。这个系列提供了极宽的选择,有 18～64 引脚封装。产品具有 14 位宽指令集、中断处理能力和一个 8 级深硬件堆栈。PIC16CXXX/PIC16FXXX 系列提供的高性能和多用性,能够满足当今这个对成本极其敏感的市场上对中档产品应用的最严格要求。比起 PIC16C5X 系列芯片,PIC16CXXX/PIC16FXXX 系列增加了 4～12 个中断源的中断功能。因此在实际使用中,电路的设计和软件的编程具有更大的弹性。

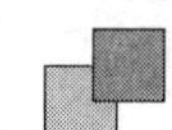

4. PIC17CXXX 系列

PIC17CXXX 系列将 RISC 结构扩展到 16 位指令字和增强型指令集，并具有强大矢量中断处理能力。这个系列的最大特点足具备 8×8 位的硬件乘法器(PIC17C42 例外)，运算结果可以得到 16 位的乘积值，而且由于核心结构的改善，这个系列的芯片性能较前面诸系列有大幅度提高。

5. PIC18CXXX/PIC18FXXX 系列

PIC18CXXX/PIC18FXXX 是高性能、CMOS、全静态的 MCU 系列，具有多路 10 位 A/D 转换，和多路 10 位 PWM 输出等功能模块，同时，它的程序存储器最大可达 64 K 字，通用数据存储器最大可达 3968 字节，适合于对单片机要求较高、程序比较复杂的产品，如防盗系统、汽车电子、燃气泵控制器、机械制造、仪器监控、数据采集、功率调节、温控系统、环境监测、无线电通信等。

在本书中，主要以 PIC16F877A 为例进行讲解与演练，它是 PIC16FXXX 系列中的一个重要的产品，PIC16F877A 的功能较全，因此，读者掌握了 PIC16F877A 后，使用 PIC 系列的其他单片机就很容易了。

1.1.4　PIC 系列单片机的优势

现在，越来越多的单片机爱好者开始热衷于 PIC 单片机了，我们不禁要问，PIC 到底有什么优势？在这里略谈几点看法：

① PIC 最大的特点是不搞单纯的功能堆积，而是从实际出发，重视产品的性能与价格比，靠发展多种型号来满足不同层次的应用要求。就实际而言，不同的应用对单片机功能和资源的需求也是不同的。比如，一个摩托车的点火器需要 I/O 口少、RAM 及程序存储空间不大、可靠性较高的小型单片机，若采用 40 引脚且功能强大的单片机，投资大不说，使用起来也不方便。PIC 系列从低到高有几十个型号，可以满足各种需要。其中，PIC12C508 单片机仅有 8 个引脚，如图 1－1 所示。

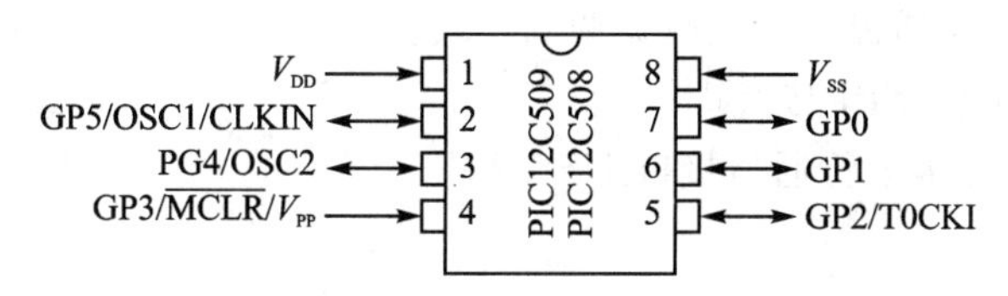

图 1－1　PIC12C508 单片机的引脚

PIC12C508 有 512 字节 ROM、25 字节 RAM、一个 8 位定时器、一根输入线、5 根 I/O 线。这样一款单片机在像摩托车点火器这样的应用无疑是非常适合的。PIC 的中档型号，如 PIC16C74 有 40 个引脚，其内部资源为 ROM 共 4K、192 字节 RAM、8 路 A/D、3 个 8 位定时器、2 个 CCP 模块、3 个串行口、1 个并行口、11 个中断源、33 个 I/O 引脚。这样一个型号可以和其他品牌的高档型号媲美。

② 精简指令使其执行效率大为提高。PIC 系列 8 位 CMOS 单片机具有独特的 RISC 结构，即采用数据总线和指令总线分离的哈佛总线(Harvard)结构，使指令具有单字长的特性，

且允许指令码的位数可多于 8 位的数据位数，这与传统的采用 CISC 结构的 8 位单片机相比，可以达到 2:1的代码压缩，速度提高 4 倍。

③ PIC 单片机引脚具有防瞬态能力，通过限流电阻可以接至 220 V 交流电源，可直接与继电器控制电路相连，无须光电耦合器隔离，给应用带来极大方便。

④ 彻底的保密性。PIC 以保密熔丝来保护代码，用户在烧入代码后熔断熔丝，别人再也无法读出，除非恢复熔丝。目前，PIC 采用熔丝深埋工艺，恢复熔丝的可能性极小。

⑤ 自带看门狗定时器，可以用来提高程序运行的可靠性。

⑥ 睡眠和低功耗模式。虽然 PIC 在这方面已不能与新型的 MSP430 相比，但在大多数应用场合还是能满足需要的。

⑦ PIC 系列单片机的 I/O 口是双向的，其输出电路为 CMOS 互补推挽输出电路。I/O 引脚增加了用于设置输入或输出状态的方向寄存器（TRISn，其中 n 对应各口，如 A、B、C、D、E 等），当置位 1 时为输入状态，且不管该引脚呈高电平或低电平，对外均呈高阻状态；置位 0 时为输出状态，不管该引脚为何种电平，均呈低阻状态，有相当的驱动能力，低电平吸入电流达 25 mA，高电平输出电流可达 20 mA。相对于 51 系列而言，这是一个很大的优点，它可以直接驱动数码管显示且外电路简单。

1.2 PIC16F877A 单片机的主要功能、外部引脚和内部结构

在众多的 PIC 单片机中，PICl6F877A 是 PIC 系列中很有特色的一款单片机，除了具有 PIC 系列单片机大部分优点之外，片内还带有 EEPROM、A/D 转换器等，很适合初学者入门与提高。下面以 PIC16F877A 为例，介绍其主要功能、外部引脚和内部结构。

1.2.1 PIC16F877A 单片机的主要功能

PIC16F877A 单片机主要资源及功能如下：

- 3 个定时器，2 个 8 位，1 个 16 位。
- 2 个 CCP 模块，即捕捉、比较、脉宽调制模块。
- 1 个同步串行接口，SPI 与 I^2C。
- 1 个通用同步/异步串行通信接口 USART。
- 1 个并行从动口。
- 上电复位(POR)。
- 掉电复位(BOR)。
- 低功耗睡眠工作方式。
- 8 路 10 位 A/D 转换器。
- 2 个模拟电压比较器。
- 1 个参考电压发生器。
- 8 级硬件堆栈。
- 可擦写 10 万次的 Flash 程序存储器，大小为 8K 字节(8K×18 位)。
- 可擦写 100 万次的 EEPROM，其数据可保持 40 年以上，大小为 256 字节(256×8 位)。

- 368字节(368×8位)的数据存储器。
- 可自编程及在线编程。
- 看门狗电路(WDT)。
- 程序代码保护。

1.2.2 PIC16F877A单片机的外部引脚

PIC16F877A单片机主要有3种封装形式,本书介绍使用最普遍的DIP40封装形式。其外部引脚分布如图1-2所示。

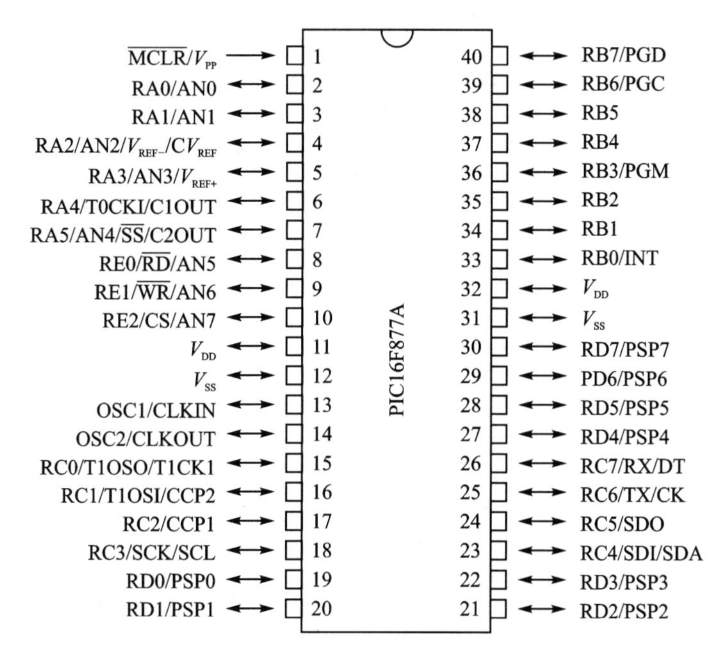

图1-2 PIC16F877A单片机的外部引脚分布

PIC16F877A单片机和51系列单片机一样,其引脚除电源V_{DD}、V SS为单一功能外,其余的信号引脚一般有多个功能,即引脚的复用功能,PIC16F877A引脚符号和功能如表1-1所列。

表1-1 PIC16F877A引脚符号和功能

引脚名称	引脚号	功 能
$\overline{MCLR}/V_{PP}$	1	复位输入(低电平有效)/编程电压输入
OSC1/CLKIN	13	振荡器晶体/外部时钟输入端
OSC2/CLKOUT	14	振荡器晶体输出端。在晶体振荡方式接晶体,在RC方式输出OSC1频率的1/4信号
RA0/AN0	2	RA0/第0路模拟信号输入
RA1/AN1	3	RA1/第1路模拟信号输入
RA2/AN2/V_{REF-}	4	RA2/第2路模拟信号输入/负参考电压

续表 1-1

引脚名称	引脚号	功　能
RA3/AN3/V_{REF+}	5	RA3/第3路模拟信号输入/正参考电压
RA4/T0CKI/C1OUT	6	RA4/定时器0的时钟计数脉冲输入/比较器1输出
RA5/AN4/$\overline{SS}$/C2OUT	7	RA5口/第5路模拟信号输入/同步串口选择/比较器2输出
RB0/INT	33	RB0/外中断输入
RB1	34	RB1引脚
RB2	35	RB2引脚
RB3/PGM	36	RB3/低电压编程电压输入
RB4	37	RB4引脚,具有电平变化中断功能
RB5	38	RB5引脚,具有电平变化中断功能
RB6/PGC	39	RB6/编程时钟输入,具有电平变化中断功能
RB7/PGD	40	RB7/编程数据输入,具有电平变化中断功能
RC0/T1OSO/T1CKI	15	RC0/定时器1的时钟输出或计数输入
RC1/T1OSI/CCP2	16	RC1/定时器1的振荡输入/捕捉器2输入或比较器2输出或PWM2输出
RC2/CCP1	17	RC2/捕捉器1输入或比较器1输出或PWM1输出
RC3/SCK/SCL	18	RC3/SPI的时钟/I^2C的时钟输入或输出端
RC4/SDI/SDA	23	RC4/ SPI的数据输入/I^2C的数据输入或输出端
RC5/SDO	24	RC5/SPI的数据输出端
RC6/TX/CK	25	RC6/全双工串口发送端/半双工同步传输的时钟端
RC7/RX/DT	26	RC7/全双工串口接收端/半双工同步传输的数据端
RD0～RD7/PSP0～PSP7	19～22, 27～30	RD口,也可作为从动并行端口
RE0/$\overline{RD}$/AN5	8	RE0/并口读出控制/第5路模拟信号输入
RE1/$\overline{WR}$/AN6	9	RE1/并口写入控制/第6路模拟信号输入
RE2/$\overline{CS}$/AN7	10	RE2/并口片选控制/第7路模拟信号输入
V_{SS}	12	接地
V_{DD}	11	正电源端

1.2.3 PIC16F877A单片机的内部结构

PIC16F877A单片机的内部结构如图1-3所示。

从其执行功能考虑,可以将PIC16F877A单片机分成两大组件,即内部核心模块和外围功能模块,其中,外围功能模块主要由RA～RE口、定时器0～2、A/D转换器、通用同步/异步收发器、同步串行端口(SPI和I^2C)、捕捉/比较/脉宽调制模块1～2等组成。

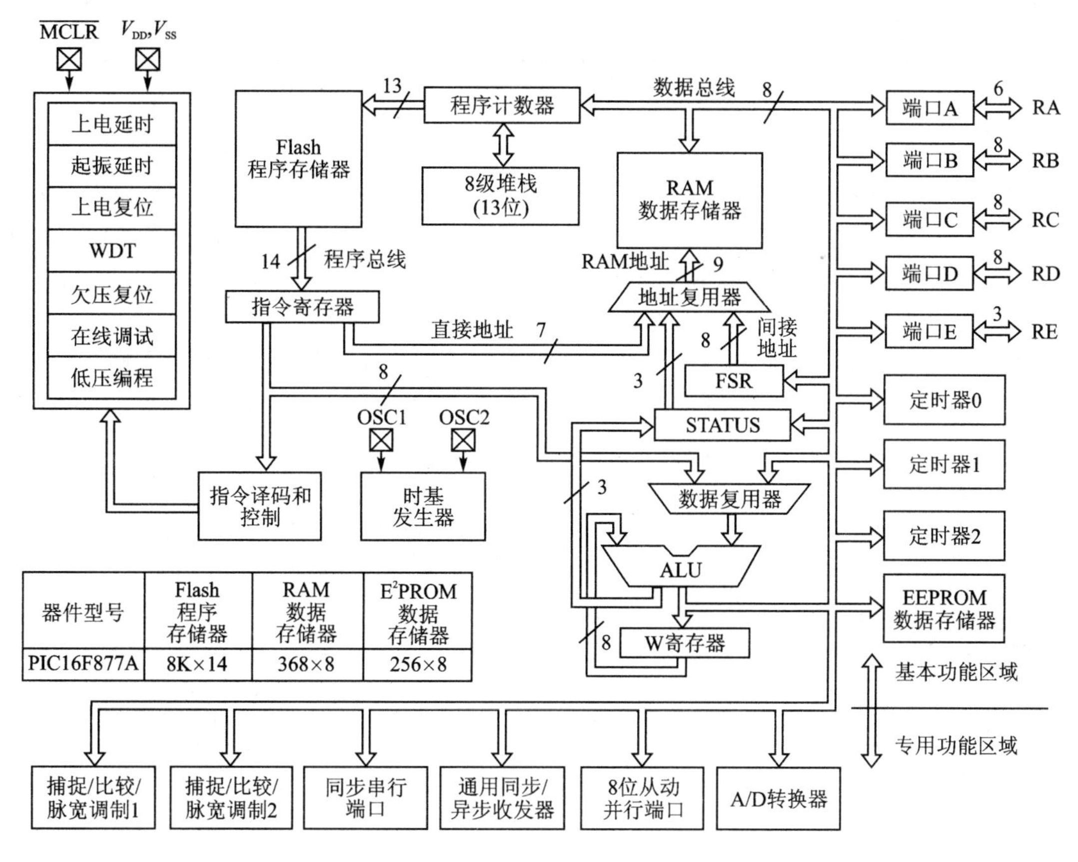

器件型号	Flash 程序存储器	RAM 数据存储器	E^2PROM 数据存储器
PIC16F877A	8K×14	368×8	256×8

图 1-3　PIC16F877A 单片机内部结构

下面，仅对 PIC16F877A 单片机中的 I/O 口和存储器进行简要说明。

1. PIC16F877A 单片机 I/O 口介绍

PIC16F877A 有 33 根 I/ O 引脚。这 33 个 I/O 引脚均可以作为普通的输入/输出引脚使用，大部分 I/O 引脚还有 2 个以上的功能。有 A、B、C、D、E 共 5 个端口，其中，A 端口有 6 个引脚，B、C、D 端口各有 8 个引脚，E 端口有 3 个引脚。

当作为普通引脚时，到底是作为输入还是输出，是由各自的方向控制寄存器控制的，A、B、C、D、E 端口的方向控制寄存器分别为 TRISA、TRISB、TRISC、TRISD、TRISE，相应的控制寄存器的位为 0，则该 I/O 引脚作为输出；为 1 作为输入。

例如，语句 TRISA＝0b00000001，就设置了 A 端口的高 7 位为输出，最低位为输入。每个 I/O 引脚的最大输出电流（拉电流）为 20 mA，最大输入电流（灌电流）为 25 mA。

(1) 端口 A

端口 A 有 6 个引脚，除了 RA4 外，其余 5 个口均可作为 A/D 转换的模拟电压输入口，还有部分引脚与比较器、SPI 有关，RA4 还与 TMR0 有关。因此，在使用 RA 口时，除了要设置 TRISA 外，有时相关寄存器也要设置。

在上电复位时，RA 口的默认设置是作为模拟输入，ADCON1 寄存器中默认值为 0b00xx0000，这个值的设置结果是除 RA4 外的所有的 RA 口都作为模拟输入口。在使用时要特别注意。

ADCON1 寄存器定义如下：

位 7	位 6	位 5	位 4	位 3	位 2	位 1	位 0
ADFM	—	—	—	PCFG3	PCFG2	PCFG1	PCFG0

ADCON1 寄存器是可读写的，和 I/O 口相关的是低 4 位，用于定义 ADC 模块输入引脚的功能分配。复位时低 4 位状态全为 0，定义 RA 和 RE 端口中的 8 个引脚 RE2～RE0、RA5 和 RA3～RA0 全部为 ADC 的模拟信号输入通道。只有当定义 PCFG3～PCFG0＝011x 时才会使 RE2～RE0、RA5 和 RA3～RA0 全部定义为普通数字 I/O 口。

需要特别注意的是，RA4 是一个集电极开路结构，和 A 口的其他引脚有点不同，RA4 作为普通数字 I/O 时，输入和其他端口一样是高阻抗，但没有上钳位二极管做限压保护；RA4 作为输出时，需要接一个上拉电阻才能输出高电平。

(2) 端口 B

端口 B 有 8 个引脚，8 个引脚具有内部弱上拉使能控制，由 OPTION 寄存器的第 7 位 RBPU 控制，如果弱上拉使能，作为输入的 RB 口在端口悬空时将被上拉到高电平。

OPTION 寄存器定义如下：

Bit7	Bit6	Bit5	Bit4	Bit3	Bit2	Bit1	Bit0
RBPU	INTEDG	T0CS	T0SE	PSA	PS2	PS1	PS0

当第 7 位 RBPU＝1 时，RB 的弱上拉电路全部禁止，RBPU＝0 时，RB 的弱上拉电路全部使能。

如图 1-4(a)所示，RB0 作为按键输入口，此时，要设置成 B 口为弱上拉，如果禁止 B 口弱上拉，则此按键未按下时，RB0 为悬空，状态不定，这是不允许的，因此，当弱上拉未使能时，必须按图 1-4(b)所示外接一个上拉电阻。

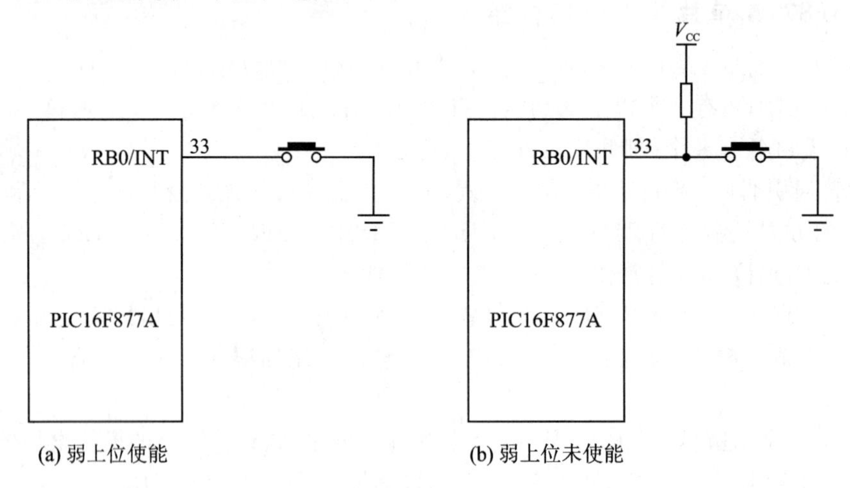

图 1-4　RB0 弱上位使能与未使能的接法

B 口的 RB0/INT 具有外部中断功能。RB 的高 4 位还具有电平变化中断功能，当此 4 个引脚作为输入时，只要有一个引脚的电平发生变化，就会使 RB 电平中断标志位置 1。这里所说的电平变化指的是逻辑电平变化，即从高变低或从低变高。这些功能的设置，与 OPTION、

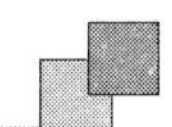

INTCON有关,可参见相关各章节;RB端口的引脚介绍如下。

另外需要说明的是,如果使用ICD2作为调试工具,RB6、RB7引脚将被调试系统占用,因此在调试时,此2个引脚暂不能使用。

(3) 端口C

端口C有8个引脚,是功能最多的一个端口,其功能详如表1-1所列。

(4) 端口D

端口D有8个引脚,它除了作为普通I/O口外,还能作为并行从动口使用。

(5) 端口E

端口E是一个只有3个引脚的I/O口,它们都可以作为A/D转换的模拟电压输入口。

2. PIC16F877A单片机程序存储器和数据存储器

(1) 程序存储器

PIC16F877A的程序存储器空间为8 KB,即最多可存8192条指令,PIC16F877A的程序存储器分为4页,每页2 KB。硬件为8级堆栈,意味着除中断外,能最多嵌套连续7级的子程序调用。程序计数器(PC)为13位,2^{13}=8 192,正好能寻址8K字的程序存储器空间。

PIC16F877A单片机的复位向量为0,复位向量指的是当由于各种原因产生单片机复位时,程序是从复位向量即0x0000开始执行的。

PIC16F877A单片机的中断向量为0x0004。中断向量指的是当单片机产生中断时,硬件将PC指针强制指向该中断向量,即程序自动跳转到0x0004。

(2) 数据存储器

PIC16F877A的数据存储器结构如图1-5所示。

PIC16F877A单片机的数据存储器分为4个体(bank),即bank0～bank3,也称为体0～体3。图中已命名的寄存器为特殊功能寄存器。未命名的为通用寄存器,通用寄存器可供用户自由使用。图中体1～体3中"映射到70h～7Fh"单元的寄存器,实际上就是70h～7Fh单元中的寄存器,只是可以在不同的体中直接存取,便于编程。图中灰色单元不能使用,图中的特殊功能寄存器名称是在汇编程序中定义的,PIC单片机C语言编译软件PICC中定义的特殊功能寄存器绝大部分与之相同。但也有特殊情况,在用PICC的C语言编程中要引起注意。

在PIC16F877A单片机汇编编程中,数据存储器的分体及程序存储器的分页是学习PIC单片机中遇到的主要难点,不过,如果使用PICC编程,这个问题将由PICC自动完成,大大提高了编程效率,这也正是C语言的魅力所在。

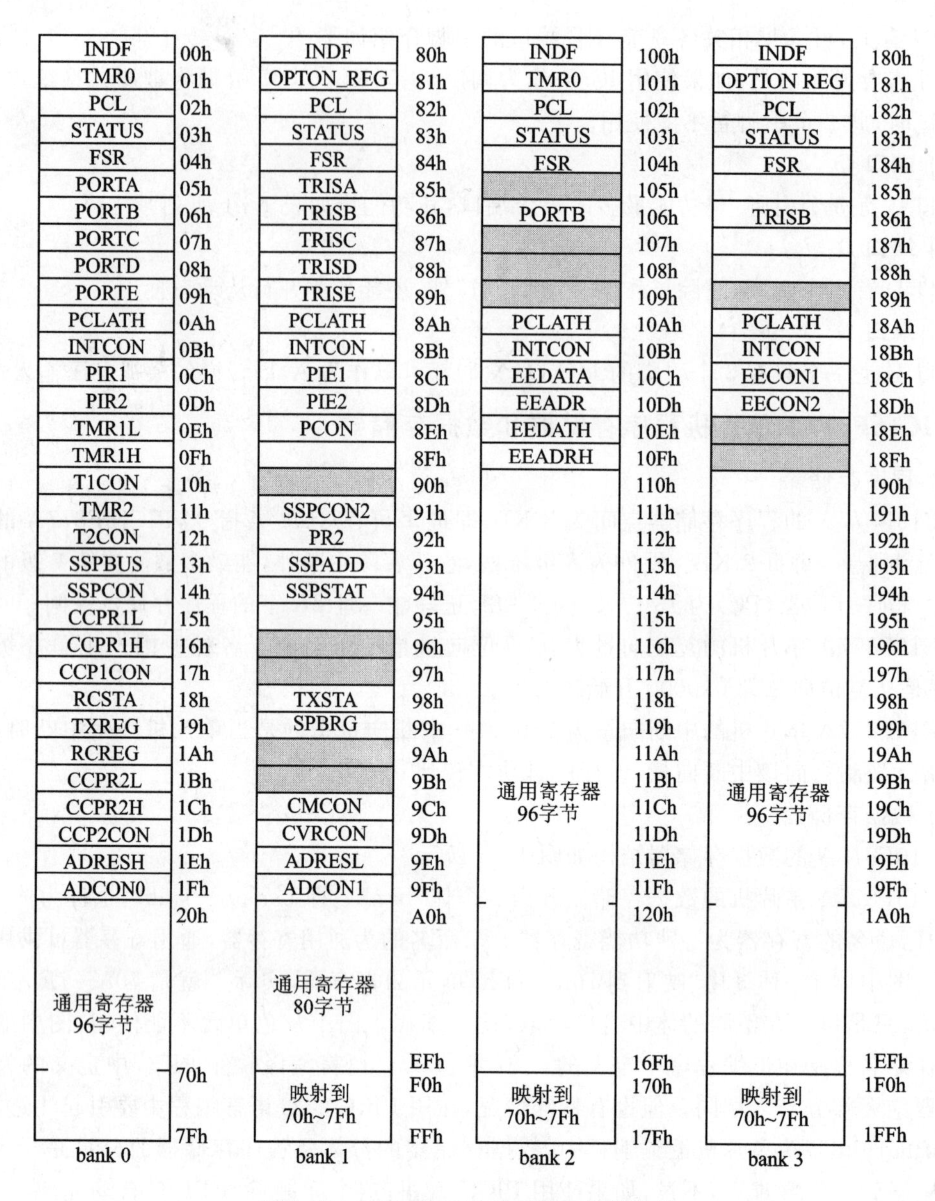

图 1－5　PIC16F877A 的数据存储器结构

第2章

PIC单片机C语言入门

PIC单片机的编程语言主要有两种：一是汇编语言，二是C语言。汇编语言的机器代码生成效率很高，但可读性却并不强，复杂一点的程序更是难读懂，而C语言虽然在机器代码生成效率上不如汇编语言，但可读性和可移植性却远远超过汇编语言。因此，开发PIC单片机，采用的一般都是C语言。

2.1 认识C语言

2.1.1 C语言的特点

C语言是一种结构化语言。它层次清晰，便于按模块化方式组织程序，易于调试和维护。C语言的表现能力和处理能力极强，它不仅具有丰富的运算符和数据类型，便于实现各类复杂的数据结构。它还可以直接访问内存的物理地址，进行位(bit)一级的操作。由于C语言实现了对硬件的编程操作，因此，C语言集高级语言和低级语言的功能于一体，效率高，可移植性强，特别适合单片机系统的编程与开发。

2.1.2 单片机采用C语言编程的好处

与汇编相比，C语言在功能上、结构性、可读性、可维护性上有明显的优势，因而易学易用。用过汇编语言后再使用C语言来开发，体会更加深刻。下面简要说明单片机采用C语言编程的几点好处。

1. 语言简洁，使用方便灵活

C语言是现有程序设计语言中规模最小的语言之一，C语言的关键字很少，ANSI C标准一共只有32个关键字，9种控制语句，压缩了一切不必要的成分。C语言的书写形式比较自由，表达方法简洁，使用一些简单的方法就可以构造出相当复杂的数据类型和程序结构。同时，当前几乎所有单片机都有相应的C语言级别的仿真调试系统，调试十分方便。

2. 代码编译效率较高

当前，较好的 C 语言编译系统编译出来的代码效率只比直接使用汇编低 20%左右，如果使用优化编译选项甚至可以更低。况且，PIC 系列单片机片上 ROM 空间可以做得很大，代码效率所差的 20%已经不是一个重要问题。

3. 无须深入理解单片机内部结构

采用汇编语言进行编程时，编程者必须对单片机的内部结构及寄存器的使用方法十分清楚；在编程时，一般还要进行 RAM 分配，稍不小心，就会发生变量地址重复或冲突。

采用 C 语言进行设计，则不必对单片机硬件结构有很深入的了解，编译器可以自动完成变量存储单元的分配，编程者可以专注于应用软件部分的设计，大大加快了软件的开发速度。

4. 可进行模块化开发

C 语言是以函数作为程序设计的基本单位的，C 语言程序中的函数相当于汇编语言中的子程序。各种 C 语言编译器都会提供一个函数库，此外，C 语言还具有自定义函数的功能，用户可以根据自己的需要编制满足某种特殊需要的自定义函数(程序模块)，这些程序模块可以不经过修改，直接被其他项目所用；因此，采用 C 语言编程，可以最大程度地实现资源共享。

5. 可移植性好

用过汇编语言的读者都知道，即使是功能完全相同的一种程序，对于不同的单片机，必须采用不同的汇编语言来编写。这是因为汇编语言完全依赖于单片机硬件。C 语言是通过编译来得到可执行代码的，本身不依赖机器硬件系统，用 C 语言编写的程序基本上不用修改或者进行简单的修改，即可方便地移植到另一种结构类型的单片机上。

6. 可以直接操作硬件

C 语言具有直接访问单片机物理地址的能力，可以直接访问片内或片外存储器，还可以进行各种位操作。

总之，用 C 语言进行单片机程序设计是单片机开发与应用的必然趋势，我们一旦学会使用 C 语言，就会对它爱不释手，尤其学习过 51 单片机 C 语言的读者，再转学 PIC 单片机 C 语言是十分方便的，只需对 PIC 单片机的硬件结构及相关寄存器做一简单了解即可。

2.2 简单的 C 语言程序

下面以一个简单的流水灯程序为例，了解一下 PIC 单片机 C 语言。

2.2.1 硬件电路

下面先来看一个实例，这个例子的功能十分简单，就是让单片机的 RD 口的 LED 灯按流水灯的形式进行闪烁，硬件电路如图 2-1 所示。

5 V 电源分别连接 8 个发光二极管的正极，8 个发光二极管的负极分别连接 8 只 1 kΩ 限流电阻，然后再接到 PIC 单片机 RD 口。这样，当单片机的 I/O 口输出高电平时，发光二极管

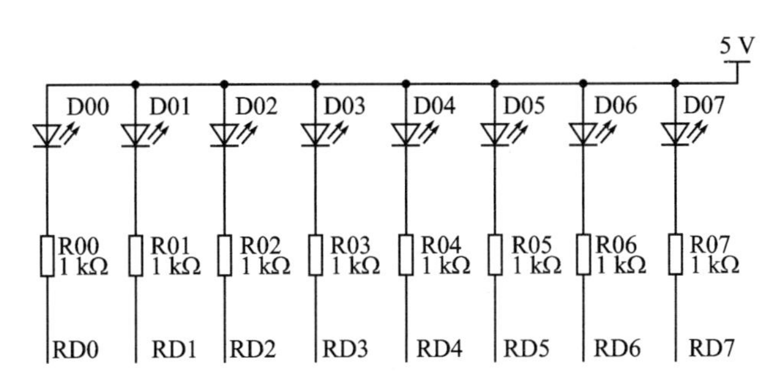

图 2-1　点亮 P0 口 LED 灯电路

两端都是高电平，发光二极管不会导通，当 I/O 口输出低电平时，发光二极管正向导通，同时也就发出光亮了。

这里解释一下 LED 灯上串接电阻大小的选择问题，我们知道，LED 灯的工作电压为 1.6～2.8 V（一般为 2 V），工作电流为 2～30 mA（一般控制在 4～10 mA），如果系统供电 V_{CC} 为 5 V，LED 上串接的电阻是 1 kΩ，并取 LED 上电压为 2 V，那么，此时通过 LED 的电流则为（5 V－2V）/1 000 Ω＝3 mA。如果需要提高亮度，需要增大 LED 灯的工作电流，当工作电流为 10 mA 时，则此时电阻应该选择（5 V－2 V）/10 mA＝300 Ω，所以，LED 灯的串联电阻一般在 300 Ω～1 kΩ 进行选择。

2.2.2　程序实现

8 位流水灯源程序如下：

```
#include<pic.h>
#define uchar unsigned char
#define uint  unsigned int
__CONFIG(HS&WDTDIS);
/******** 延时函数 ********/
void Delay_ms(uint xms)
{
    int i,j;
    for(i=0;i<xms;i++)
        { for(j=0;j<71;j++) ; }
}
/******** 主函数 ********/
void main (void)
{
    TRISD=0x00;//RD 口设置为输出
    while(1)
    {
        PORTD=0xFE;          //点亮第 1 个 LED 灯
        Delay_ms(500);       //延时
        PORTD=0xFD;          //点亮第 2 个 LED 灯
        Delay_ms(500);
```

```
            PORTD = 0xFB;          //点亮第 3 个 LED 灯
            Delay_ms(500);
            PORTD = 0xF7;          //点亮第 4 个 LED 灯
            Delay_ms(500);
            PORTD = 0xEF;          //点亮第 5 个 LED 灯
            Delay_ms(500);
            PORTD = 0xDF;          //点亮第 6 个 LED 灯
            Delay_ms(500);
            PORTD = 0xBF;          //点亮第 7 个 LED 灯
            Delay_ms(500);
            PORTD = 0x7F;          //点亮第 8 个 LED 灯
            Delay_ms(500);
        }
}
```

下面对这个程序进行简要的分析：

① 程序的第一行是“文件包含”，所谓“文件包含”是指一个文件将另外一个文件的内容全部包含进来。所以，这里的程序虽然只有几行，但 C 编译器（例如 HI－TECH 编译器，即 PICC 软件）在处理的时候却要处理几十行或几百行。为加深理解，可以用任何一个文本编辑器打开 HT－PIC\include 文件夹下面的 pic.h 来看一看里面有什么内容，如下所示（摘取部分）：

```
#ifndef  _PIC_H
#define  _PIC_H
……
#if defined(_16F87)  || defined(_16F88)
   #include <pic16f87.h>
#endif
#if defined(_16F873)  || defined(_16F874) ||\
   defined(_16F876)  || defined(_16F877) ||\
   defined(_16F872)  || defined(_16F871) ||\
   defined(_16F870)
   #include      <pic1687x.h>
#endif
#if defined(_16F873A)  || defined(_16F874A)     ||\
   defined(_16F876A)  || defined(_16F877A)
   #include      <pic168xa.h>
……
```

PIC 单片机与 80C51 系列单片机的不同之处在于其包含了一个庞大的系列，这个系列中的很多芯片有其特定的头文件。为了编写程序的方便，PICC 编译器给出了一个统一的头文件 pic.h，在这个文件中，根据编译环境所定义的器件名称，调入定义这个器件的头文件。在编译这段程序时，需要先建立一个工程，在建立工程时，假如定义器件名称为 PIC16F877A，相当于满足了下述条件中的 defined(_16F877A)部分，因此，在编译程序时会执行：

```
#include <pic168xa.h>
```

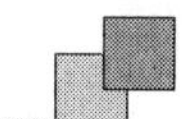

即开始调 pic168xa.h 头文件，下面再来看看这个头文件，用记事本打开后，内容如下（部分）：

```
/*
 *     Header file for the Microchip
 *     PIC 16F873A chip
 *     PIC 16F874A chip
 *     PIC 16F876A chip
 *     PIC 16F877A chip
 *     Midrange Microcontroller
 */

#if defined(_16F874A) || defined(_16F877A)
#define  __PINS_40
#endif

static volatile unsigned char    INDF     @ 0x00;
static volatile unsigned char    TMR0     @ 0x01;
static volatile unsigned char    PCL      @ 0x02;
static volatile unsigned char    STATUS   @ 0x03;
static       unsigned char       FSR      @ 0x04;
static volatile unsigned char    PORTA    @ 0x05;
static volatile unsigned char    PORTB    @ 0x06;
static volatile unsigned char    PORTC    @ 0x07;
#ifdef __PINS_40
static volatile unsigned char    PORTD    @ 0x08;
static volatile unsigned char    PORTE    @ 0x09;
#endif
......
```

从以上定义可以看出，这些符号的定义规定了符号名与地址的对应关系。注意，其中有：

```
static volatile unsigned char    PORTD    @ 0x08;
```

这样的一行，即定义 PORTD 与地址 0x08 对应，PORTD 的地址就是 0x08。

熟悉 PIC 内部结构的读者不难看出，PORTD 口的地址就是 0x08。在这个宏定义中，volatile 是 C 语言的关键字，加上 volatile 关键字后，将不进行编译优化。

② 源程序中有一种语句：

```
__CONFIG(HS&WDTDIS);
```

这一行程序称为配置文件，其目的是为这款单片机进行配置。PIC 单片机内部具有多种功能，可以根据需要来进行配置，以便在不同场合能正确地工作。这种配置工作可以在烧写芯片时手工设置，不过更好的方法是将配置写在程序中，在生成可烧写文件后，就将配置信息也包含在内了。对于大部分的编程器所配套的软件而言，它们能够识别这种信息，从而自动完成配置，避免了手工设置可能带来的错误。

下面简要说明这条配置语句的意义：

PIC16F877A 芯片可以在以下 4 种不同类型的振荡方式下工作：

a. LP 方式：低功耗晶体振荡器方式。

b. XT 方式；晶体/陶瓷谐振器方式。

c. HS 方式：高速晶体（等于或大于 4MHz）/陶瓷谐振器方式。

d. RC 方式：阻容振荡器方式。

我们的实验板上采用的是外接 4 MHz 的高频晶体振荡器，因此，配置时要选择 HS。

另外，为了避免在刚开始学习时由于芯片内部看门狗复位而造成的误判，一般在学习程序中总是关掉看门狗，因此，配置时选择 WDTDIS（禁止看门狗）。

③ Delay_ms(500)的用途是延时，由于单片机执行指令的速度很快，如果不进行延时，灯亮之后马上就灭，灭了之后马上就亮，速度太快，人眼根本无法分辨，所以需要进行适当的延时，这里采用自定义函数 Delay_ms(500)实现延时，函数前面的 void 表示该延时函数没有返回值。

Delay_ms(500)函数是一个自定义函数，它不是由 PIC 编译器提供的，即不能在任何情况下写这样一行程序以实现延时，如果在编写其他程序时写上这么一行，会发现编译通不过。注意观察本程序会发现，在使用 Delay_ms(500)之前，第前面已对 Delay_ms(int k)函数进行了事先定义，因此，在主程序中才能采用 Delay_ms(500)进行使用。

注意，在延时函数 Delay_ms(uint xms)定义中，参数 xms 被称做“形式参数”（简称形参）；而在调用延时函数 Delay_ms(500)中，小括号里的数据“500”，这个“500”被称作“实际参数”（简称实参），参数的传递是单向的，即只能把实参的值传给形参，而不能把形参的值传给实参。另外，实参可以在一定范围内调整，这里的“500”表示延时时间为 0.5 s，若为“1 000”，则延时时间是 1 000 ms，即 1 s。

③ PIC 单片机的 I/O 口是标准的 I/O 口，I/O 接口的功能是负责实现 CPU 通过系统总线把 I/O 电路和外围设备联系在一起，标准的 I/O 口具有输入、输出、高阻 3 种状态，PIC 单片机通过 2 个寄存器来控制 I/O 口的状态：输入/输出方向寄存器 TRISx（x 表示端口，例如 TRISD 表示端口 RD 的方向寄存器）、输出寄存器 PORTx。

程序中，“TRISD＝0x00;”就是将端口 RD 口设置为输出。

“PORTD＝ 0xFE;”的含义就是将端口 RD 的输出寄存器设置为 0xFE，即让端口 RD 的高 7 位输出高电平，低 1 位输出低电平。其他依次类推。

④ 在单片机程序中，让程序进入一个 while(1){}死循环中，这样保证程序一直运行，我们知道，程序都是一步一步向下执行的，执行到程序的结尾就会停止，这时即使外界再有什么动作，单片机也不再响应了，加上死循环，那么程序就会一直在这个循环体中运行，如果我们在这个循环体中进行相应操作，程序就会很快检测到并给出响应。

在本例中，while(1){}死循环的功能轮流点亮 PORTD 口 LED 灯，使 PORTD 口的 LED 灯流动显示。

2.2.3 改进后的程序

上面的流水灯程序虽然易懂，但比较烦琐，下面的流水灯程序则比较简捷：

```
#include<pic.h>
```

```
#define uchar unsigned char
#define uint  unsigned int
__CONFIG(HS&WDTDIS);
/********延时函数 ********/
void Delay_ms(uint xms)
{
     int i,j;
     for(i = 0;i<xms;i ++ )
         { for(j = 0;j<71;j ++ ) ; }
}
/********主函数 ********/
void main()
{
    uchar i;
    uchar temp;
    TRISD = 0x00;
    while(1)
    {
     for(i = 0;i<8;i ++ )
     {
         PORTD = 0xFF;
         temp = 1 << i;
         PORTD = PORTD&(~temp);
         Delay_ms(500);
     }
    }
}
```

这个程序之所以比较简捷，是因为采用了变量 temp，通过改变变量 temp 的值，从而改变 PORTD 口的状态，temp 的变化过程如表 2－1 所列。

表 2－1　变量 temp 的变化情况

变　量	$i=0$	$i=1$	$i=2$	$i=3$	$i=4$	$i=5$	$i=6$	$i=7$
temp	0x01	0x02	0x04	0x08	0x10	0x20	0x40	0x80
～temp	0xfe	0xfd	0xfb	0xf7	0xef	0xdf	0xbf	0x7f

第 3 章

PIC 单片机低成本实验设备的制作与使用

学习 PIC 单片机与学习 51 单片机一样，只能通过大量的实验，边学边练，这样才能尽快掌握。PIC 单片机实验需要准备实验板、PICKIT 编程调试器等设备，目前，市场上这类产品种类很多，并且价格不菲，这对 PIC 单片机爱好者来说是一个大的支出。笔者是一名单片机开发工作者，也是一名单片机制作"发烧友"，曾经为 51 单片机爱好者制作了一套功能强大、电路简捷的 DD—900 实验开发板，得到了读者的好评，在这里，将以 DD—900 为基板，通过外接一个"PIC 核心板"，让 DD—900 摇身变成"PIC 开发板"，本书中的所有实例都可以通过"PIC 核心板＋D—900 实验开发板"这一组合进行验证。

3.1 PIC 核心板介绍

PIC 核心板实际上就是一个 PIC 单片机最小系统板，另外，还可以将 PIC 各引脚对通过插针引出来，通过杜邦线，可以方便地和外围电路进行连接。

PIC 核心板实物如图 3－1 所示，具体电路如图 3－2 所示。

图 3－1　PIC 核心板实物图

在电路中，U1 是 PIC 单片机 PIC16F877A，当然也可以插接其他引脚兼容的 PIC 单片机，P2、P3 是与插针，和 PIC 单片机的相应引脚连接。

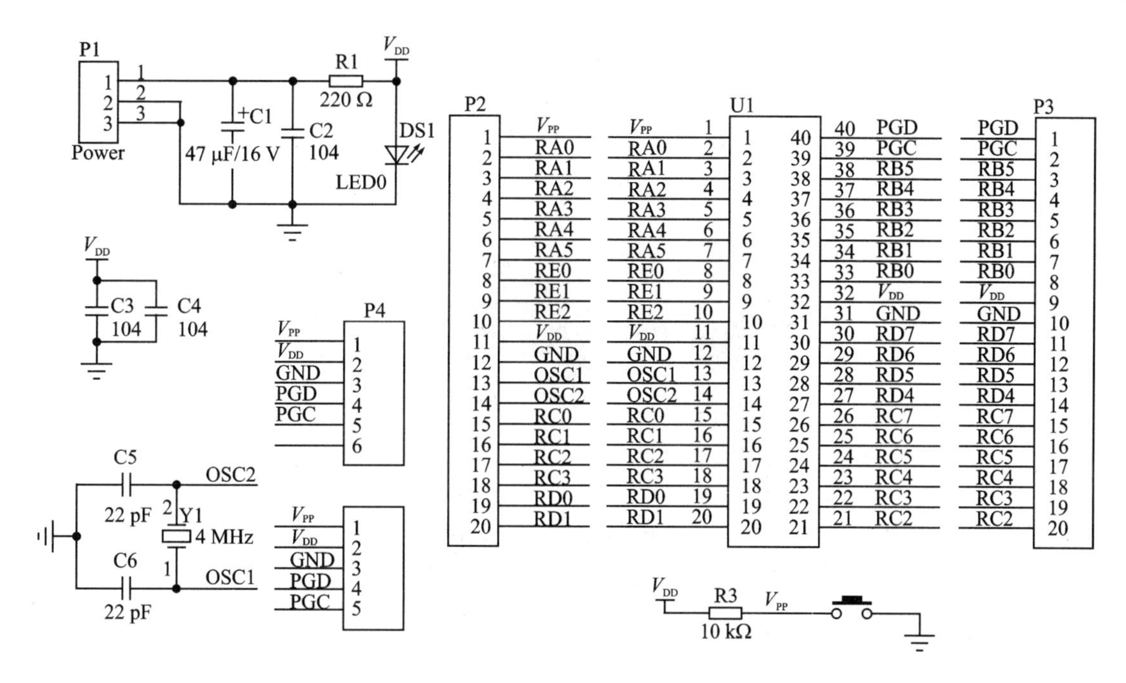

图 3-2 PIC 核心板电路原理图

P4、P5 是调试接口(一个为排针接口,另一个为电话头接口),用来连接 PIC 编程调试器 JTAG 仿真器,用来对 PIC 单片机进行程序仿真与下载,S1 为复位键,用来对单片机进行复位操作,P1 为 5 V 电源接口,可以接 5 V 电源适配器。

这个核心板电路虽然简单,但功能却非常多,不但可将 PIC 单片机的各端口引出来,而且还设有仿真下载插口,对 PIC 单片机进行程序的仿真与下载。

3.2 DD—900 实验开发板介绍

凡学习 PIC 单片机的朋友,一般都学习过 51 单片机,做过一些 51 单片机的实验,很多朋友还拥有自己的 51 单片机开发板,以现有的 51 单片机开发板为基板,配上 PIC 核心板,就可以进行 PIC 单片机实验了,这样,可大大节约学习 PIC 单片机的成本。这里,我们将以顶顶电子制作的 DD—900 实验开发板为基板进行 PIC 单片机的有关实验,有关 DD—900 实验开发板的详细情况,请登录顶顶电子网站:ddmcu. taobao. com。

3.2.1 DD—900 实验开发板硬件资源

DD—900 实验开发板是针对 51 单片机实验开发的,另外,配合 PIC 核心板,也可完成 PIC 单片机所有的实验,在本书的后续章节中,将会介绍 DD—900 实验开发板的强大功能。DD—900 实验开发板主要硬件资源在板上的位置如图 3-3 所示。

DD—900 主要硬件资源和接口如下:

- 8 路 LED 灯。
- 8 位共阳 LED 数码管。

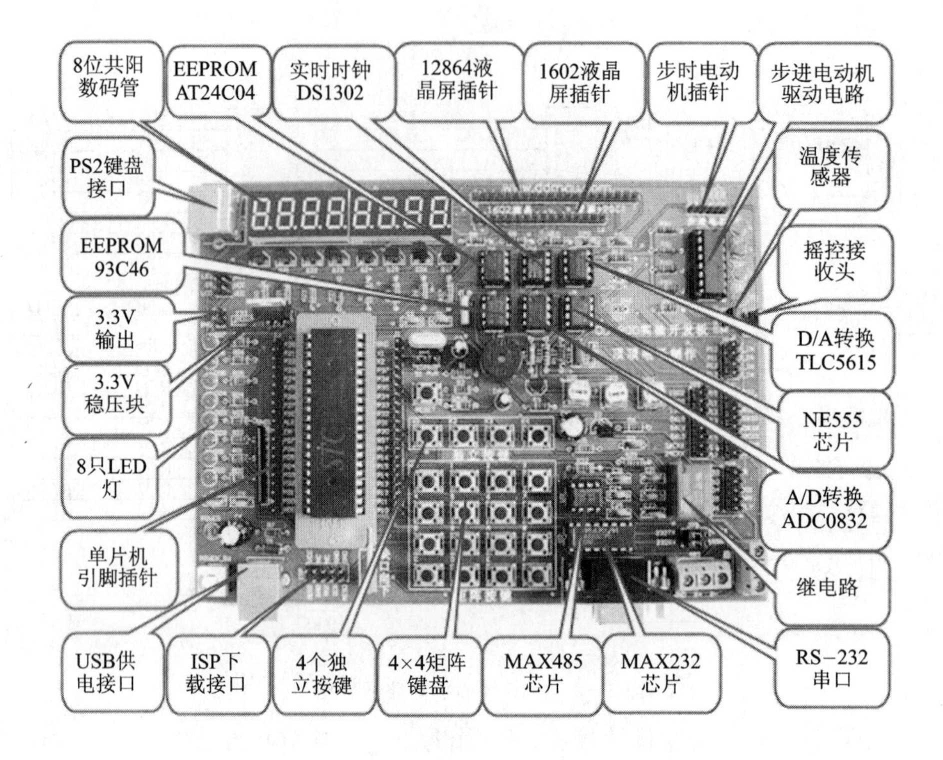

图 3-3　DD—900 实验开发板主要硬件资源在板上的位置

- 1 602 字符液晶接口。
- 12 864 图形液晶接口。
- 4 个独立按键。
- 4×4 矩阵键盘。
- RS-232 串行接口。
- RS-485 串行接口。
- PS/2 键盘接口。
- I^2C 总线接口 EEPROM 存储器 24C04。
- Microwire 总线接口 EEPROM 存储器 93C46。
- 8 位串行 A/D 转换器 ADC0832。
- 10 位串行 D/A 转换器 TLC5615。
- 实时时钟 DS1302。
- NE555 多谐振荡器。
- 步进电动机驱动电路 ULN2003。
- 单总线温度传感器 DS18B20。
- 红外遥控接收头。
- 1 个蜂鸣器。
- 1 个继电器。
- AT89S 系列单片机 ISP 下载接口。
- 3 V 输出接口。

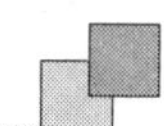

● 单片机引脚外扩接口。

需要强调的是,DD—900设计时主要是针对51单片机的,涉及的电路是以51为基础的,在进行PIC实验时,需要外接PIC核心板,接上PIC核心板后,PIC单片机就可以控制DD—900实验开发板的相应外围模块了。例如,DD—900实验开发板的P10~P13引脚与步进电动机连接,如果PIC核心板的RA0~RA3与DD—900的P10~P13连接,则PIC单片机就可以通过RA0~RA3控制步进电动机了,其他外围模块控制方法与以上相同。

3.2.2　硬件电路介绍

1. 发光二极管和数码管电路

DD—900实验开发板的发光二极管和数码管电路如图3-4所示。

(1) 发光二极管电路

单片机的P0端口接了8个发光二极管,这些发光二极管的负极通过一个8个电阻接到P0端口各引脚,而正极则接到电源端VCC_LED。发光二极管亮的条件是P0口相应的引脚为低电平,即如果P0口某引脚输出为0,则相应的灯亮;如果输出为1,则相应的灯灭。

(2) 数码管电路

单片机的P0口和P2口的部分引脚构成了8位LED数码管驱动电路。这里LED数码管采用了共阳型,使用8只PNP型三极管作为片选端的驱动。基极通过限流电阻分别接单片机P2.0~P2.7,VCC_DS电源电压经8只三极管控制后,由集电极分别向8只数码管供电。

JP1为发光二极管、数码管和LCD供电选择插针,当短接JP1的LED、V_{CC}引脚时,可进行发光二极管实验,当短接JP1的DS、V_{CC}引脚时,可进数码管实验,当短接JP1的LCD、V_{CC}引脚时,可进行LCD实验。

2. 1602和12864液晶接口电路

1602和12864液晶接口电路如图3-5所示。

液晶显示器由于体积小、重量轻、功耗低等优点,日渐成为各种便携式电子产品的理想显示器。DD—900实验开发板设有1602字符型和12864点阵图形两个液晶接口。

液晶接口电路由VCC_LCD供电,当进行LCD实验时,需要短接插针JP1的LCD、V_{CC}端。

3. 红外遥控接收电路

红外遥控接收电路如图3-6所示。

红外遥控接收头输出的遥控接收信号送到插针JP4的IR端,再通过插针JP4送到单片机的P32引脚,由单片机进行解码处理。

进行红外遥控实验时,请将JP4的IR端和P32端短接。

4. 继电器电路

继电器电路如图3-7所示。

单片机P36引脚输出的控制信号经插针JP4的P36、RLY端加到继电器控制电路,当P36脚为高电平时,三极管Q2截止,继电器RLY1不动作(常闭触点闭合,常开触点断开);当P36

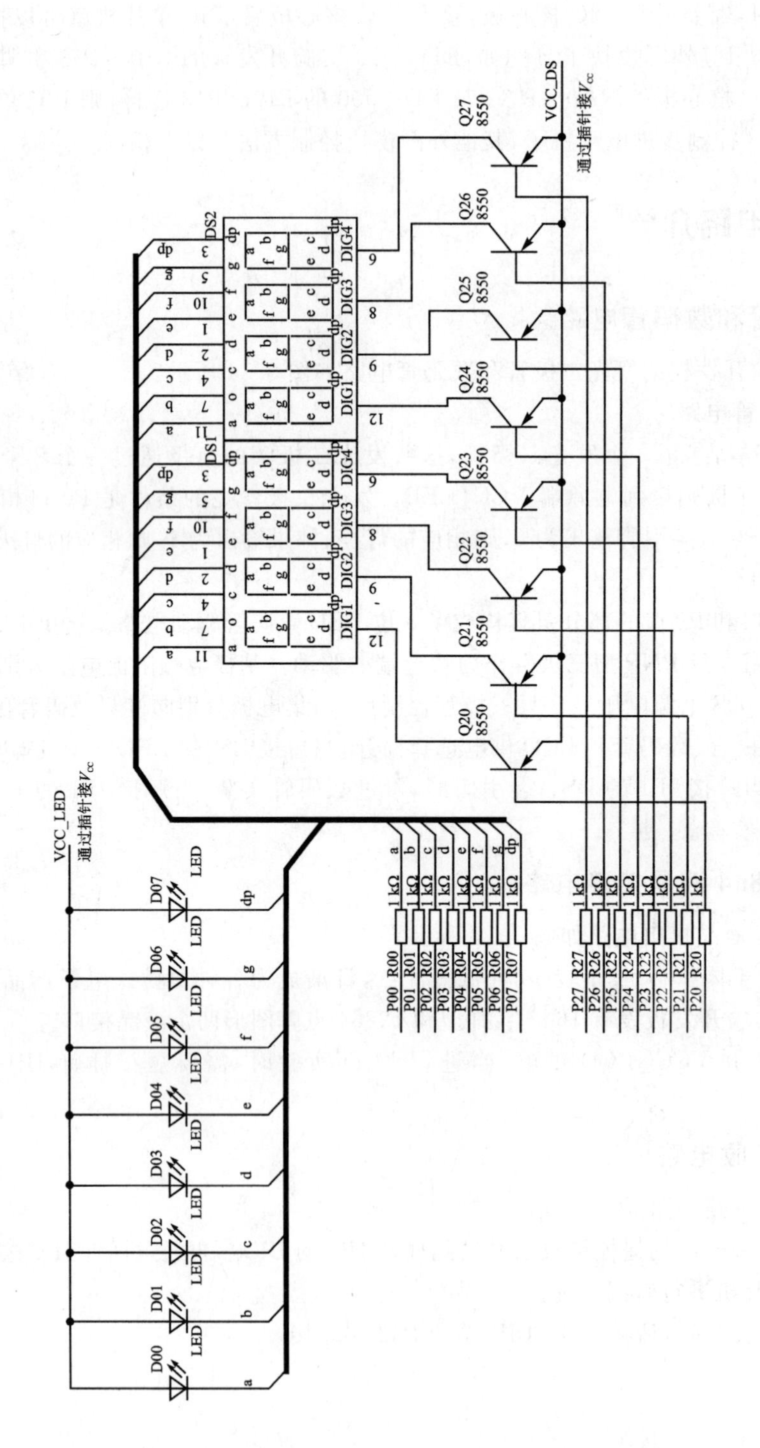

图 3-4 发光二极管和数码管电路

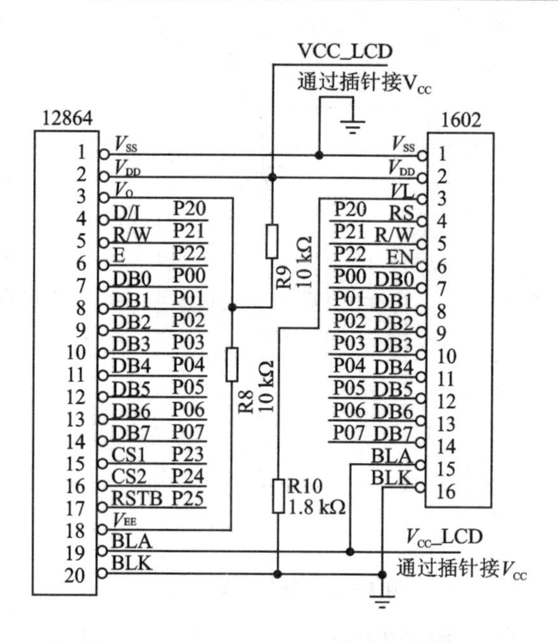

图 3-5　1602 和 12864 液晶接口电路

引脚为低电平时，三极管 Q2 导通，继电器 RLY1 动作(常闭触点断开，常开触点闭合)。

进行继电器控制实验时，请将 JP4 的 RLY 端和 P36 端短接。

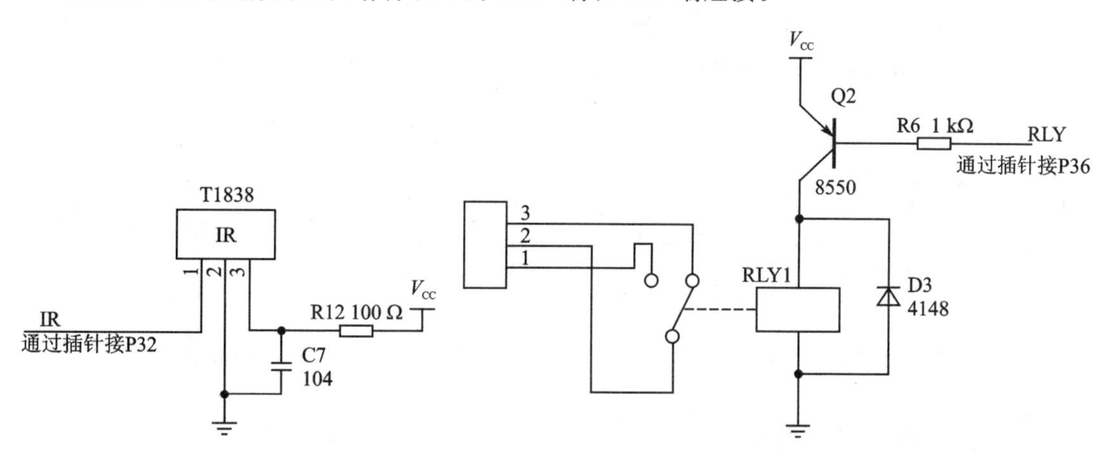

图 3-6　红外遥控接收电路

图 3-7　继电器电路

5. 555 多谐振荡器

555 多谐振荡器电路如图 3-8 所示。

555 多谐振荡器产生的方波振荡信号由 NE555 的 3 引脚输出，经插针 JP4 送到单片机的 P34 引脚，可进行计数器实验。

进行 555 实验时，请将 JP4 的 555 端和 P34 端短接。

6. PS/2 键盘接口

PS/2 键盘接口电路如图 3-9 所示。

PC 的键盘通过 PS/2 接口接入单片机的 P33、P34 引脚，可实现对单片机的控制。

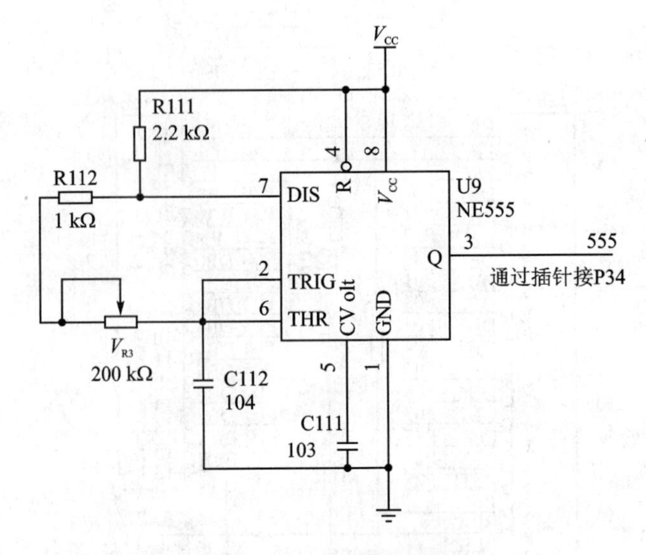

图 3-8　555 多谐振荡器

进行 PS/2 实验时，请断开 JP4 的 P33、P34 和外围器件的连接。

7. EEPROM 存储器 24C04 和 93C46

EEPROM 存储器 24C04 存储器电路原理图如图 3-10 所示，24C04 的 6 引脚(SCL)、5 引脚(SDA)通过 JP6 插针，连接到单片机的 P16、P17 引脚，进行 24C04 实验时，须将 JP5 的 24CXX(SCL)、24CXX(SDA)插针分别和 P16、P17 插针短接。

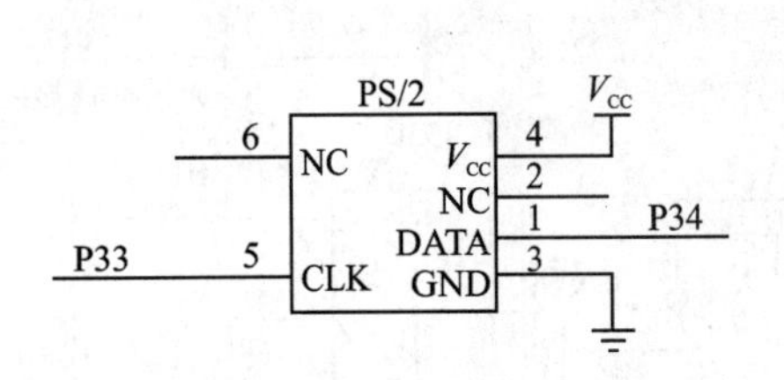

图 3-9　PS/2 键盘接口电路

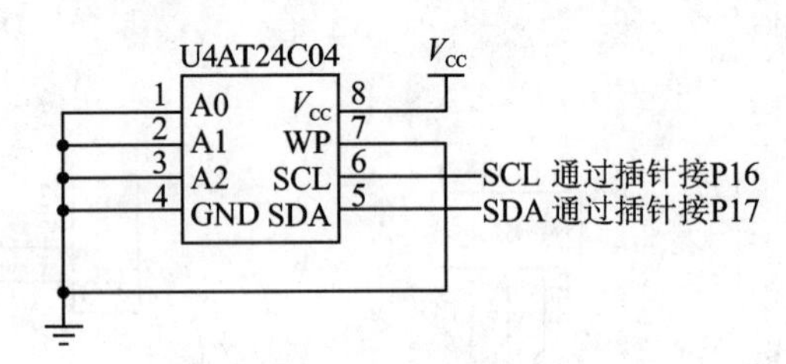

图 3-10　24C04 电路

8. EEPROM 存储器 93C46

93C46 存储器电路原理图如图 3-11 所示，93C46 的 1 引脚(CS)、2 引脚(CLK)、3 引脚(DI)、4 引脚(DO)通过 JP6 插针，连接到单片机的 P14、P15、P16、P17 引脚。进行 93C46 实验时，须将 JP6 插针的 93CXX(CS)、93CXX(CLK)、93CXX(DI)、93CXX(DO)端分别和 P14、P15、P16、P17 四个插针短接。

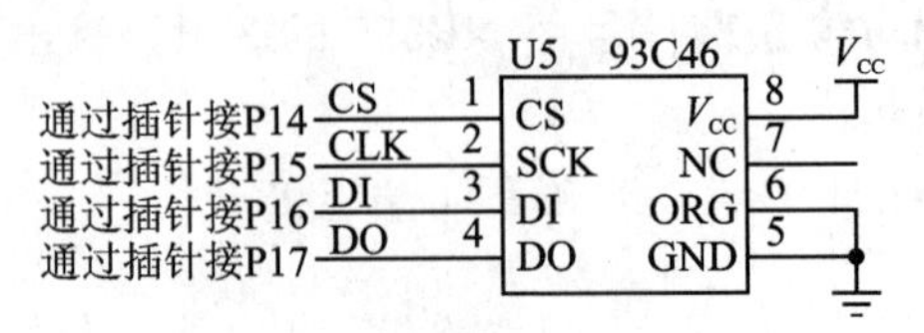

图 3-11　93C46 电路

9. A/D 转换电路 ADC0832

DD—900 实验开发板设有 8 位串行 A/D 转换器 ADC0832,有关电路图如图 3-12 所示。

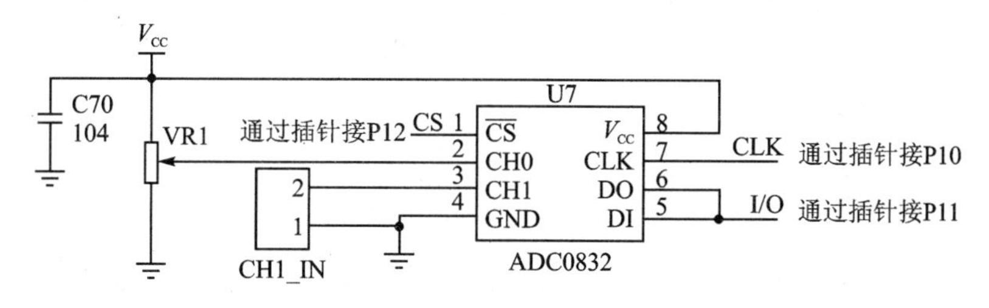

图 3-12　A/D 转换电路 ADC0832

在电路中，ADC0832 的 7 引脚(CLK)、5 引脚和 6 引脚(I/O)、1 引脚(CS)通过 JP6 插针，接到单片机的 P10、P11、P12 引脚。图中,CH1_IN 为 ADC0832 通道 1(CH1)输入端;通道 0(CH0)输入端由 5 V 电压(V_{CC})经 VR1 分压后得到。

进行 A/D 转换器 ADC0832 实验时,须将 JP6 的 0832(CLK)、0832(I/O)、0832(CS)插针和 P10、P11、P13 插针短接。

10. D/A 转换电路 TLC5615

DD—900 实验开发板设有 10 位数模转换器 TLC5615,有关电路如图 3-13 所示。

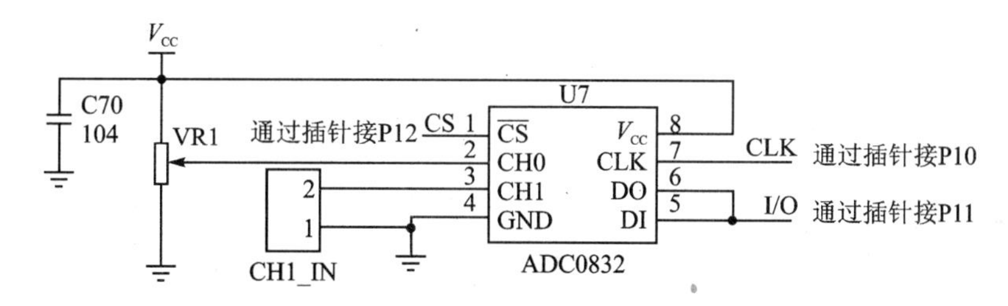

图 3-13　D/A 转换电路 TLC5615

电路中,TLC5615 的 2 引脚(CLK)、1 引脚(I/O)、3 引脚(CS)通过 JP5 插针,连接到单片机的 P13、P14、P15 引脚;TLC5615 的 7 引脚为输出端,加到测试插针 TEST,以方便测试。

进行 D/A 转换器 TLC5615 实验时,须将 JP5 的 5615(CLK)、5615(I/O)、5615(CS)插针和 P13、P14、P15 插针短接。

11. 实时时钟电路 DS1302

DD—900 实验开发板上设有实时时钟芯片 DS1302,有关电路图如图 3-14 所示。

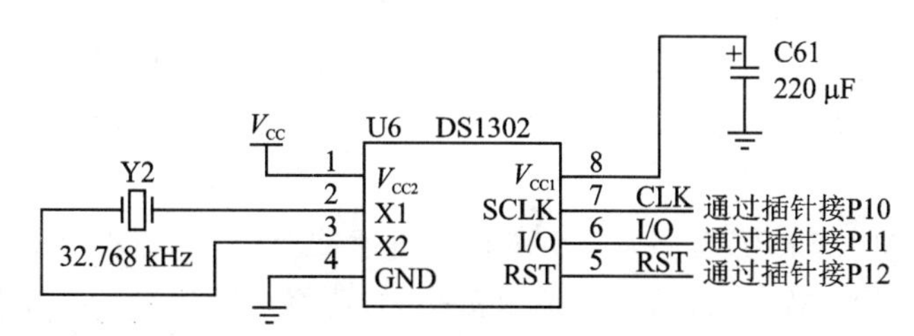

图 3-14　实时时钟电路 DS1302

电路中，时钟芯片 DS1302 的 7 引脚(CLK)、6 引脚(I/O)、5 引脚(RST)通过插针 JP5，连接到单片机的 P10、P11、P12 引脚；C61 为备用电源，用来在断电时维持 DS1302 继续走时。

进行 DS1302 时钟实验时，须将 JP5 的 1302(CLK)、1302(I/O)、1302(RST)插针和 P10、P11、P12 插针短接。

12. DS18B20 接口电路

DS18B20 为单总线温度传感器，其接口电路如图 3－15 所示。温度传感器 DS18B20 产生的信号由 2 引脚输出，通过插针 JP6 的 DS18B20 端，连接到单片机的 P13 引脚；进行温度检测实验时，须将 JP6 的 DS18B20 插针与 P13 插针短接。

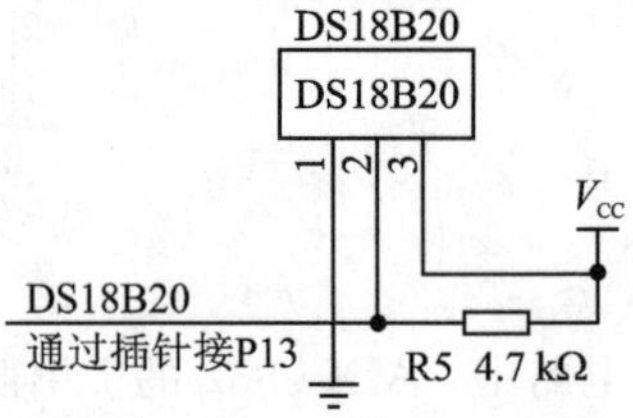

图 3－15　DS18B20 接口电路

13. 步进电动机驱动电路

步进电动机驱动电路以 ULN2003 为核心构成，有关电路如图 3－16 所示。电路中，A_IN、B_IN、C_IN、D_IN 为步进电动机驱动信号输入端，通过 JP7 插针的 A_IN、B_IN、C_IN、D_IN 端与单片机的 P10、P11、P12P13 相连，D90、D91、D92、D93 为四只发光二极管，用来指示步进电动机的工作状态。

进行步进电动机实验时，先将步进电动机插接在 MOUT 接口上，然后，再将 JP7 的 A_IN、B_IN、C_IN、D_IN 插针分别和 P10、P11、P12、P13 四个插针短接即可。

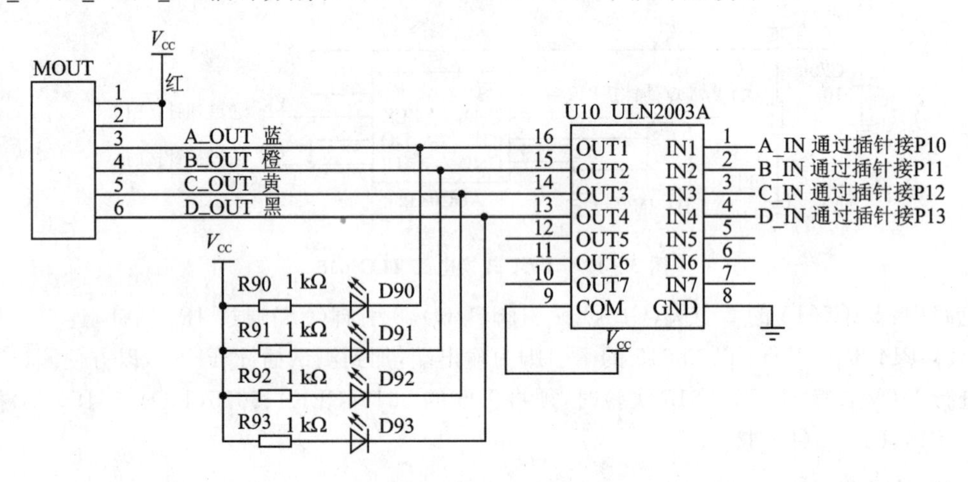

图 3－16　步进电动机电路

14. 按键输入电路

DD—900 实验开发板设有 4 个独立按键和 16 个矩阵按键电路，如图 3－17 所示。

独立按键 K1～K4 接单片机的 P3.2～P3.5 引脚，矩阵按键(S0～S15)接单片机的 P1.0～P1.7 引脚。

单片机 P3.2～P3.4 和 P1.0～P1.7 引脚还通过插针 JP4、JP4、JP6、JP7 接有其他电路，为避免其他电路对键盘的干扰，在进行独立按键实验时，请将 JP4 所有插针座拔下；在进行矩阵按键实验时，请将 JP5、JP6、JP7 所有插针座拔下。

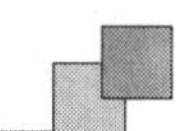

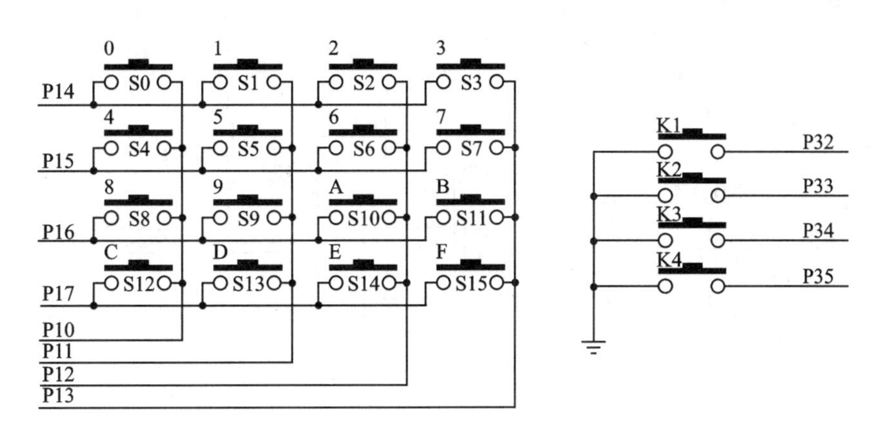

图 3－17　独立按键和矩阵按键电路

15. RS－232 串行接口电路

串行通信功能是目前单片机应用中经常要用到的功能，DD—900 实验开发板具有 RS－232 和 RS－485 两个串口，其中，RS－232 可进行常规的串口通信实验，另外，对 STC89C 等单片机进行程序下载，以及用 SST89E516RD 等进行仿真调试时，也要用到这个串口；RS－232 串行接口电路如图 3－18 所示。

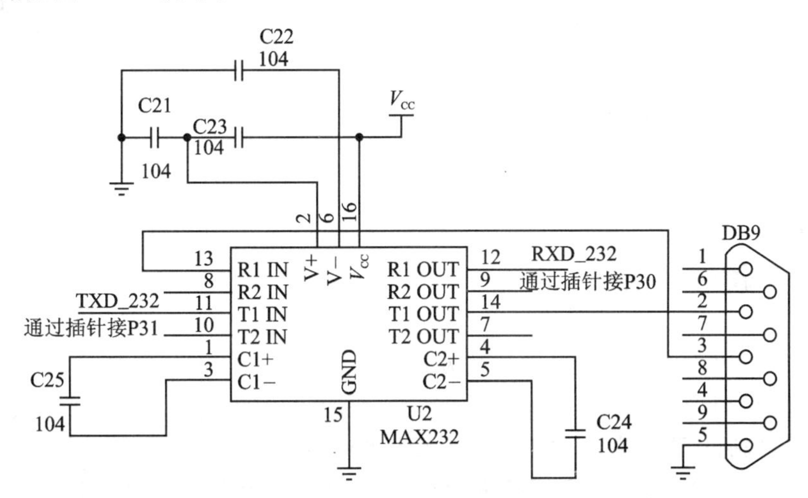

图 3－18　RS－232 串行接口电路

电路中，MAX232 的 12 引脚（RXD_232）、11 引脚（TXD_232）通过 JP3 插针，和单片机的 P30、P31 引脚相连，使用 RS－232 进行串口通信时，应将 JP3 插针的 232RX（RXD_232）、232TX（TXD_232）和中间的两插针短接。

16. RS485 串行接口电路

485 串口具有传输速率高、传输距离长等优点，是工业多机通信中应用最为广泛的接口，DD—900 实验开发板设有 RS－485 接口电路，配合 RS－232/RS－485 转换器，可以远距离地和 PC 进行通信。图 3－19 所示是 RS－485 接口电路图。

电路中，MAX485 的 1 引脚（RXD_485）、4 引脚（TXD_485）通过 JP3 插针，和单片机的 P30、P31 引脚相连，MAX485 的 2 引脚和 3 引脚（DE/RE）通过 JP4 插针，和单片机的 P35 引

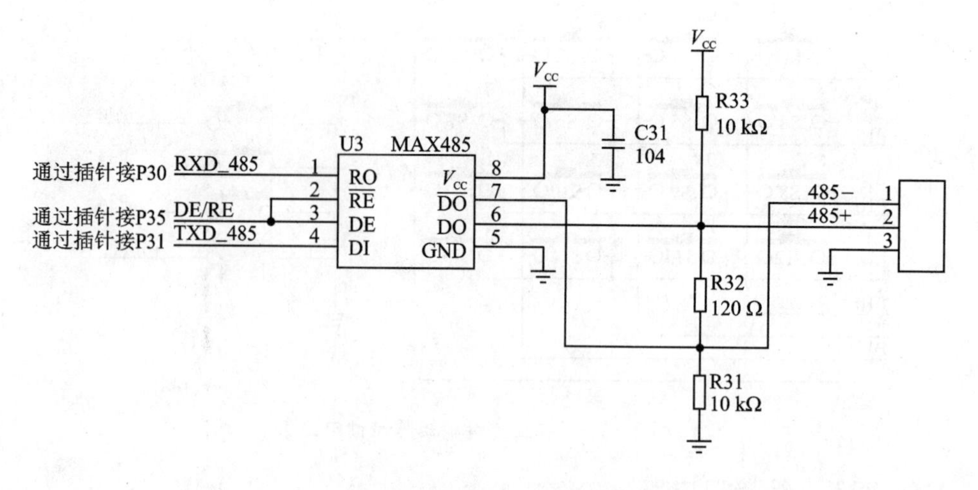

图 3-19 RS-485 接口电路

脚相连，使用 RS-485 进行串口通信时，应将 JP3 插针的 485RX(RXD_485)、485TX(TXD_485)和中间的两插针短接；同时，将 JP4 插针的 485(DE/RE)和 P35 插针短接。

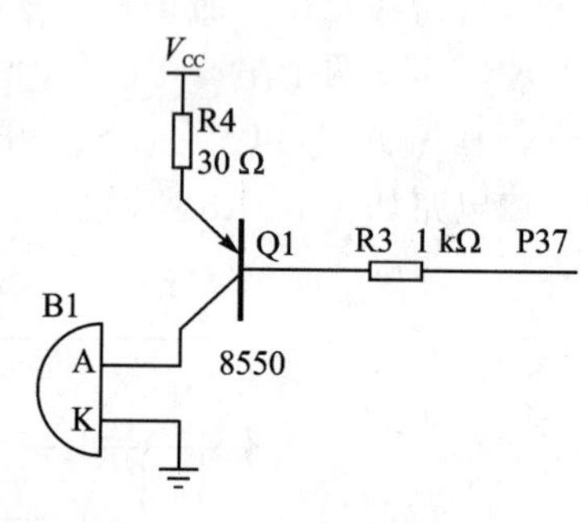

图 3-20 蜂鸣器电路

17. 蜂鸣器电路

蜂鸣器电路如图 3-20 所示。

单片机 P37 为蜂鸣器信号输出端，经三极管 Q1 放大后，可驱动蜂鸣器 B1 发出声音。

3.2.3 插针跳线设置

DD—900 实验开发板采用插针跳线的方式和单片机的 I/O 进行连接，由于部分资源共用相同的单片机 I/O 口，实验时，需要将当前实验模块的短接帽插上，同时，要将其他占用相同 I/O 口的实验模块插针跳线断开，否则，可能无法实验或不能看到正确的实验结果。

DD—900 实验开发板共设有 7 组插针 JP1～JP7，各插针示意图、作用及使用说明如表 3-1 所列。

表 3-1 DD—900 实验开发板 7 组插针使用说明

插针名称及示意图	作 用	使用说明
JP1 LED ○ ○ V_{CC} DS ○ ○ V_{CC} LCD ○ ○ V_{CC}	发光二极管、数码管和 LCD 供电切换	进行 LED 发光二极管实验时，将 LED 插针和 V_{CC} 插针短接 进行数管码实验时，将 DS 插针和 V_{CC} 插针短接 进行 LCD 液晶显示实验时，将 LCD 插针和 V_{CC} 插针短接

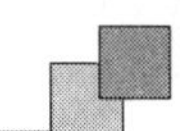

续表 3-1

插针名称及示意图	作　用	使用说明
JP2 51 AVR	51 单片机和 AVR 单片机复位切换	进行 51 单片机实验时,将左边插针和中间插针短接 进行 AVR 单片机实验时,将右边插针和中间插针短接 进行 PIC 单片机实验时,不用短接
JP3 232TX 485TX 232RX 485RX	RS—232/RS—485 串口切换	进行 RS—232 串口实验时,将左边的 232RX、232TX 两插针和中间两插针短接 进行 RS—485 串口实验时,将右边的 485RX、485TX 两插针和中间两插针短接(同时短接 JP4 的 P35 和 485 插针)
JP4 P32 IR P33 P34 555 P35 485 P36 RLY	P32～P36 资源切换	进行红外遥控实验时,将 P32 插针和 IR 插针短接 进行 555 实验时,将 P34 插针和 555 插针短接 进行 RS—485 实验时,将 P35 插针和 485 插针短接 进行继电器实验时,将 P36 插针和 RLY 插针短接
JP5 1302 P10 1302 P11 1302 P12 5615 P13 5615 P14 5615 P15 24CXX P16 24CXX P17	P1 口资源切换	进行 DS1302 实验时,将 3 个 1302 插针(CLK、I/O、RST)和 P10、P11、P12 插针短接 进行 TLC5615 实验时,将 3 个 5615 插针(CLK、I/O、CS)和 P13、P14、P15 插针短接 进行 24C04 实验时,将两个 24CXX 插针(SCL、SDA)和 P16、P17 插针短接
JP6 P10 0832 P11 0832 P12 0832 P13 18B20 P14 93Cxx P15 93Cxx P16 93Cxx P17 93Cxx	P1 口资源切换	进行 ADC0832 实验时,将 3 个 0832 插针(CLK、I/O、CS)和 P10、P11、P12 3 个插针短接 进行温度测量实验时,将 18B20 插针和 P13 插针短接 进行 93C46 实验时,将 4 个 93CXX 插针(CS、CLK、DI、DO)和 P14、P15、P16、P17 插针短接
JP7 P10 A_IN P11 B_IN P12 C_IN P13 D_IN	P1 口资源切换	进行步进电动机实验时,将 A_IN、B_IN、C_IN、D_IN 插针和 P10、P11、P12、P13 插针短接

3.3 PIC 单片机编程调试器 PICKIT2 的使用

3.3.1 PICKIT2 介绍

PICKIT2 是一款 PIC 单片机编程调试器。它能够对 Microchip 的大多数闪存 PIC 单片机编程,同时它也能对 Microchip 的大多数闪存 PIC 单片机进行调试,它工作于 PICKIT2 专用烧写软件或 MPLAB IDE 开发平台。

通过编程软件可轻松地升级操作系统。通过更新操作系统可增加对新器件的支持。最新固件可从 Microchip 网站 www. microchip. com 获取。

图 3-21 是 PICKIT2 外形实物图。

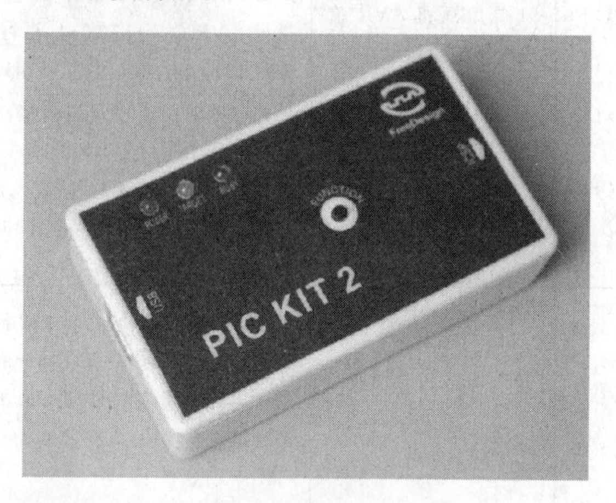

图 3-21　PICKIT2 外形实物图

PICKIT2 主要特点如下：

① 采用 USB 通信，高速稳定，支持固件与软件的持续升级。

② 支持脱机编程功能，方便批量烧写。

③ 具备 RJ12 与 ICSP 两个接口，能兼容多种 PIC 开发板。

④ 具备在线编程、脱机编程和在线仿真调试功能。

3.3.2　PICKIT2 的使用

PICKIT2 工作于专用烧写软件或 MPLAB IDE 开发软件平台。

PICKIT2 通过 USB 接口连接计算机，由 USB 供电，可进行编程和固件升级。PICKIT2 通过 ICSP 线连接到需要编程的 PIC 芯片引脚。有关 PICKIT2 的详细使用方法，我们将在第 4 章进行介绍。

第4章

30分钟熟悉PIC单片机开发全过程

本章以一个LED流水灯为例，教用户一步一步地学习利用PIC软件MPLAB IDE及PICC编写、编译源程序，如何利用PICKIT2编程调试器进行程序仿真与下载，对于从未接触过PIC单片机的初学者，只要按照本章所述内容进行学习和操作，即可很快地编写出自己的第一个单片机程序，并通过PIC核心板与DD—900实验开发板看到程序的实际运行结果，从而熟悉PIC单片机实验开发的全过程。通过本章的学习将会发现，PIC单片机其实和51单片机一样简单。

4.1 PIC单片机开发软件“吐血推荐”

开发PIC单片机程序需要有开发软件，即编译器、编程软件等，在本书中，将推荐使用“MPLAB IDE＋HI－TECH(PICC)”组合。

可能有的读者不明白，MPLAB IDE已集成了编译，调试、仿真、下载等功能，为什么还要用PICC呢？因为，MPLAB IDE编译的是汇编程序，所以，如果要编译C语言程序，需要安装PICC编译器。

4.1.1 MPLAB IDE软件介绍

MPLAB IDE是一个运行于PC上的PIC单片机综合集成开发环境。它把开发过程中用到的各种独立的工具集合为一体，可实现PIC单片机的一站式开发。MPLAB IDE自带汇编语言的编辑、编译和链接器，并可支持多种不同的第三方程序语言编译、链接工具；内含一个软件模拟器，可用于模拟调试单片机指令运行；可生成丰富的调试信息；直接支持硬件仿真器和调试器对目标系统进行源程序级的调试；直接支持烧写器，实现芯片的编程功能。

MPLAB IDE是免费软件，进入http://www.microchip.com，即可进入下载页面，在下载页面中可下载到最新版本，在本书中采用的是v8.20版。

4.1.2 HI－TECH(PICC)软件介绍

MPLAB IDE 不能对 C 语言进行编译，因此，要使用 C 语言进行编程，必须安装 C 语言编译器，很多第三方公司例如 Hiteeh、CCS、IAR 等公司，都提供了 PIC 单片机的 C 语言编译器。其中 Hitech 公司的 PICC 编译器稳定、可靠，编译生成的代码效率高，使用者众多。其正式版本需要购买，但 Hitech 公司同时提供了完全免费的 PICC 编译器套件，它的使用方法与正式版相同，只是支持的 PIC 单片机型号限制在 PIC16F84、PIC16F877(A)和 PIC16F628 等几款。这几款均为内置 Flash 的单片机，且具有丰富的片内资源，非常适合于学习单片机之用。

Microchip 公司在其网站上提供了 PICC 软件的下载，这些免费版本的软件仅能开发一些特定的芯片，且与正式版本相比有一些限制，如该版本不支持浮点数据、长整型数据等，但用于学习和一般的开发应用已足够。

PICC 编译器可以直接挂接在 MPLAB IDE 集成开发平台下，实现 C 语言一体化的编译、链接和源代码调试。使用调试工具如 PICKIT2 和 MPLAB IDE 内嵌软件模拟器都可以实现源代码级的调试，非常方便。

4.2 MPLAB IDE 和 PICC 软件的安装

先安装 MPLAB IDE，再安装 PICC 软件，二者安装过程都非常简单，只需要按照提示，单击“下一步”按钮即可。PICC 安装完成后，会自动挂接在 MPLAB IDE 中，这样，使用 MPLAB IDE 就可以编译 C 语言程序了。

安装完成 PICC 编译器以后，开启 MPLAB IDE，选择 Project→Set Language Tool Locations 选项，打开 Set Language Tool Locations 对话框，如图 4－1 所示。

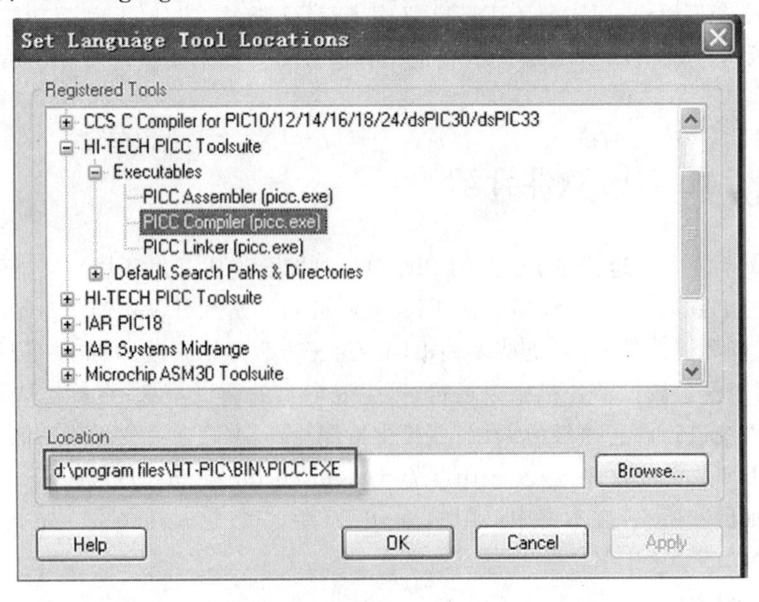

图 4－1　Set Language Tool Locations 对话框

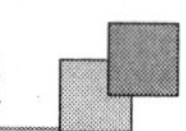

单击 HI－TECH PICC Tool suite 并展开，选择下面的选项，如 PICC Complier，在 Location 文本框中会显示出可执行文件 PICC. EXE 所在文件夹的位置，以作者的计算机为例，HI－TECH 软件被安装在 d:\Program Files\HT－PIC 文件夹中，因此可执行程序位于 d:\Program Files\HT－PIC\BIN 文件夹中，实际上，不论 PICC Assembler、PICC Complier 还是 PICC Linker，可执行文件都是 PICC. EXE 文件。

4.3　PIC 单片机开发过程“走马观花”

下面以制作一个流水灯为例，介绍单片机实验开发的整个过程。尽管这个流水灯看起来还比较单调，也不够实用，但其开发过程与开发复杂的产品却是一致的。

4.3.1　硬件电路

流水灯的硬件电路比较简单，如图 4－2 所示。

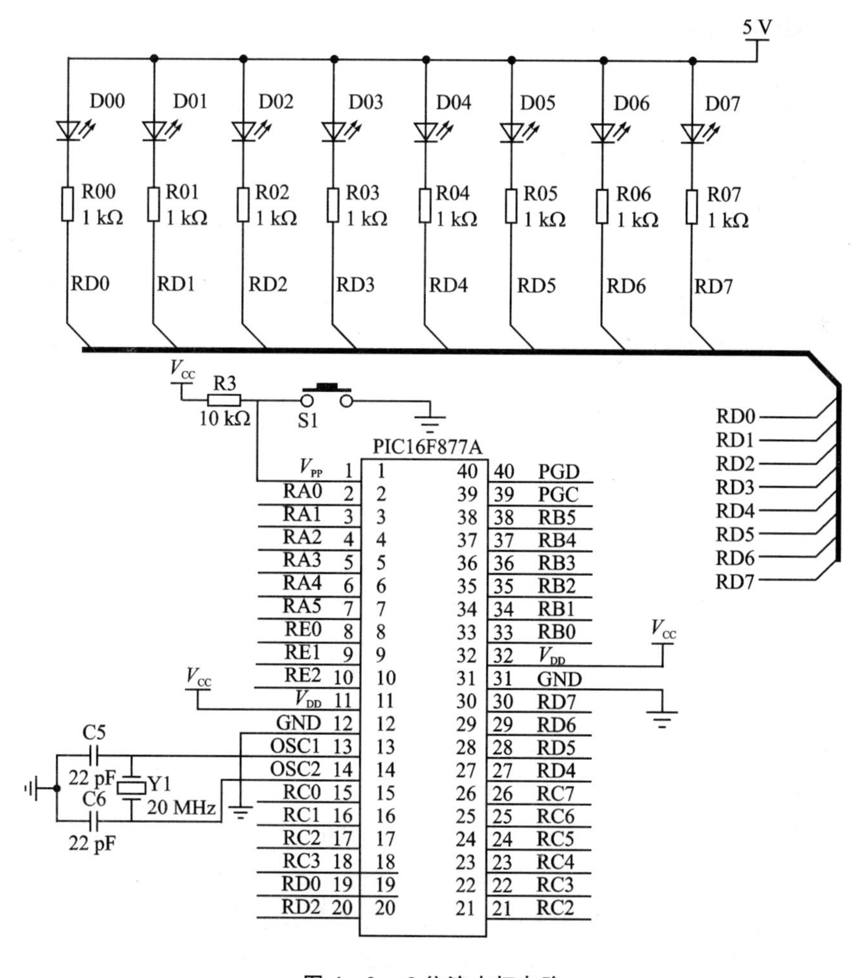

图 4－2　8 位流水灯电路

可以看出，8 位流水灯电路由单片机最小系统（即核心电路，包括 PIC16F877A、5 V 电源 V_{CC}、复位电路、晶振电路）、8 只 LED 发光二极管 D00～D07、8 只限流电阻 R00～R07 等组成。

需要说明的是，由顶顶电子设计的 DD—900 实验开发板，已集成了以上 8 位流水灯电路（接在 DD—900 的 P0 口），再配合“PIC 核心板”，即可进行流水灯的实验。

4.3.2 编写和编译程序

下面就开始启动 MPLAB IDE，用 C 语言编写 8 位流水灯程序。

1. 建立一个新工程

下面采用向导的方式新建一个工程。

① 运行 MPLAB IDE，选择菜单 Project→Project Wizard 选项，打开 Project Wizard 对话框，如图 4-3 所示。

图 4-3 Project Wizard 对话框

② 单击“下一步”按钮，要求选择项目所用器件，单击 Device 右侧的下拉列表按钮可以查看各种型号的器件名称，这里选择 PICl6F877A 芯片。如图 4-4 所示。

③ 单击“下一步”按钮，要求选择编译语言工具，这里既可使用 Microchip 公司的汇编语言工具，也可以使用各种其他第三方工具。单击 Active Toolsuit 右侧的下拉列表按钮，可以查看当前可用的工具列表，一旦选中某种工具后，在 Toolsuit Contents 列表框中会显示出该工具的细节，如编译器程序、链接器程序、库管理器程序等。如果发现细节与实际情况不符，可以单击细节中的某一行，该行内容即出现在 Location 文本框中。可以手动修改，以符合该软件的要求；也可以单击 Browse 按钮，以查找符合要求的可执行程序名。在本项目中选择 HI-TECH 的 C 编译器，细节部分不需要任何修改，如图 4-5 所示。

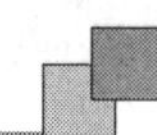

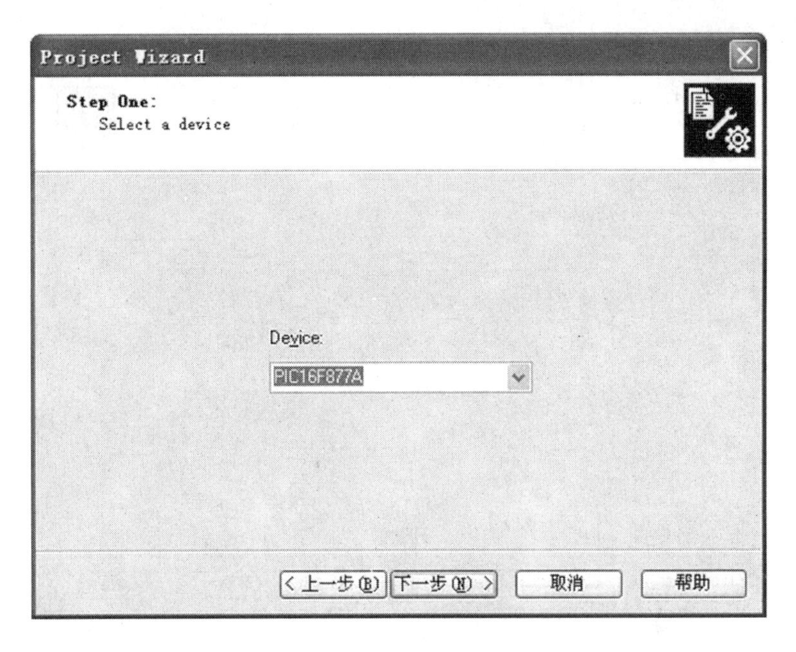

图 4-4　选择项目所用器件

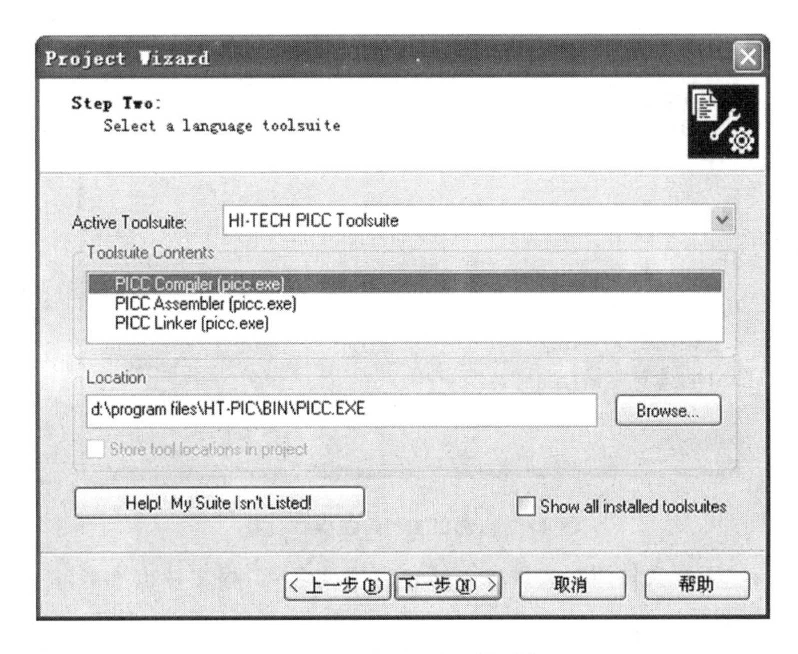

图 4-5　编译语言工具选择

④ 单击"下一步"按钮，进入创建工程名对话框，如图 4-6 所示。

⑤ 单击 Browse 按钮，打开 Save Project As 对话框，要求选择工程名及保存位置，这里，将所有的工程文件建立在 D:\Program Files\CD_RW\ch4\ch4_1 文件夹中，起名 myled，如图 4-7 所示。

⑥ 单击"保存"按钮，回到创建工程对话框，所起工程名及路径即显示在 Create New Project File 文本框中，如图 4-8 所示。

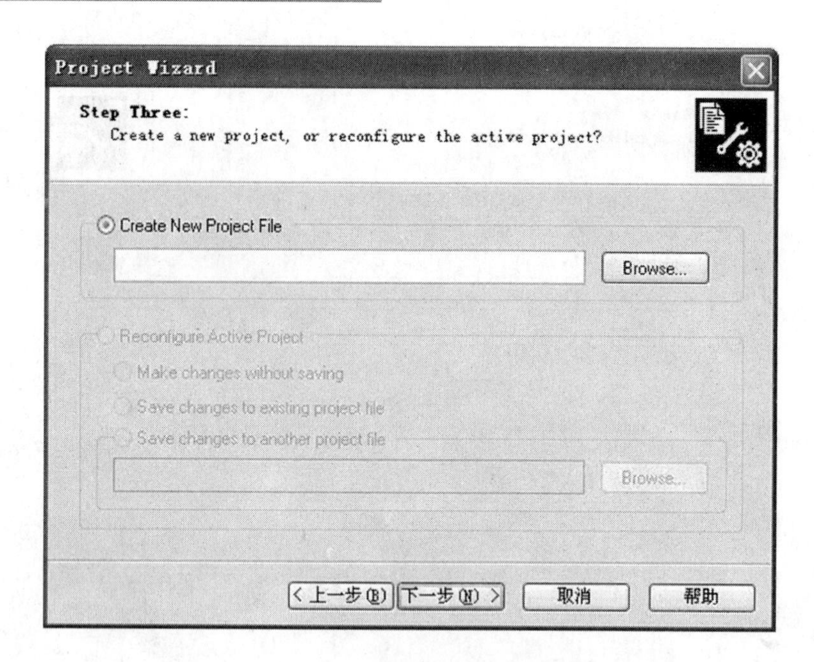

图 4-6　创建工程名对话框

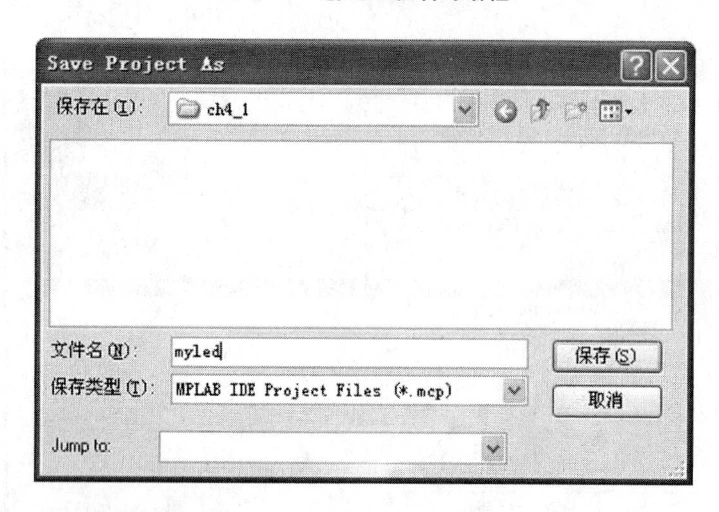

图 4-7　选择工程名及保存位置

需要说明的是，工程文件所在文件夹不能包含中文名，工程文件也不能起中文名字；否则 MPLAB 不能正常工作。

⑦ 单击“下一步”按钮，进入工程的文件管理对话框，如图 4-9 所示。如果在建立该工程前，已在相关文件夹中放入了一些需要加入该工程的文件，那么，可以在这里将相关文件加入工程中。方法是单击左侧列表框中需要加入该工程的文件名，再单击 Add 按钮，即可将其加入右侧的列表框中。单击右侧列表框中的文件名，再单击 Remove 按钮可以将该文件从工程中移除。

⑧ 我们不希望在此加入文件，直接单击“下一步”按钮，进入显示摘要对话框，如图 4-10 所示，这里会显示这一工程的摘要情况，包括所选择的器件、选用的语言工具及工程文件名等。如果确认没有问题，则可单击“完成”按钮建立工程；否则可以单击“上一步”按钮，一步一步地

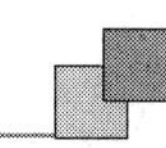

图 4-8 回到创建工程对话框

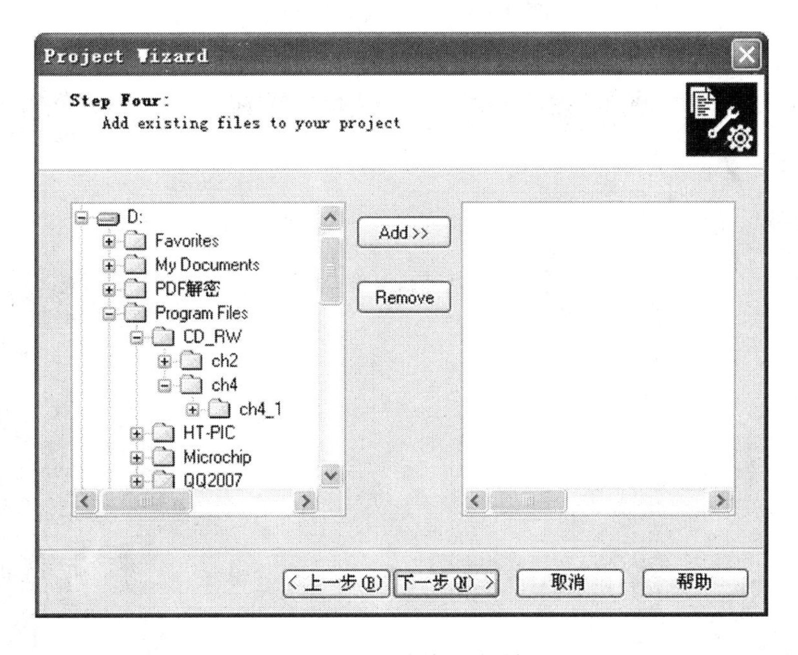

图 4-9 文件管理对话框

退回并更改相应内容。

⑨ 建立好工程后，返回到 MPLAB 的主界面，如图 4-11 所示。

⑩ 这里是一个空白的工程，并没有包含任何文件在内。选择菜单 File→New 选项，可以打开一个空白编辑窗口，并在此窗口输入以下源程序：

```
#include<pic.h>
#define uchar unsigned char
```

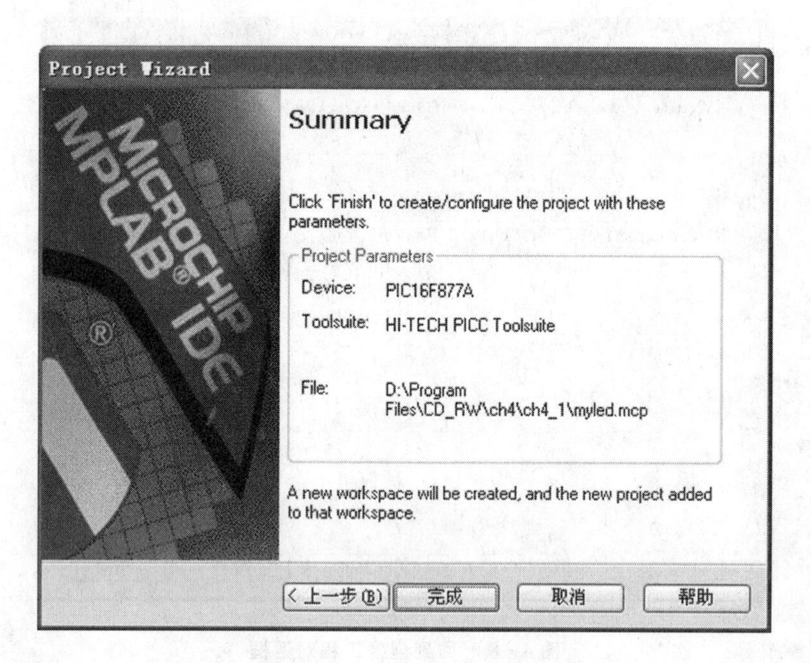

图 4－10　显示摘要对话框

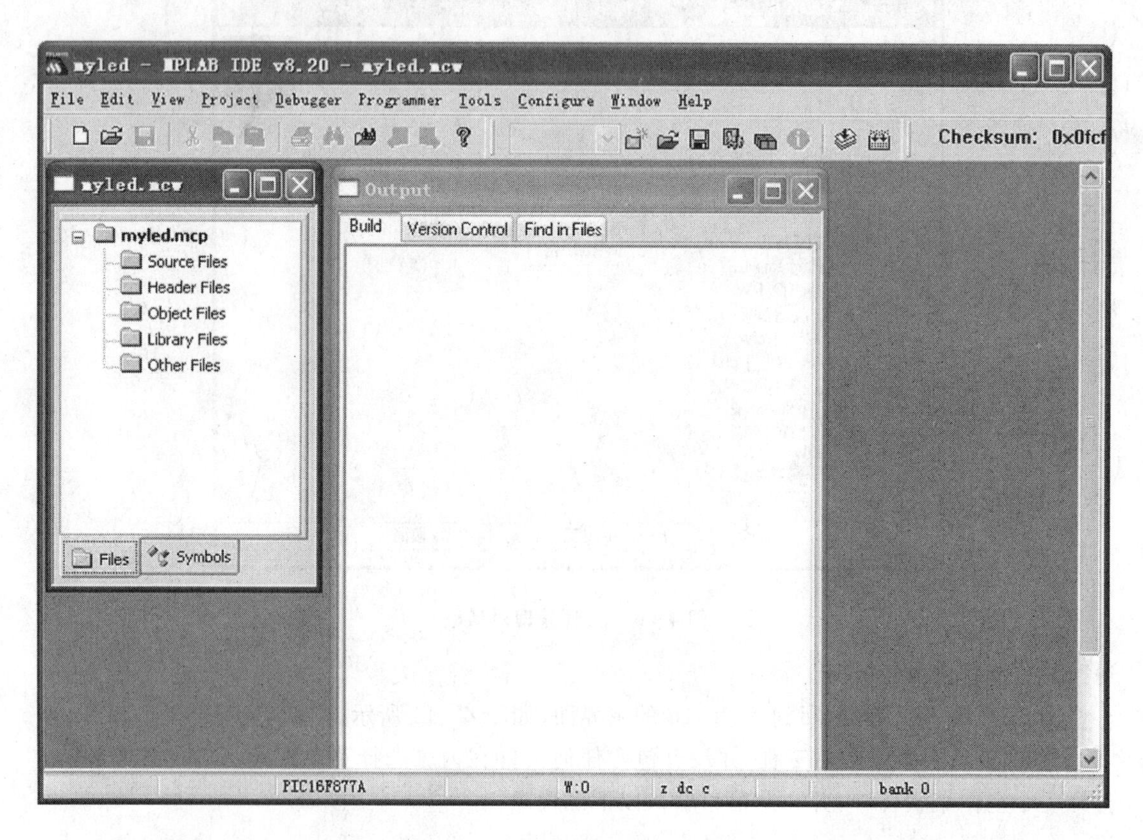

图 4－11　建立好工程的主界面

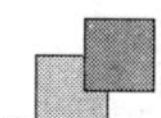

```
#define uint  unsigned int
__CONFIG(HS&WDTDIS);
/********延时函数********/
void Delay_ms(uint xms)
{
    int i,j;
    for(i=0;i<xms;i++)
        { for(j=0;j<71;j++) ; }
}
/********主函数********/
void main (void)
{
    TRISD=0x00;                    //RD口设置为输出
    while(1)
    {
        PORTD=0xFE;                //点亮第1个LED灯
        Delay_ms(500);             //延时
        PORTD=0xFD;                //点亮第2个LED灯
        Delay_ms(500);
        PORTD=0xFB;                //点亮第3个LED灯
        Delay_ms(500);
        PORTD=0xF7;                //点亮第4个LED灯
        Delay_ms(500);
        PORTD=0xEF;                //点亮第5个LED灯
        Delay_ms(500);
        PORTD=0xDF;                //点亮第6个LED灯
        Delay_ms(500);
        PORTD=0xBF;                //点亮第7个LED灯
        Delay_ms(500);
        PORTD=0x7F;                //点亮第8个LED灯
        Delay_ms(500);
    }
}
```

这个源程序在第2章已介绍过，其功能就是让PA口的8个LED灯按流水灯的形式进行显示，每个灯显示时间约0.5 s，循环往复。

⑪ 输入完成后，单击“保存”按钮，给这个源程序起名myled.c并保存，如图4-12所示。

起名时必须要根据编写的源程序性质确定其扩展名，这里编写的是一个C语言源程序，因此，要用.c为其扩展名，另外，给该文件起名时，一定不要使用中文作为文件名。

⑫ 保存完源程序后，必须将该源程序加入工程中，右击工程窗口中的Source Files，将出现快捷菜单，如图4-13所示。

⑬ 选择其中的Add Files命令，即出现图4-14所示的对话框，选择myled.c选项，单击“打开”按钮，即可将该文件加入到工程中。

图 4-12　保存源程序

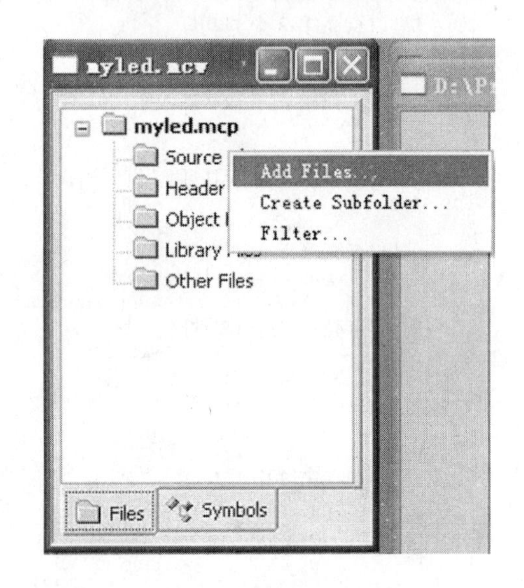

图 4-13　右击工程窗口中的 Source Files

2. 编译程序

以上编写的 8 位流水灯程序是供我们看的，在学完 C 语言后完全可以看懂，但是，单片机可看不懂，它只认识由 0 和 1 组成的机器码。因此，这个程序还必须进行编译，将程序“翻译”成单片机可以“看懂”的机器码。

用 MPLAB IDE 对 8 位流水灯程序进行编译非常简单，只需单击工具栏中的按钮即可。编译完成后，会在输出窗口显示有关信息，如图 4-15 所示。

同时，打开 ch4_1 文件夹，会发现会多出许多文件，其中比较重要的是 myled.hex 文件(下载时所需的目标文件)。

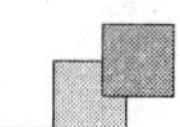

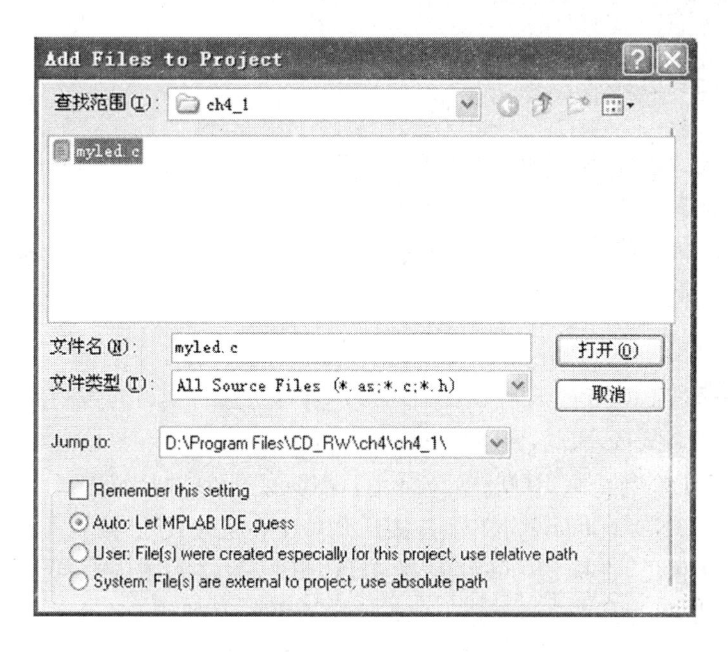

图 4－14　增加源文件对话框

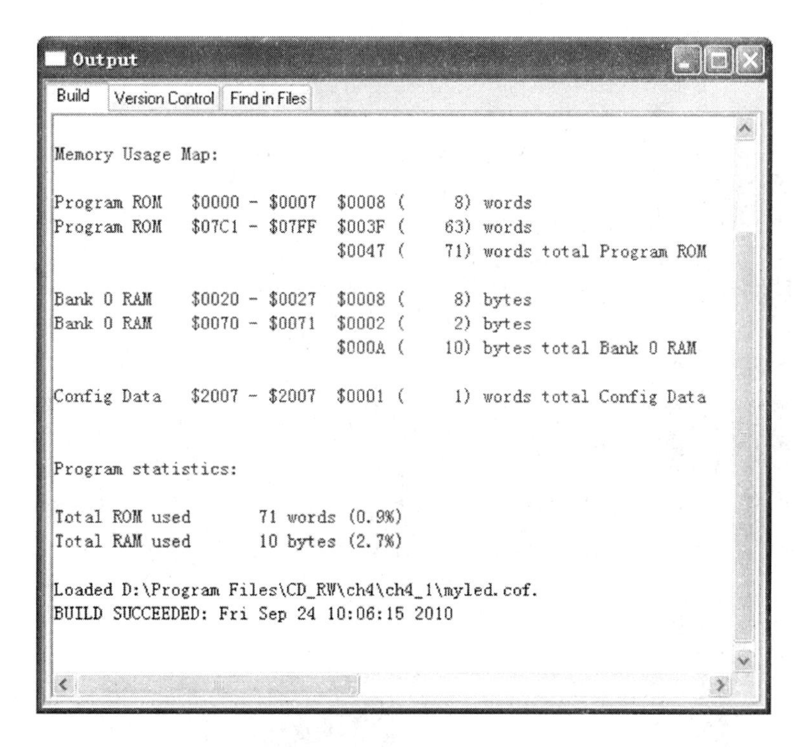

图 4－15　输出窗口显示的有关信息

如果源程序有语法错误，会有错误报告出现，用户应根据提示信息，更正程序中出现的错误，重新编译，直至正确为止。

4.3.3 程序的仿真

程序编译通过后，只是说明源程序没有语法错误，至于源程序中存在的其他错误，往往还需要通过反复的仿真调试才能发现。所谓仿真即是对目标样机进行排错、调试和检查，一般分为硬件仿真和软件仿真两种，仿真调试完成后，如果无误，就可以将程序下载到单片机中进行实际运行。

1. 硬件仿真

硬件仿真是通过 PICKIT2 编程调试器与用户目标板进行实时在线仿真。该 PIC 核心板上，由于设置了 RJ12 接口，因此，硬件仿真的十分方便。

① 仿真时，将 PIC 核心板 RD0～RD7、V_{DD}、GND 通过 10 根杜邦连到 DD—900 实验开发板 P00～P07、V_{CC}、GND 上，将 PICKIT2 连接到 PIC 核心板的 RJ12 接口，同时，用 5 V 电源适配器为 PIC 核心板供电，将其 PICKIT2 插接在 PC 的 USB 口上，DD—900 实验开发板不用单独供电（由 PIC 核心板为其供电），如图 4－16 所示。另外，还要将 DD—900 实验开发板上 JP1 中的 V_{CC}、LED 用短接帽短接，使 8 只 LED 灯接入到电路中。

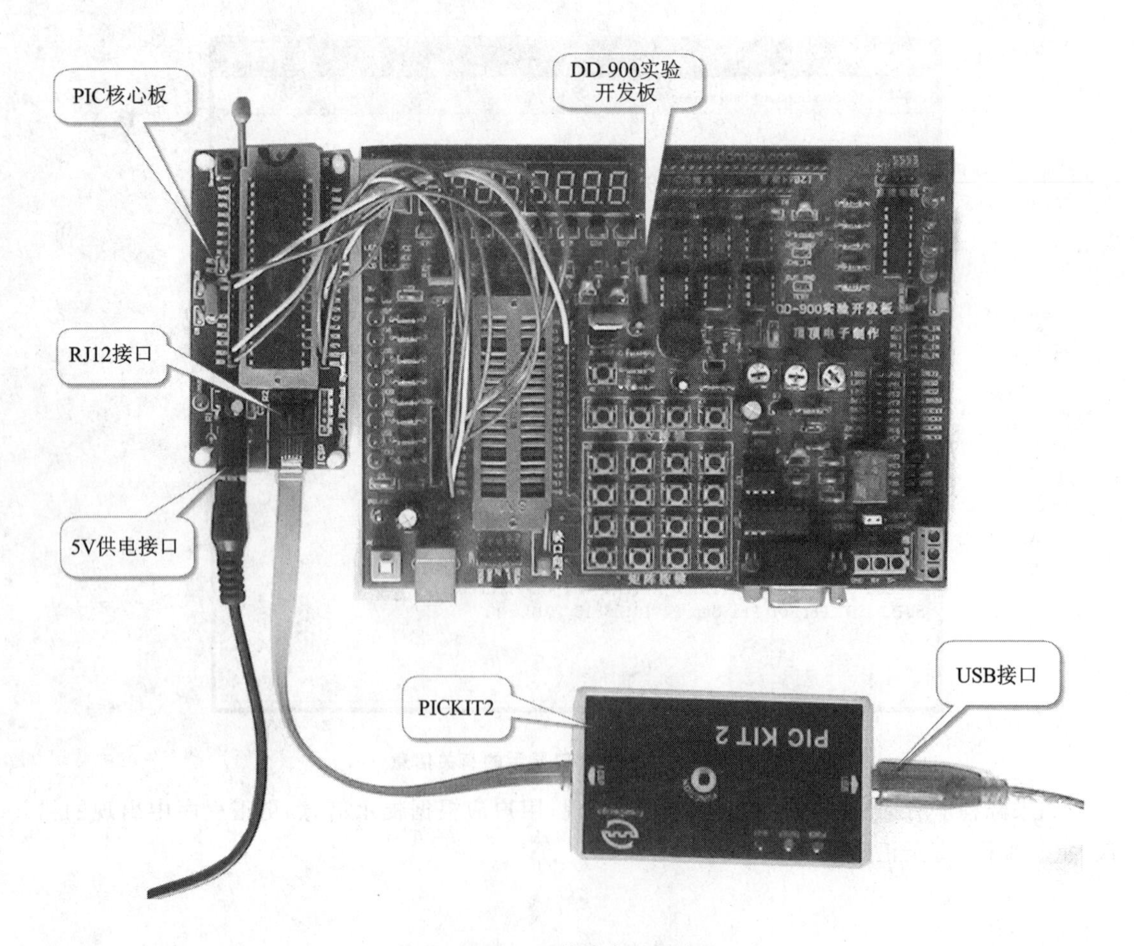

图 4－16　硬件仿真时的连接

② 双击 ch4_1 文件夹中的 myled.mcp 工程文件，启动刚才建立的流水灯文件，单击菜单 Debugger→Select Tool 命令，选择其中的 PICKIT2，如图 4－17 所示。

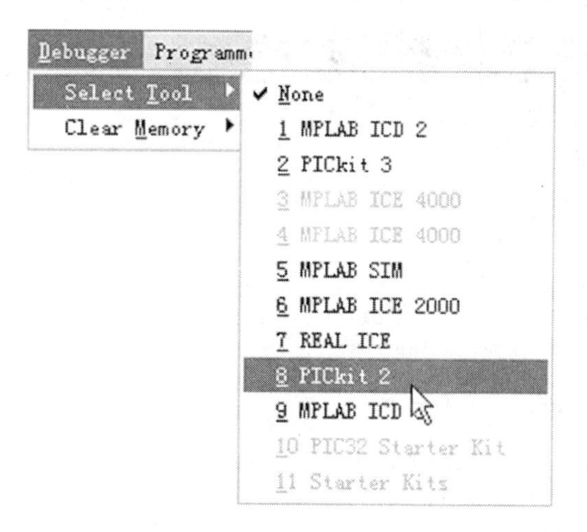

图 4－17　选择 PICKIT2

③ 单击菜单 Debugger→Connect 命令，使 PC 与 PICKIT2 建立连接，连接好后，在输出窗口中会出现相应的提示信息，如图 4－18 所示。

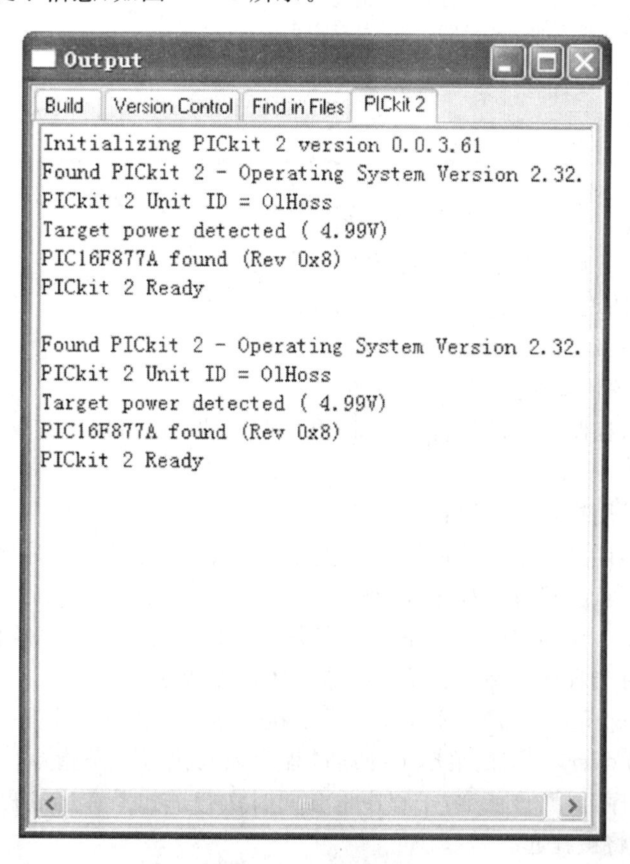

图 4－18　建立连接

④ 编译源程序，单击菜单 Debugger→Program 命令，将程序下载到内存中，如图 4-19 所示，下载正常，输出窗口会显示图中的信息。

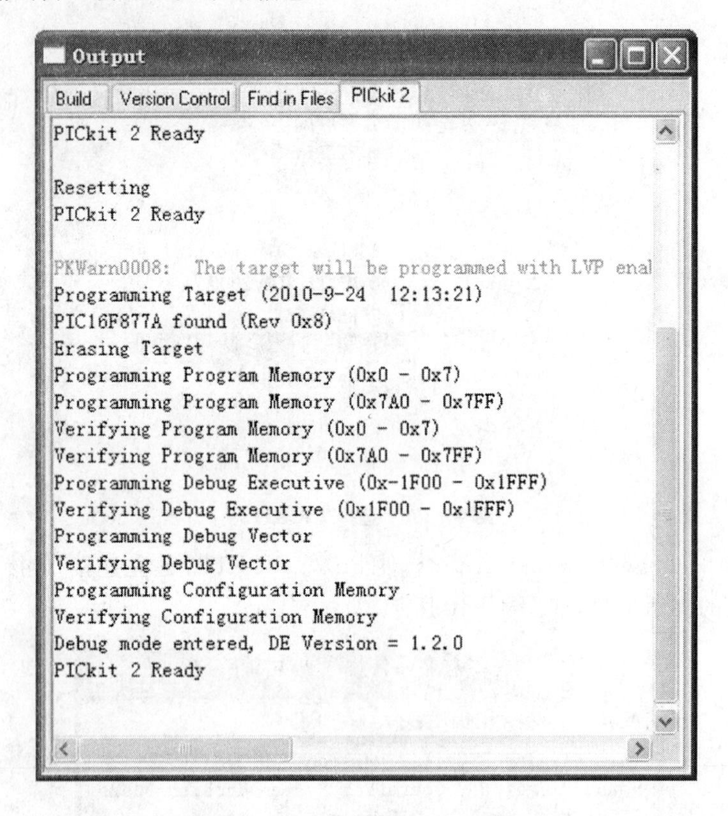

图 4-19　输出窗口显示下载正常信息

⑤ 接下来，就可以调试程序了，在主窗口工具栏中，有一个用于调试的调试工具条，如图 4-20 所示。

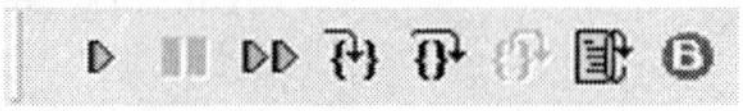

图 4-20　调试工具条

从左到右依次是：运行、暂停、激励、单步执行、逐过程、跳出、复位、设置清除断点。

调试工具条可以控制程序的执行状态，所有的调试控制都可以由菜单，快捷键和调试工具栏实现。

下面介绍几个常用按钮的作用：

a. 运行(run)。调试菜单中的运行命令将启动(重启动)程序。程序将一直运行直到被用户停止或遇到一个断点。只有当程序处于停止运行状态时才能执行此命令。

b. 暂停(halt)。调试菜单中的暂停命令将停止程序运行。当程序停止时，所有窗口中的信息都将更新。只有当程序处在运行状态时才能执行此命令。

c. 单步执行(step into)。调试菜单中的单步执行命令将控制程序只执行一条指令。

d. 逐过程(step over)。调试菜单中的逐过程命令只执行一条指令。如果此条指令包含一个函数调用/子程序调用，该函数/子程序也会同时执行。如果在逐过程命令中遇到用户设置的断点，程序运行将被挂起。

e. 复位(reset)。此命令可以让目标程序复位。当程序正在运行时，执行此命令的话程序将停止运行。复位命令执行后，所有窗口中的信息都将更新。

f. 设置清除断点。此命令用来设置或清除断点。程序调试时，一些程序行必须满足一定的条件才能被执行到(如程序中某变量达到一定的值、按键被按下、串口接收到数据、有中断产生等)，这些条件往往难以预先设定，此类问题使用单步执行的方法是很难调试的，这时就要使用到程序调试中的另一种非常重要的方法——断点设置。断点设置的方法有多种，常用的是在某一程序行设置断点，设置好断点后可以全速运行程序，一旦执行到该程序行即停下，可在此时观察有关变量值，以确定问题所在。

读者可根据上面的介绍，按压不同的调试按钮，观察仿真的效果。

2. 软件仿真

在 MPLAB IDE 软件中，还可以进行软件仿真，软件仿真不需要硬件，简单易行。不过，软件仿真毕竟只是模拟，与真实的硬件执行程序还是有区别的，其中最明显的就是时序。软件仿真是不可能和真实的硬件具有相同的时序的，具体的表现就是程序执行的速度和各人使用的计算机有关，计算机性能越好，运行速度越快。

下面介绍如何利用软件仿真计算延时时间，这在以后编程中具体非常重要的意义。

① 单击菜单 Debugger→Select Tool 命令，选择 MPLAB SIM 选项，如图 4-21 所示。

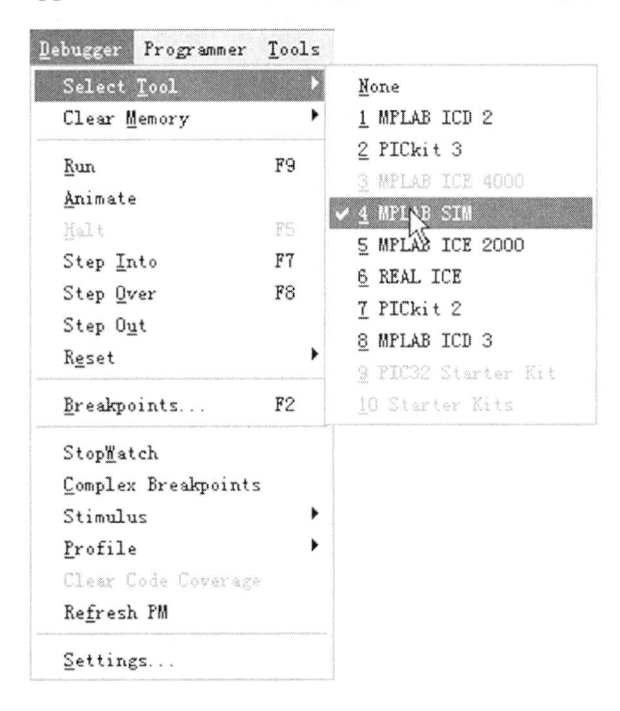

图 4-21 进入软件仿真

② 执行 Debugger→Settings，出现设置对话框，先设定好要选用的晶振的振荡频率，这里设置为 4 MHz(与 PIC 核心板上的晶振保持一致)，如图 4-22 所示，如要跟踪运行，则勾选 TraceAll 复选框，并在 Buffer Size 中输入跟踪的缓冲区大小。

③ 执行 Debugger→Stop Watch 命令，弹出图 4-23 所示的观察窗口。单击窗口中的 Zero 命令，可将计时结果清零。

④ 这里，假设要计算“Delay_ms(500);”延时语句的实际运行的时间，可以在这段程序的

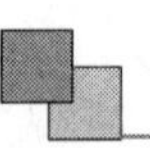

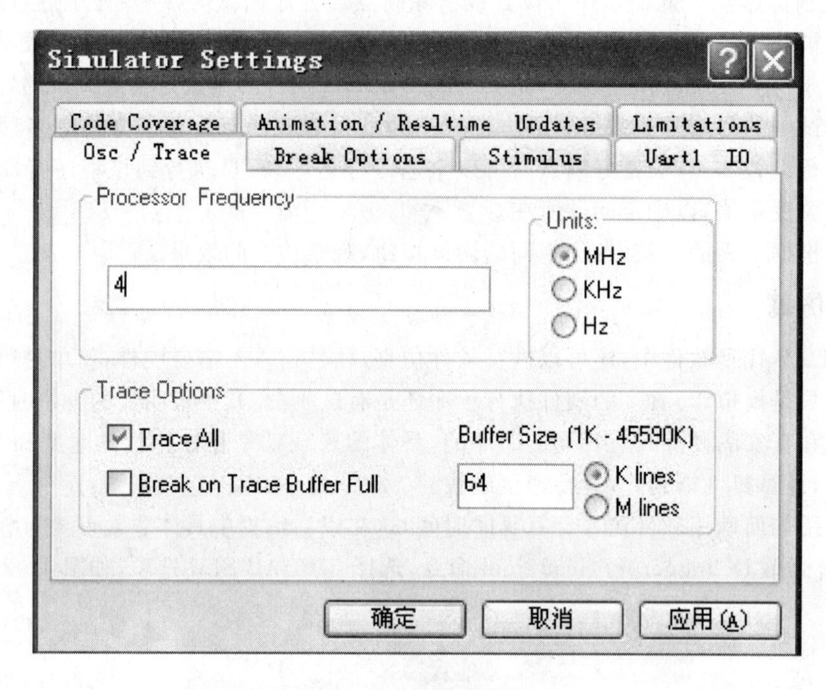

图 4-22　设置对话框

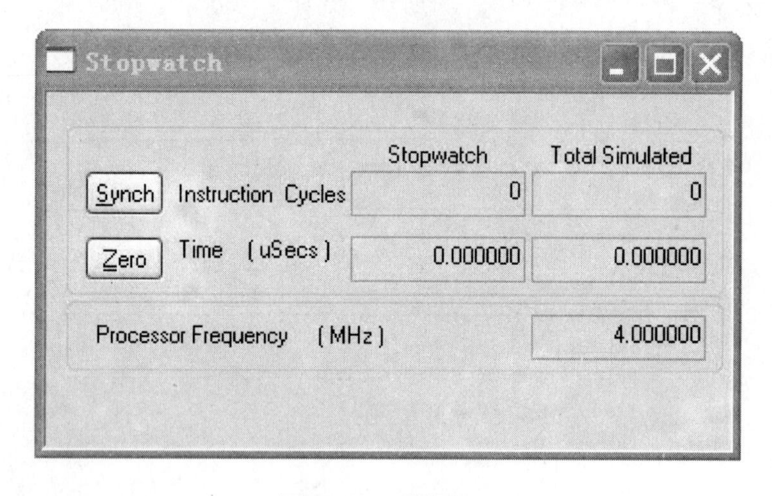

图 4-23　观察窗口

头、尾处设置断点，如图 4-24 所示。

⑤ 不断单击工具栏中的逐过程按钮，程序运行，当运行到程序第一个断点时，单击观察窗口中的 Zero 命令，当程序运行到第二个断点时，观察窗口中显示的就是“Delay_ms(500);”延时语句实际运行的时间，如图 4-25 所示，可以看出，运行时间是显示的是这段时间花费 503.764 000 ms，约为 0.5 s。这里的时间指的是单片机实际运行的时间，而不是计算机运行的时间。

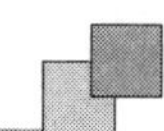

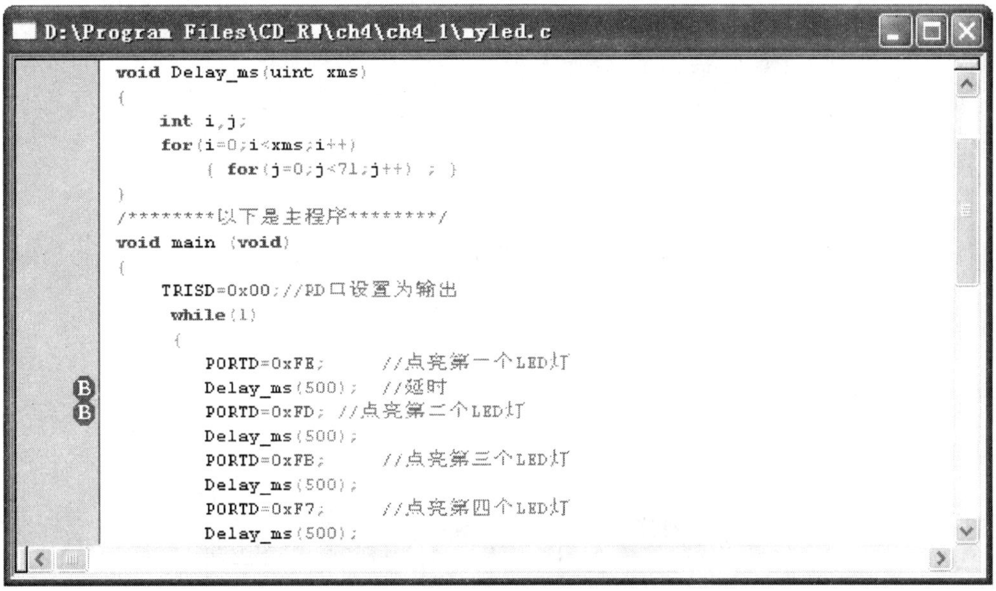

D:\Program Files\CD_RW\ch4\ch4_1\myled.c
void Delay_ms(uint xms)
{
int i,j;
for(i=0;i<xms;i++)
{ for(j=0;j<71;j++) ; }
}
/********以下是主程序********/
void main (void)
{
TRISD=0x00;//RD口设置为输出
while(1)
{
PORTD=0xFE; //点亮第一个LED灯
B
Delay_ms(500); //延时
B
PORTD=0xFD; //点亮第二个LED灯
Delay_ms(500);
PORTD=0xFB; //点亮第三个LED灯
Delay_ms(500);
PORTD=0xF7; //点亮第四个LED灯
Delay_ms(500);

图 4 - 24　设置断点

Stopwatch
Stopwatch
Total Simulated
Synch
Instruction Cycles
503764
4533911
Zero
Time (mSecs)
503.764000
4533.911000
Processor Frequency (MHz)
4.000000

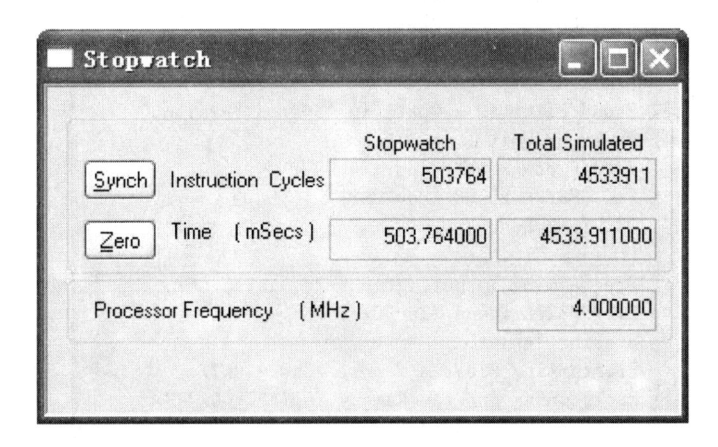

图 4 - 25　延时语句运行的时间

4.3.4　程序的下载

PICKIT2 除了能作为在线仿真器使用外，它还可以当作编程器来使用。当作为编程器使用时，程序的下载方法如下：

① 双击 ch4_1 文件夹中的 myled. mcp 工程文件，启动流水灯文件，单击菜单 Programmer→Select Tool 命令，选择其中的 PICKIT2，如图 4 - 26 所示。

② 单击菜单 Programmer→Connect 命令，使 PC 与 PICKIT2 建立连接，连接好后，在输出窗口中会出现相应的提示信息。

③ 编译源程序，单击菜单 Debugger→Program 命令，程序开始下载，如果下载正常，输出窗口会显示图 4 - 27 所示的信息。

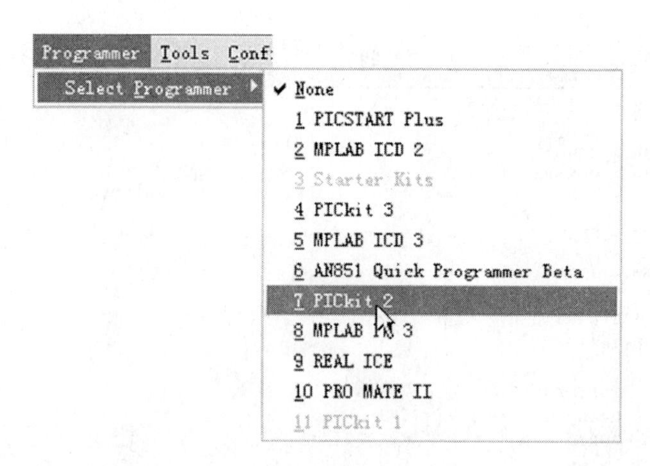

图 4-26　选择 PICKIT2

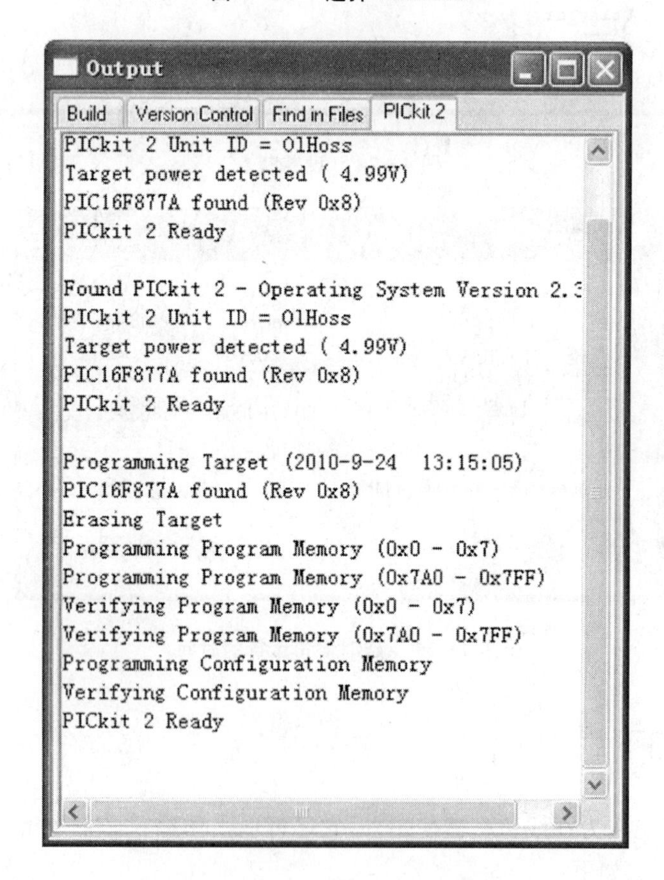

图 4-27　输出窗口显示下载正常信息

注意,这里的下载与前面硬件仿真下载是不同的,仿真下载是下载到内存中,断电后会自动消除,这里的下载是烧写到 Flash 芯片中,是真正的烧写芯片,即使断电,程序也会驻留在 FLASH 芯片中。

④ 断电,将编程调试头从 PIC 核心板 RJ12 接口断开,再给 PIC 核心板加电,此时,就可以看到流水灯流动的效果了。

第 5 章

PIC 单片机 C 语言重点难点剖析

C 语言是一种使用非常方便的高级语言，将 C 语言应用到 PIC 单片机上，称为 PIC 单片机 C 语言，PIC 单片机主要采用 Hitch、CSS、IAR 等公司提供的 C 编译器，目前，应用最多的是 Hitch 公司的 PICC 编译器，本书采用的这也是 PICC 编译器，PICC 大部分与标准 C 相同，但也其自身的特点，可以说，PICC 是对标准 C 语言的扩展。在本章中，将对 PICC 的一些重点、难点进行剖析。

5.1 PICC 基本知识

5.1.1 PICC 变量

PICC 变量类型如表 5-1 所列。

表 5-1 PICC 变量类型

数据类型	名 称	长 度	值 域
unsigned char	无符号字符型	1 字节	0～255
char	有符号字符型	1 字节	－128～＋127
unsigned int	无符号整型	2 字节	0～65535
int	有符号整型	2 字节	－32768～＋32767
unsigned long	无符号长整型	4 字节	0～4294967295
long	有符号长整型	4 字节	－2147483648～＋2147483647
float	浮点型	3 字节	±1.175494E－38～±3.402823E＋38
double	双精度浮点型	3 或 4 字节	长度在编译选项中设定，默认为 3 字节
bit	位类型	1 位	0 或 1

5.1.2 PICC 对数据寄存器 bank 的管理

为了使编译器产生最高效的机器码，PICC 把单片机中数据寄存器的 bank 问题交由编程员自己管理，因此在定义用户变量时，必须自己决定这些变量具体放在哪一个 bank 中。如果没有特别指明，所定义的变量将被定位在 bank0，例如下面所定义的这些变量：

```
unsigned char buffer[32];
bit flag1,flag2;
```

除了 bank0 内的变量声明时不需特殊处理外，定义在其他 bank 内的变量前面必须加上相应的 bank 序号，例如：

```
bank1 unsigned char buffer[32];        //变量定位在 bank1 中
bank2 bit flag1,flag2;                 //变量定位在 bank2 中
```

PIC16F877A 单片机数据寄存器的一个 bank 大小为 128 字节，除去前面若干字节的特殊功能寄存器区域，在 C 语言中某一 bank 内定义的变量字节总数不能超过可用 RAM 字节数。如果超过 bank 容量，在最后连接时会报错。

5.1.3 PICC 中的位变量

bit 型位变量只能是全局变量。PICC 将把定位在同一 bank 内的 8 个位变量合并成一个字节存放于 bank0 的 0x20 单元及以后。

在有些应用中，需要将一组位变量放在同一个字节中，以便需要时一次性地进行读写，这一功能可以通过定义一个位域结构和一个字节变量的联合来实现，例如：

```
union
{
    struct
    {
        unsigned b0: 1;
        unsigned b1: 1;
        unsigned b2: 1;
        unsigned b3: 1;
        unsigned b4: 1;
        unsigned b5: 1;
        unsigned : 2; //最高两位保留
    } oneBit;
    unsigned char allBits;
} myFlag;
```

需要存取其中某一位时可以：

```
myFlag.oneBit.b3 = 1;      //b3 位置 1
```

一次性将全部位清零时可以：

```
myFlag.allBits = 0;          //全部位变量清 0
```

当程序中把非位变量进行强制类型转换成位变量时，要注意编译器只对普通变量的最低位做判别：如果最低位是 0，则转换成位变量 0；如果最低位是 1，则转换成位变量 1。而标准的 ANSI C 做法是判整个变量值是否为 0。

5.1.4　PICC 中的浮点数

PICC 中描述浮点数是以 IEEE－754 标准格式实现的。此标准下定义的浮点数为 32 位长，在单片机中要用 4 字节存储。为了节约单片机的数据空间和程序空间，PICC 专门提供了一种长度为 24 位的截短型浮点数，它损失了浮点数的一点精度，但浮点运算的效率得以提高。在程序中定义的 float 型标准浮点数的长度固定为 24 位，双精度 double 型浮点数一般也是 24 位长，但可以在程序编译选项中选择 double 型浮点数为 32 位，以提高计算的精度。

一般控制系统中关心的是单片机的运行效率，因此在精度能够满足的前提下尽量选择 24 位的浮点数运算。

5.1.5　PICC 变量修饰关键词

1. extern——外部变量声明

如果在一个 C 程序文件中要使用一些变量但其原型定义写在另外的文件中，那么在本文件中必须将这些变量声明成“extern”外部类型。例如程序文件 code1.c 中有如下定义：

```
bank1 unsigned char var1, var2; //定义了 bank1 中的两个变量
```

在另外一个程序文件 code2.c 中要对上面定义的变量进行操作，则必须在程序的开头定义：

```
extern bank1 unsigned char var1, var2; //声明位于 bank1 的外部变量
```

2. volatile——易变型变量声明

PICC 中还有一个变量修饰词在普通的 C 语言介绍中一般是看不到的，这就是关键词“volatile”。在变量前加入这个关键字后，变量的值就不能改变了，也就是说不能被优化了，这在有些时候是非常有用的。下面举一个例子说明 volatile 关键字的作用：

```
void main (void)
{
volatile int i;
int j;
i = 1;  //不被优化 i = 1
i = 2;  //不被优化 i = 1
i = 3;  //不被优化 i = 1
j = 1;  //被优化 j = 1
j = 2;  //被优化 j = 2
```

```
j = 3;  //被优化 j = 3
}
```

3. const ——常数型变量声明

如果变量定义前冠以“ const”类型修饰,那么所有这些变量就成为常数,程序运行过程中不能对其修改。除了位变量,其他所有基本类型的变量或高级组合变量都将被存放在程序空间(ROM 区)以节约数据存储空间。显然,被定义在 ROM 区的变量是不能再在程序中对其进行赋值修改的,这也是“const”的本来意义。例如:

```
const unsigned char name[] = "This is a demo"; //定义一个常量字符串
```

如果定义了“const”类型的位变量,那么这些位变量还是被放置在 RAM 中,但程序不能对其赋值修改。

4. persistent——非初始化变量声明

按照标准 C 语言的做法,程序在开始运行前首先要把所有定义的但没有预置初值的变量全部清零。PICC 会在最后生成的机器码中加入一小段初始化代码来实现这一变量清零操作,且这一操作将在 main 函数被调用之前执行。问题是,作为一个单片机的控制系统,有很多变量是不允许在程序复位后被清零的。为了达到这一目的,PICC 提供了“persistent”修饰词,以声明此类变量无需在复位时自动清零,编程员应该自己决定程序中的那些变量是必须声明成“persisten”类型,而且须自己判断什么时候需要对其进行初始化赋值。例如:

```
persistent unsigned char hour,minute,second; //定义时分秒变量
```

经常用到的是,如果程序经上电复位后开始运行,那么需要将 persistent 型的变量初始化,如果是其他形式的复位,例如看门狗引发的复位,则无须对 persistent 型变量作任何修改。PIC 单片机内提供了各种复位的判别标志,用户程序可依具体设计灵活处理不同的复位情形。

5.1.6 PICC 定义工作配置字

在 PIC 系列单片机中,其芯片内部大都有设置一个特殊的程序存储单元,地址为 2007,由单片机的用户自由配置,用来定定义一些单片机功能电路单元的性能选项。我们把这个单元称做器件配置字(configuration bits)。这种设计给单片机开发工程师带来了很大的灵活性,但是也给初学者者带来了一些麻烦。下面以 PICl6F877A 为例,向读者介绍配置字的用途和使用。

1. 器件配置字的用途

PIC16F877A 配置字寄存器如下:

Bit13	Bit12	Bit11	Bit10	Bit9	Bit8	Bit7	Bit6	Bit5	Bit4	Bit3	Bit2	Bit1	Bit0
CP	—	DEBUG	WRT1—	WRT0	CPD	LVP	BODEN	—	—	PWRTEN	WDTEN	F0SC1	F0SC0

对配置字的各位的解释如下:

① CP:代码保护位。

1＝代码保护关；

0＝所有存储器均受代码保护。

② DEBUG：在线调试器模式位。

1＝在线调试模式禁止；

0＝在线调试模式允许。

③ WRT1～WRT0：FLASH 程序存储器写允许位。

11＝写保护关闭；

10＝0000H～00FFH　写保护；

01＝0000H～07FFH　写保护；

00＝0000H～0FFFH　写保护。

④ CPD：数据 EEPROM 存储器的代码保护位。

1＝代码保护关；

0＝数据 EEPROM 存储器受代码保护。

⑤ LVP：低电压编程控制位。

1＝低电平编程允许；

0＝低电压编程禁止。

⑥ BODEN：欠压复位(BOR)使能位，说明如下：

1＝BOR 使能；

0＝BOR 禁止。

⑦ PWRTEN：上电定时器(PWRT)使能位，说明如下：

1＝PWRT 禁止；

0＝PWRT 使能。

⑧ WDTE：看门狗定时器(WDT)使能位，说明如下

1＝WDT 使能；

0＝WDT 禁止。

⑨ FOSCl～FOSC0：振荡器选择位，说明如下：

11＝RC 振荡器；

10＝HS 振荡器；

01＝XT 振荡器；

00＝LP 振荡器。

注意：所有的片出厂的时候都是把配置位置 1 的。

2. 在编译器里怎么样对配置位编程

PIC 单片机正常运行时，是无法对配置位进行存取的，只能在编程模式下存取。可以通过对配置位编程(读为 0)或不编程(读为 1)来选择不同的器件配置。对配置位编程后，是否能够更改其设置取决于器件的存储工艺和封装形式。对于只读存储器(ROM)器件，这些配置位在 ROM 代码提交时即被确定，且一旦器件掩膜完成，即无法更改(若要更改，则需新的掩膜代码)。对一次可编程(OTP)器件，一旦这些位被编程(为“0”)，就无法更改了，而 Flash 的单片机，在每次编程下载的时候是可以更改的。

编译器一般都可以采用菜单方式设置，在编译程序时，将配置字一并完成，烧写芯片同时完成配置字的烧入。图 5-1 就是编译工具 MPLAB IDE 设置配置字的情况(单击菜单栏 Configure 下的 Configuration Bits 出现的对话框)。

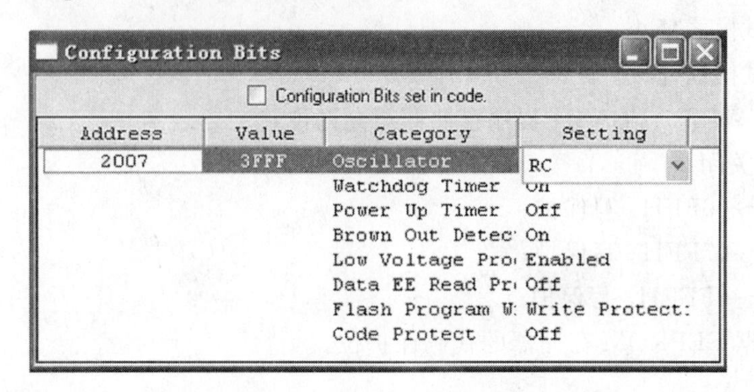

图 5-1　编译工具 MPLAB IDE 设置配置字的情况

设置的时候直接单击相应 Setting 下面菜单，会出现下拉菜单，直接设置即可。另外，也可以在程序中进行设置，下面是在 PICC C 语言中设置配置位的情形：

__CONFIG(WDTDIS&LVPDIS&PWRTEN)；注意，CONFIG 前要加两个下划线，在语句的最后要加上"；"，定义的内容还要用括号括起来。

上面是配置字的一种写法，它的好处就是意义比较明显，如 WDTDIS 是不使用 PIC 单片机看门狗的意思。

5.1.7　C 语言和汇编语言混合编程

单片机的一些特殊指令操作在标准的 C 语言语法中没有直接对应的描述，例如 PIC 单片机的清看门狗指令"clrwdt"和休眠指令"sleep"；单片机系统强调的是控制的实时性，为了实现这一要求，有时必须用汇编指令实现部分代码以提高程序运行的效率。在 C 程序中嵌入汇编指令有两种方法。

如果只需要嵌入少量几条汇编指令，PICC 提供了一个类似于函数的语句：

```
asm("clrwdt");
```

这是在 C 源程序中直接嵌入汇编指令的最直接最容易的方法。

如果需要编写一段连续的汇编指令，PICC 支持另外的一种语法描述：用"#asm"来开始汇编指令段，用"#endasm"结束。

5.2　PICC 函数

5.2.1　中断函数的实现

PIC16F877A 及其他中档系列 PIC 单片机的中断入口只有一个，中断入口地址为

0x0004。因此整个程序中只能有一个中断服务函数。

PICC可以实现C语言的中断服务程序。中断服务程序有一个特殊的定义方法：

```
void interrupt ISR(void);
```

其中的函数名“ISR”可以改成任意合法的字母或数字组合，但其入口参数和返回参数类型必须是“void”型，即没有入口参数和返回参数，且中间必须有一个关键词“interrupt”。

中断函数可以被放置在原程序的任意位置。因为已有关键词“interrupt”声明，PICC在最后进行代码连接时会自动将其定位到0x0004中断入口处，实现中断服务响应。一个简单的中断服务示范函数如下：

```
void interrupt ISR(void)          //中断服务程序
{
    if (T0IE && T0IF)             //判 TMR0 中断
    {
        T0IF = 0;                 //清除 TMR0 中断标志
                                  //在此加入 TMR0 中断服务
    }
    if (TMR1IE && TMR1IF)         //判 TMR1 中断
    {
        TMR1IF = 0;               //清除 TMR1 中断标志
                                  //在此加入 TMR1 中断服务
    }
}                                 //中断结束并返回
```

PICC会自动加入代码实现中断现场的保护，并在中断结束时自动恢复现场，所以程序员无须像编写汇编程序那样加入中断现场保护和恢复的额外指令语句。但如果在中断服务程序中需要修改某些全局变量时，是否需要保护这些变量的初值将由程序员自己决定和实施。

用C语言编写中断服务程序必须遵循高效的原则：

(1) 代码尽量简短，中断服务强调的是一个“快字”。避免在中断内使用函数调用。虽然PICC允许在中断里调用其他函数，但为了解决递归调用的问题，此函数必须为中断服务独家专用。既然如此，不妨把原本要写在其他函数内的代码直接写在中断服务程序中。

(2) 避免在中断内进行数学运算。数学运算将很有可能用到库函数和许多中间变量，就算不出现递归调用的问题，仅仅在中断入口和出口处为了保护和恢复这些中间临时变量就需要大量的开销，严重影响中断服务的效率。

5.2.2　标准库函数

PICC提供了较完整的C标准库函数支持，其中包括数学运算函数和字符串操作函数。在程序中使用这些现成的库函数时需要注意的是入口参数必须在bank0中。

如果需要用到数学函数，则应在程序前加上“#include <math.h>”头文件；如果要使用字符串操作函数，就需要加入“#include <string.h>”头文件。在这些头文件中提供了函数类型的声明。通过直接查看这些头文件就可以知道PICC提供了哪些标准库函数。

5.2.3 用户自定义函数

用户自定义函数,顾名思义,是指用户根据自己的需要编写的函数。

从函数定义的形式上划分可以有 3 种形式:无参数函数、有参数函数和空函数。

1. 无参数函数

此种函数在被调用时,无参数输入,无参函数一般用来执行指定的一组操作。无参数函数的定义形式为:

```
类型标识符  函数名()
{
    类型说明
    函数体语句
}
```

类型标识符是指函数值的类型,若不写类型说明符,默认为 int 类型,若函数类型标识符为 void,表示不需要带回函数值。{}中的内容称为函数体,在函数体中也有类型说明,这是对函数体内部所用到的变量的类型说明。

2. 有参数函数

在调用此种函数时,必须输入实际参数,以传递给函数内部的形式参数,在函数结束时返回结果,供调用它的函数使用。有参数函数的定义方式为:

```
类型标识符  函数名(形式参数表)
形式参数类型说明
{
类型说明
函数体语句
}
```

有参函数比无参函数多了形式参数表,各参数之间用逗号间隔。在进行函数调用时,主调函数将赋予这些形式参数实际的值。

3. 空函数

此种函数体内无语句,是空白的。调用此种空函数时,什么工作也不做,不起任何作用。而定义这种函数的目的并不是为了执行某种操作,而是为了以后程序功能的扩充。空函数的定义形式如下:

```
返回值类型说明符 函数名()
{}
```

例如:

```
int add()
{ }
```

应该指出的是,程序总是从 main 函数开始,完成对其他函数的调用后再返回到 main 函

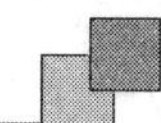

数，最后由 main 函数结束整个程序。

5.2.4　局部变量和全局变量

1. 局部变量

局部变量被声明在一个函数之中，局部变量的有效范围只有在它所声明的函数内部有效，另外，在主函数定义的变量，也只在主函数中有效，而不因为在主函数中定义而在整个文件中有效，并且主函数也不能使用其他函数中定义的变量，例如：

```
float f1(int a)                    /* 函数 f1 */
{int b, c;
 ⋮                                  a、b、c 有效
}
char f2(int x, int y)              /* 函数 f2 */
{int i,j;                           x、y、i、j 有效
}
void main()                        /* 主函数 */
{int m, n;
 ⋮                                  m、n 有效
}
```

2. 全局变量

一个源文件可能包含多个函数，在函数内定义的变量是局部变量，而在函数外定义的变量是外部变量，也称全局变量，全局变量可以为本文件中其他函数所共有，它的有效范围为从定义变量的位置开始到本源文件结束，例如：

```
int p=1,q=5;                  /* 外部变量 */
float f1 (int a)              /* 定义函数 f1 */
    {
        int b,c;
        ⋮
    }
char c1,c2;                   /* 外部变量 */
char f2 (int x, int y)        /* 定义函数 f2 */
    {
        int i,j;
        ⋮
    }
void main () /* 主函数 */
    {
        int m,n;
        ⋮
    }
```

（从 char c1,c2; 到文件末尾：全局变量 c1、c2 的作用范围；从 int p=1,q=5; 到文件末尾：全局变量 p、q 的作用范围）

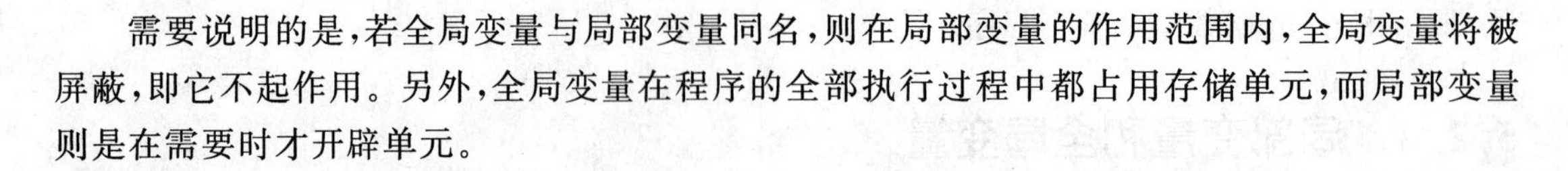

需要说明的是，若全局变量与局部变量同名，则在局部变量的作用范围内，全局变量将被屏蔽，即它不起作用。另外，全局变量在程序的全部执行过程中都占用存储单元，而局部变量则是在需要时才开辟单元。

第 6 章

中断系统实例解析

中断就是打断正在执行的工作,转去做另外一件事。单片机利用中断功能,不但可以提高CPU 的效率,实现实时控制,而且还可以对一些难以预料的情况进行及时处理;本章将结合实例,对 PIC 单片机的中断系统进行演练与解析。

6.1 中断系统基本知识

6.1.1 中断系统概述

1. 中断的概念

中断是单片机中的一个重要的概念。通俗地说,单片机在执行程序的过程中,有一个突发事件或更紧急的事件需要先处理,这时就要暂停目前执行的程序,转向执行更紧急的程序。这种暂停原先程序的执行,称为中断。

中断的例子实际上在生活中到处都是。举个例子:假设用户正在看书,突然电话响了,这时一般用户会暂停看书去接听电话。为了在接听电话后能继续看书,用户可能会用一个书签放在接电话时看的页码处。这样当用户接完电话后,便可以从接电话前的页码继续往下看。

上面生活中的中断例子,实际上包括了中断事件的产生(有电话打来)、中断的现场保护(放书签)、中断服务程序(接听电话)、现场恢复(电话接听完毕,回到接电话前看的页码)、中断返回(继续看书)。

中断带给人们很多方便,用户不必为了一个电话始终守候在电话旁,用户可以去做原来想做的事。在单片机中更是如此,比如,单片机有一个按键,通常单片机不可能不停地检测是否有按键,而只要设置好按键中断使能,就可以放心地去执行原来要执行的程序,一旦有按键,单片机会自动进入中断服务程序,执行按键处理程序,处理完按键程序后,退出按键中断,回到按键前执行的程序处继续执行。

2. PIC16F877A 单片机的中断逻辑

PIC16F877A 能够识别的中断有 15 个,中断的内部逻辑结构如图 6-1 所示。

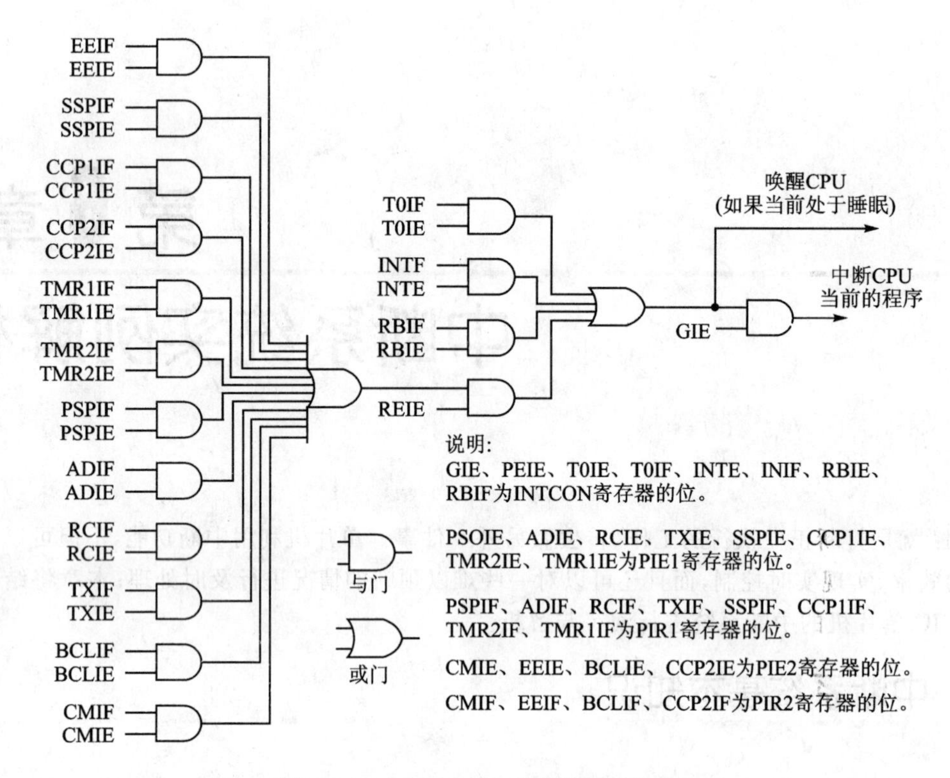

图 6-1　PIC16F877A 中断逻辑示意图

图中,左边的与门输入,标有“IF”字符的为中断标志(除 INTF 外),标有“IE”字符的为中断使能标志(除 INTE 外)。每一个以这 2 个字符作为输入的与门为一个中断源,共有 15 个中断源。

单从逻辑图上看,产生中断的最终结果是从最右边的与门输出 1。例如,要使 TMR1lF=1,能正确输出到最后,TMR1IE 必须为 1(TMR1 溢出中断使能),同时,PEIE(外围中断使能)和 GIE(全局中断使能)也须为 1,缺一不可。

3. 中断的执行过程

为了使得说明形象和直观,下面采用一些诙谐的语句来说明 PIC 单片机一次中断的过程:

中断请求——比喻成申请买经济适用房的请求。

中断标志——一份申请书。

中断使能 xxIE——本单位领导。

PEIE——户口办公室主任。

GIE——银行的管理信贷的科长。

① 中断请求:房子太少,儿子要结婚了,得买房了,可资源和财力有限,不能买商品房,只好按特别情况处理,写一份申请书(中断标志位 IF 置 1)。

② 本单位领导 xxIE 看了之后,如果给用户盖了一个盖(即该中断使能位 IE=1),那么恭喜用户,这份申请书能提交到更高一级的部门,如果没盖(xxIE=0),那么对不起,用户购房请求之梦破灭。

③ xxIE 领导将根据户口，将这些申请书进行分类：一类是外地迁来的户口，提交给户口办公室 PEIE 主任审查，PEIE 主任如果给用户盖了个章（PEIE＝1），那么，他将会把申请书提交给银行 GIE 科长批准，否则就会再研究研究；一类是本地户口，可直接提交给银行 GIE 科长批准，然后用户将申请书带到 GIE 科长的办公室。

④ GIE 科长盖了章之后（GIE＝1），用户就能拿着申请书去找房地产商要房子了（此时 PC 指针＝0004H），因为 GIE 科长有非常多事情要做，所以他每盖一次章之后（注意是一次不是一个，因为也许有多个中断同时发生，也就是说有其他地方的人来请 GIE 盖章），就在办公室门外挂了个牌子：请勿打扰。他自己则休息去了，直到接到房地户商的电话或有人打他的手机。

⑤ 房地产商准备给房子了，不过用户最好得先把各项手续办好，如押金协议、身份证、合同等，这称做“保护现场”。

⑥ 房地产商开始上班了，于是挨个查“申请书”是谁提交的，以便给用户安排预定的房子。这称做“中断查询”。

⑦ 查到是用户时，打电话让用户过来，然后带用户去看房子，把钥匙给用户。这个称为“中断处理”。

⑧ 钥匙交给用户之后，房子是到手了，不过这份申请书就失效了，房地产商将该申请书销毁。这个称为“清除中断标志”。

⑨ 好啦，目前用户能去房地产商要回以前交的押金，身份证等。这个称为“恢复现场”。

⑩ 最后，房地产商办完了房屋交接，给 GIE 科长打电话（执行中断返回指令），GIE 科长把“请勿打扰”的牌子取下，让其他带着申请书的人进来。当然，如果用户的事情还没搞定，GIE 科长的关系户打了他的手机（用户在办事时—处理中断时，GIE 被置 1），GIE 科长也会开门取下“请勿打扰”的牌子，让关系户进来，给他盖好章。这下就对不起了，人家有关系，所以用户的事情要马上停下来，先等关系户办完他的事情之后，再给用户办事情。这个称为“中断嵌套”，要注意 GIE 科长有 8 个关系户（硬件堆栈的深度为 8 级）。

6.1.2　与中断相关的寄存器

PIC 系列单片机的中断由相关寄存器来控制，与中断相关的寄存器共有 6 个，分别是选项寄存器 OPTION、中断控制寄存器 INTCON、第一外围设备中断标志寄存器 PIR1、第一外围设备中断屏蔽寄存器 PIE1、第二外围设备中断标志寄存器 PIR2 及第二外围中断屏蔽寄存器 PIE2。这 6 个寄存器在 RAM 数据存储器中有统一的编码地址，PIC 单片机可以把这 6 个特殊寄存器当作普通寄存器来访问。

1. 选项寄存器 OPTION

选项寄存器是一个可读/写的寄存器，地址为 81H/181H，OPTION 定义如下：

位	Bit7	Bit6	Bit5	Bit4	Bit3	Bit2	Bit1	Bit0
定义	RBPU	INTEDG	T0CS	T0SE	PSA	PS2	PS1	PS0

OPTION 寄存器包含与定时/计数器 TMR0、分频器和端口 RB 有关的控制位。

RBPU:为 RB 弱上拉使能位,RBPU=1 时,RB 的弱上拉电路全部禁止,RBPU=0 时,RB 的弱上拉电路全部使能。

INTEDG:用来控制外部中断触发信号边沿选择位。INTEDG=1,选择 RB0/INT 上升沿触发有效;INTEDG=0,选择 RB0/INT 下降沿触发有效。

T0CS:是定时器 TMR0 的时钟源源选择位。T0CS=1,由外部时钟 T0CKI 输入的脉冲作为计数器 TRM0 的时钟源;T0CS=0,由内部提供的指令周期作为定时器 TMR0 的时钟源。

T0SE:是定时器 TMR0 的时钟源触发边沿选择位,只有当 TMR0 工作于计数模式时该位才发挥作用。T0SE=1,外部时钟 T0CKI 下降沿触发 TMR0 递增;T0SE=0,外部时钟 T0CKI 上升沿触发 TMR0 递增。

PSA:为分频器分配位。PSA=1,分频器分配给 WDT;PSA=0,分频器分配给 TRM0。

第 2～0 位 PS2～PS0 为分频比选择位。如表 6-1 所列。

表 6-1　分频比选择表

PS2～PS0	TMR0 比率	WDT 比率
000	1:2	1:1
001	1:4	1:2
010	1:8	1:4
011	1:16	1:8
100	1:32	1:16
101	1:64	1:32
110	1:128	1:64
111	1:256	1:128

2. 中断控制寄存器 INTCON

中断控制寄存器 INTCON 是一个可读/写的寄存器,地址为 0BH/8BH/10BH/18BH,各位复位值为 0,INTCON 定义如下:

位	Bit7	Bit6	Bit5	Bit4	Bit3	Bit2	Bit1	Bit0
定义	GIE	PEIE	T0IE	INTE	RBIE	T0IF	INTF	RBIF

GIE:全局中断屏蔽位。GIE=1,允许 CPU 响应所有中断源产生的中断请求;GIE=0,禁止 CPU 响应所有中断源产生的中断请求。

PEIE:外设中断屏蔽位。PEIE=1,允许 CPU 响应来自第二梯队的中断请求;PEIE=0,禁止 CPU 响应来自第二梯队的中断请求。

T0IE:TMR0 溢出中断屏蔽位。T0IE=1,允许 TMR0 溢出后产生中断;T0IE=0,禁止 TMR0 溢出后产生中断。

INTE:外部 INT 引脚中断屏蔽位。INTE=1,允许外部 INT 引脚产生中断;INTE=0,禁止外部 INT 引脚产生中断。

RBIE:端口 RB 的引脚 RB4～RB7 电平变化中断屏蔽位。RBIE=1,允许 RB 口产生中断;RBIE=0,禁止 RB 口产生中断。

T0IF:TMR0 溢出中断标志位。T0IF=1,TMR0 已经发生了溢出(必须用软件清零);T0IF=0,TMR0 未发生溢出。

INTF:外部 INT 引脚中断标志位。INTF=1,外部 INT 引脚有中断触发信号(必须用软件清零);INTF=0,外部 INT 引脚无中断触发信号。

RBIF:端口 RB 的引脚 RB4～RB7 电平变化中断标志位。RBIF=1,RB4～RB7 已经发生

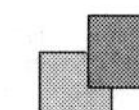

了电平变化(必须用软件清零);RBIF=0,RB4～RB7尚未发生电平变化。

3. 第一外设中断标志寄存器PIR1

第一外设中断标志寄存器PIR1是一个可读/写的寄存器,地址为0CH,各位复位值为0,PIR1定义如下:

位	Bit7	Bit6	Bit5	Bit4	Bit3	Bit2	Bit1	Bit0
定义	PSPIF	ADIF	RCIF	TXIF	SSPIF	CCP1IF	TMR2IF	TMR1IF

该寄存器包含第一批扩展的外设模块的中断标志位。各位的含义如下:

PSPIF:并行端口中断标志位。只有40引脚封装的型号才具备,对于28引脚封装型号内容为0。PSPIF=1,并行端口发生了读/写中断请求;PSPIF=0,并行端口未发生读/写中断请求。

ADIF:A/D转换中断标志位。ADIF=1,发生了A/D转换中断;ADIF=0,未发生A/D转换中断。

RCIF:串行通信接口(SCI)接收中断标志位。RCIF=1,接收完成,即接收缓冲区满;RCIF=0,正在准备接收,即接收缓冲区空。

TXIF:串行通信接口(SCl)发送中断标志位。TXIF=1,发送完成,即发送缓冲器空;TXIF=0,正在发送,即发送缓冲器未空。

SSPIF:同步串行端口(SSP)中断标志位。SSPIF=1,发送/接收完毕产生的中断请求(必须用软件清零);SSPIF=0,等待发送/接收。

CCP1lF:输入捕捉/输出比较/脉宽调制CCP1模块中断标志位。

输入捕捉模式下:CCP1lF=1,发生了捕捉中断请求(必须用软件清零);CCP1lF=0,未发生捕捉中断请求。

输出比较模式下:CCP1lF=1,发生了比较输出中断请求(必须用软件清零);CCP1lF=0,未发生比较输出中断请求。

脉宽调制模式下:无用。

TMR2IF:定时器/计数器TMR2模块溢出中断标志位。TMR2IF=1,发生了TMR2溢出(必须用软件清零);TMR2IF=0,尚未发生TMR2溢出。

TMR1lF:定时器/计数器TMR1模块溢出中断标志位。TMR1lF=1,发生了TMR1溢出(必须用软件清零);TMR1lF=0,尚未发生TMR1溢出。

4. 第一外设中断屏蔽寄存器PIE1

第一外设中断屏蔽寄存器PIE1是一个可读/写的寄存器,地址为8CH,各位复位值为0,PIE1定义如下:

位	Bit7	Bit6	Bit5	Bit4	Bit3	Bit2	Bit1	Bit0
定义	PSPIE	ADIE	RCIE	TXIE	SSPIE	CCP1IE	TMR2IE	TMR1IE

该寄存器包含第一批扩展的外设模块的中断标志位,各位的含义如下:

PSPIE:并行端口中断屏蔽位,只有40引脚封装的型号才具备,对于28引脚封装型号内

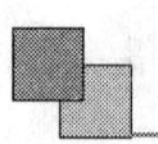

容为 0。PSPIE=1,开放并行端口读/写发生的中断请求;PSPIE=0,屏蔽并行端口读/写发生的中断请求。

ADIE:模拟/数字转换中断屏蔽位。ADIE=1,开放 A/D 转换器的中断请求;ADIE=0,屏蔽 A/D 转换器的中断请求。

RCIE:串行通信接口(SCl)接收中断屏蔽位。RCIE=1,开放 SCI 接收中断请求;RCIE=0,屏蔽 SCI 接收中断请求。

TXIE:串行通信接口(SCl)发送中断屏蔽位。TXIE=1,开放 SCI 发送中断请求;TXIE=0,屏蔽 SCI 发送中断请求。

SSPIE:同步串行端口(SSP)中断屏蔽位。SSPIE=1,开放 SSP 模块产生的中断请求;SSPIE=0,屏蔽 SSP 模块产生的中断请求。

CCP1lE:输入捕捉/输出比较/脉宽调制 CCP1 模块中断屏蔽位。CCP1lE=1,开放 CCP1 模块产生的中断请求;CCP1lE=0,屏蔽 CCP1 模块产生的中断请求。

TMR2IE:定时器/计数器 TMR2 模块溢出中断屏蔽位。TMR2IE=1,开放 TMR2 溢出发生的中断;TMR2IE=0,屏蔽 TMR2 溢出发生的中断。

TMR1lE:定时器/计数器 TMR1 模块溢出中断屏蔽位。TMR1lE=1,开放 TMR1 溢出发生的中断;TMR1lE=0,屏蔽 TMR1 溢出发生的中断。

5. 第二外设中断标志寄存器 PIR2

第二外设中断标志寄存器 PIR2 是一个可读/写的寄存器,地址为 0DH,有定义的位复位值为 0,PIR2 定义如下:

位	Bit7	Bit6	Bit5	Bit4	Bit3	Bit2	Bit1	Bit0
定义	—	CMIF	—	EEIF	BCLIF	—	—	CCP2IF

该寄存器包含第二批扩展的外设模块的中断标志位,各位的含义如下:

CMIF:比较器中断标志位。CMIF=1 时,比较器输出发生变化,CMIF=0 时,比较器输出未发生变化。

EEIF:EEPROM 写操作中断标志位。EEIF=1,写操作已经完成(必须用软件清零);EEIF=0,写操作未完成或尚未开始进行。

BCLIF:I2C 总线冲突中断标志位。当同步串行端口 MSSP 模块被配置成 I2C 总线的主控模式时。BCLIF=1,发生了总线冲突;BCLIF=0,未发生总线冲突。

CCP2IF:输入捕捉/输出比较/脉宽调制 CCP2 模块中断标志位。

输入捕捉模式下:CCP2IF=1,发生了捕捉中断请求(必须用软件清零);CCP2IF=0,未发生捕捉中断请求。

输出比较模式下:CCP2IF=1,发生了输出比较中断请求(必须用软件清零);CCP2IF=0,未发生输出比较中断请求。

脉宽调制模式下:无用。

6. 第二外设中断屏蔽寄存器 PIE2

第二外设中断屏蔽寄存器 PIE2 是一个可读/写的寄存器,地址为 8DH,有定义的位复位值为 0,PIE2 定义如下:

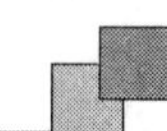

位	Bit7	Bit6	Bit5	Bit4	Bit3	Bit2	Bit1	Bit0
定义	—	CMIE	—	EEIE	BCLIE	—	—	CCP2IE

该寄存器包含第二批扩展的外设模块的中断标志位，各位的含义如下：

CMIE：比较器中断使能位。CMIE=1，开放比较器中断请求；CMIE=0，屏蔽比较器中断请求。

EEIE：EEPROM 写操作中断屏蔽位。EEIE=1，开放 EEPROM 写操作产生的中断请求；EEIE=0，屏蔽 EEPROM 写操作产生的中断请求。

BCLIE：总线冲突中断屏蔽位。BCLIE=1，开放总线冲突产生的中断请求；BCLIE=0，屏蔽总线冲突产生的中断请求。

CCP2IE：输入捕捉/输出比较/脉宽调制 CCP2 模块中断屏蔽位。CCP2IE=1，开放 CCP2 模块产生的中断请求；CCP2IE=0，屏蔽 CCP2 模块产生的中断请求。

6.2　中断系统实例解析——外中断 1 演示

6.2.1　实现功能

用 PIC 核心板和 DD—900 实验开发板进行外中断实验，实现如下功能：开机后，DD—900 开发板上的 D0 灯点亮，当 PIC16F877A 的 RB0 引脚对地短接时（模拟进入外中断），蜂鸣器鸣叫，同时，D0 灯的状态取反。有关电路如图 6-2 所示。

6.2.2　源程序

据上述要求，设计的源程序如下：

```
#include <pic.h>
#define uchar unsigned char
#define uint  unsigned int
__CONFIG(HS&WDTDIS);
#define    LED    RD0
#define  BEEP  RE0                      //蜂鸣器
char    flag;                           //全局变量,保存 LED 状态
/********延时程序********/
void Delay_ms(uint xms)
{
    int i,j;
    for(i = 0;i<xms;i ++ )
        { for(j = 0;j<71;j ++ ) ; }
}
/*********蜂鸣器响一声函数********/
void  beep()
```

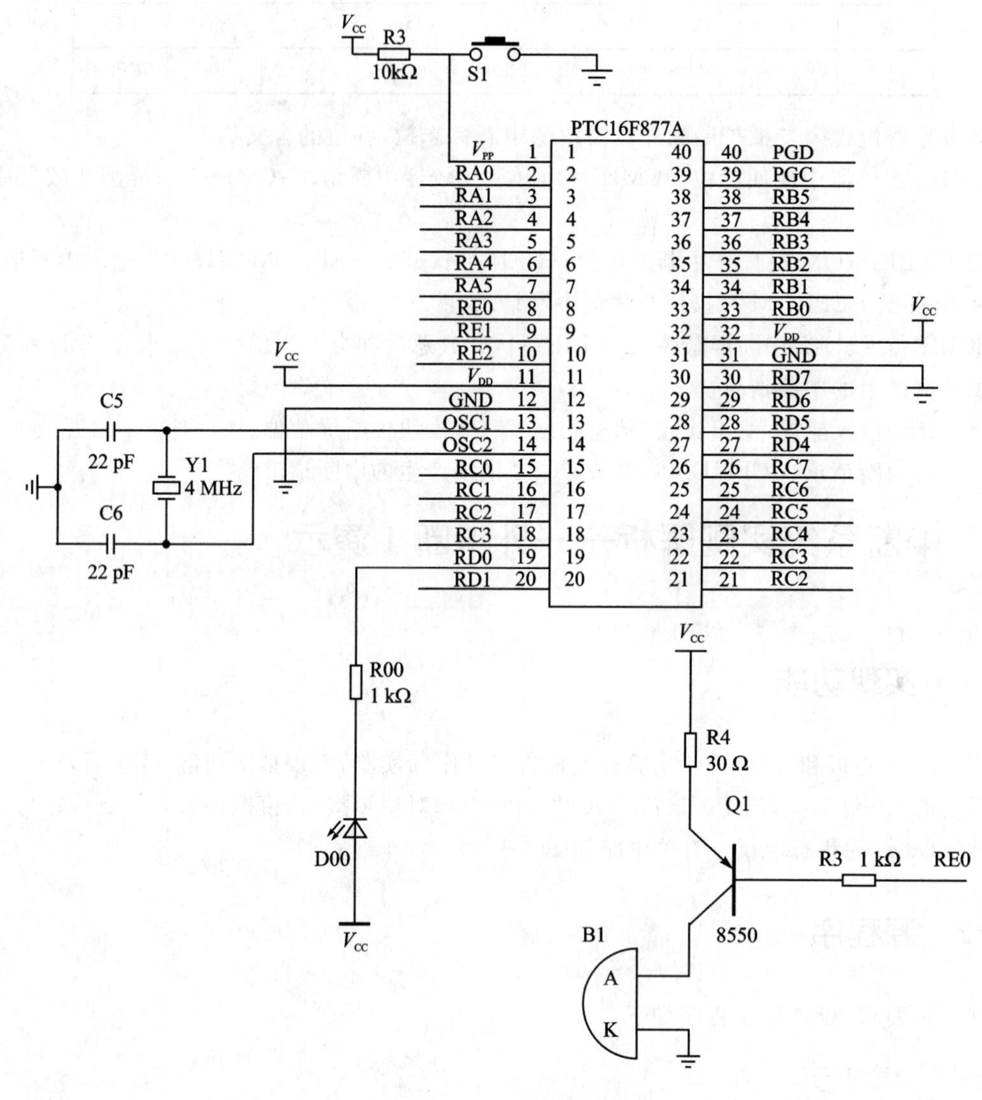

图 6-2　外中断实验电路图

```
{
    BEEP = 0;                              //蜂鸣器响
    Delay_ms(100);
    BEEP = 1;                              //关闭蜂鸣器
    Delay_ms(100);
}
/********端口设置函数********/
void port_init(void)
{
    RBPU = 0;                              //端口 B 弱上位使能
    TRISB = 0b00000001;                    //RB0 设置为输入
    TRISD = 0x00;                          //RD 设为设为输出
    ADCON1 = 0x06;                         //定义 RA、RE 为 I/O 端口
```

```
    TRISE = 0x00;                   //端口 E 为输出,蜂鸣器(RE0)、继电器(RE1)工作
    PORTE = 0xff;
}
/********主函数********/
void main(void)
{
    port_init();
    GIE = 1;                        //开发总中断
    INTE = 1;                       //允许 RB0/INT 中断
    INTEDG = 0;                     //下降沿触发
LED = 0;
    flag = 1;
    while(1);                       //原地等待
}
/********中断服务程序********/
void interrupt ISR(void)
{
    if (INTF == 1)
    {
        Delay_ms(30);               //延时 30 ms,躲过抖动时间
        INTF = 0;                   //清中断标志位,须在延时之后!
        if (flag == 1)
            {flag = 0;LED = 0;beep();}
        else
            {flag = 1;LED = 1;beep();}
    }
}
```

6.2.3 源程序释疑

为实现中断而设计的有关程序称为中断程序。中断程序由中断初始化程序和中断函数两部分组成。

1. 中断初始化程序

中断初始化程序也称中断控制程序,设置中断初始化程序的目的是,让 CPU 在执行主程序的过程中能够响应中断。主函数中的以下语句:

```
GIE = 1;                    //开发总中断
INTE = 1;                   //允许 RB0/INT 中断
INTEDG = 0;                 //下降沿触发
```

即为中断初始化程序。中断初始化程序主要包括:开总中断、使能 RB0/INT 外中断、选择外中断的触发方式等。

2. 中断函数

源程序中的 void interrupt ISR(void)为外中断函数。

当对地短接 RB0 引脚时，可进入外中断函数，在外中断函数中，可控制蜂鸣器鸣叫及控制 D0 灯的亮与灭，执行完外中断函数后，回到主函数，继续执行主函数。

6.2.4 实现方法

① 打开 MLAB IDE 软件，建立工程项目，再建立一个名为 ch6_1.c 的源程序文件，输入上面源程序。对源程序进行编译，产生 ch6_1.hex 目标文件。

② 将 DD—900 实验开发板 JP1 的 LED、V_{CC}两插针短接，为 LED 灯供电。

③ 将 PIC 核心板 RD0、RE0、V_{DD}、GND 通过 4 根杜邦连到 DD—900 实验开发板 P00（外接 D0 灯）、P37（外接蜂鸣器）、V_{CC}、GND 上。

④ 将 PICKIT2 连接到 PIC 核心板的 RJ12 接口，同时，用 5 V 电源适配器为 PIC 核心板供电，将其 PICKIT2 插接在 PC 的 USB 口上，DD—900 实验开发板不用单独供电（由 PIC 核心板为其供电）。

⑤ 进行硬件仿真或将将程序下载到 PIC16F877A 单片机中，观察实验效果是否符合要求。

该实验程序在随书光盘的 ch6\ch6_1 文件夹中。

第 7 章

定时/计数器实例解析

PIC16F877A 单片机有两个 8 位定时/计数器 TMR0、TMR2 和一个 16 位定时/计数器 TMR1，使用定时/计数器模块，单片机可以帮助用户完成很多与计时相关的工作，减少了 CPU 占用率。本章将逐一介绍这些定时/计数器的功能和使用方法。

7.1 PIC 定时/计数器基本知识

我们知道，可以利用单片机的 I/O 口对按键输入信号检测，即不停地检测端口状态，每检测到一次电平变化记录一次，这样就可以统计出按键按下的次数了。不过，这种方法实现起来有些麻烦，那么有没有更简捷的方法呢？

答案是肯定的！我们可以使用定时/计数器的计数功能实现对外部事件（电平变化次数、脉冲个数等）进行计数。除用于计数之外，定时/计数器还有更广泛的用途，如用于延时，测量周期、频率、脉宽，提供定时脉冲信号等。在实际应用中，对于转速、位移、速度、流量等物理量的测量，通常是由传感器转换成脉冲电信号，通过使用定时/计数器来测量其周期或频率，再经过计算处理获得。

7.1.1 8 位定时/计数器 TMR0

TMR0 是一个 8 位定时/计数器，定时指的是对内部的指令周期时钟 Tcy 计数，计数指的是对输入到 RA4/T0KI 引脚上的外部脉冲计数。TMR0 内部结构如图 7-1 所示。

图中，T0SE、T0CS、PSA、PS2:PS0为寄存器 OPTION 的位，OPTION 的定义参见本书第 6 章相关内容。

TMR0 的基本特点如下：

① 它是一个具有 8 位宽度的定时/计数器。

② 定时寄存器的当前计数值可读/写。

③ 附带一个 8 位宽度的预分频器。由于 TMR0 是个 8 位的定时/计数器，最大计数值是 0xFF，如果要求的计数值大于此数，就要用到预分频器。不用预分频器时，一个计数脉冲 TMR0 加 1，使用预分频器时，若干个脉冲加 1。如预分频比为 1:64，则 64 个计数脉冲 TMR0

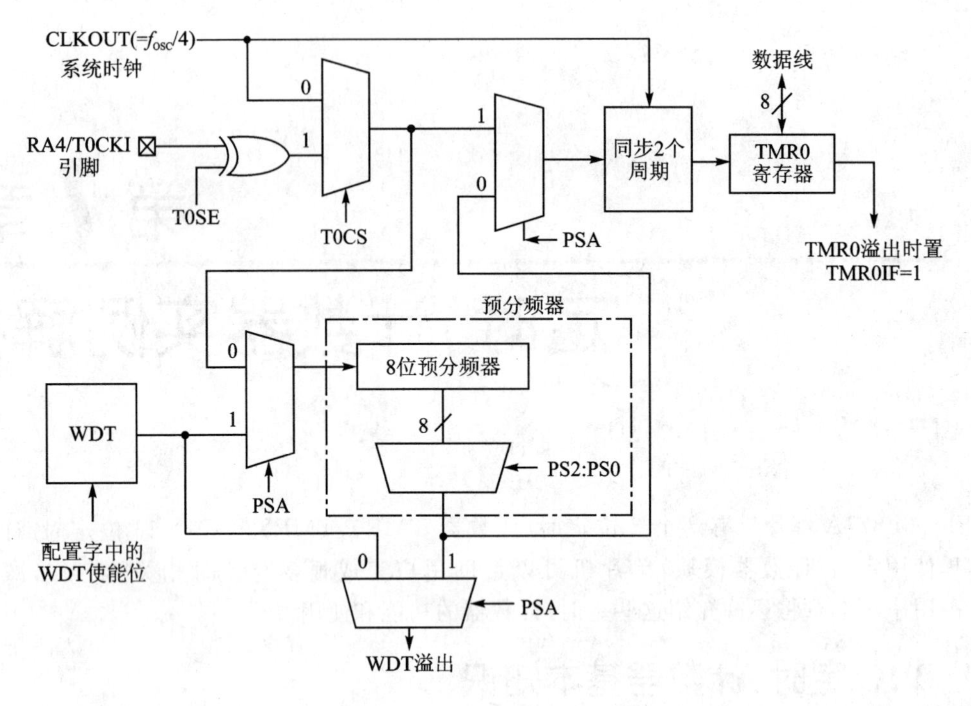

图 7-1　TMR0 内部结构示意图

加 1,其从 0 开始计数至溢出,实际计数值是 256×64=16 384=0x4000。另外,PIC16F877A 单片机的 TMR0 和 WDT(看门狗定时器)共用预分频,因此预频器同一时刻只能供一个对象使用。如果要使 TMR0 的分频比为 1:1,就必须将预分频器给 WDT,而不管 WDT 是否使能。

④ 可以选择内部指令周期计数或外部输入脉冲计数。

⑤ 以递增方式计数,当计数值从 FFH 溢出变回 00H 时产生溢出标志,触发中断。

⑥ 当设为外部脉冲计数时,可以选择是上升沿计数还是下降沿计数。

⑦ 它是一个在文件寄存器区域统一编址的寄存器,地址为 01H 或 101H。

7.1.2　16 位定时/计数器 TMR1

1. TMR1 的功能及组成

TMR1 是由两个 8 位的寄存器 TMR1H 和 TMR1L 所组成的 16 位定时/计数器,这两个寄存器都在 RAM 中具有统一编码地址。TMR1 寄存器对 TMR1H 和 TMR1L 从 0000H 递增到 FFFFH,之后再返回到 0000H 时,会产生高位溢出,并且同时将溢出中断标志位 TMR1IF 设置为 1。如果此前相关的中断使能控制位都被使能,还会引起 CPU 的中断响应。通过对中断使能位 TMR1IE 置 1 或清 0,可以允许或禁止 CPU 响应 TMR1 的溢出中断。

TMR1 可以借助自带的低频晶体振荡器,用来实现记录和计算真实的年、月、日、时、分、秒的实时时钟 RTC 功能。

另外,TMR1 还是 CCP 模块中的比较和捕捉工作方式的时基。图 7-2 为 TMR1 内部结构示意图。

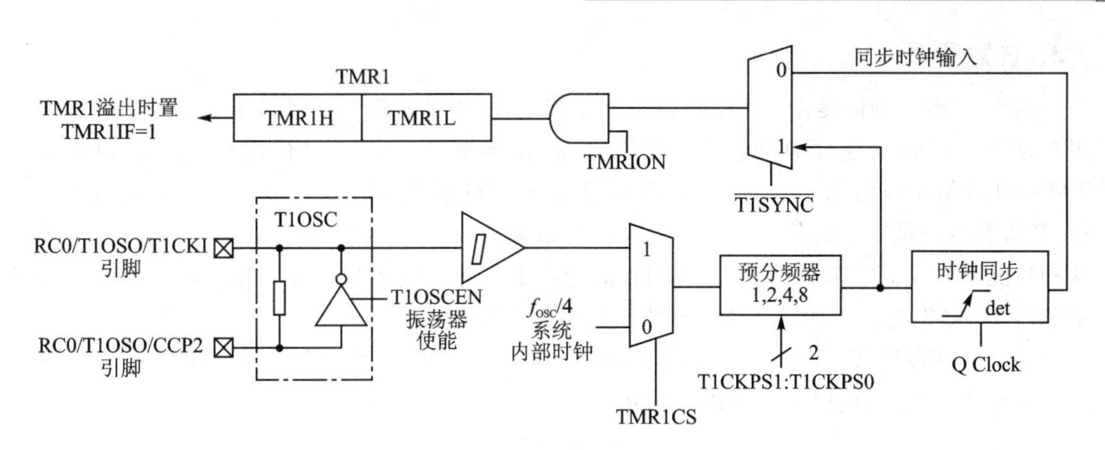

图7-2　TMR1内部结构示意图

2. 与TMR1模块相关寄存器

与TMR1模块有关的寄存器共有6个，分别是中断控制寄存器INTCON，第一外设中断标志寄存器PIR1，第一外设中断屏蔽寄存器PIE1，TMR1低字节和高字节寄存器TMR1L、TMR1H，TMR1控制寄存器T1CON。TMR1L、TMR1H寄存器比较简单，INTCON、PIR1和PIE1寄存器在本书第6章已进行了介绍，这里不再重复，下面重点介绍TMR1控制寄存器T1CON。

TMR1控制寄存器T1CON定义如下：

位	Bit7	Bit6	Bit5	Bit4	Bit3	Bit2	Bit1	Bit0
定义			T1CKPS1	T1CKPS0	T1OSCEN	T1SYNC	TMR1CS	TMR1ON

T1CON寄存器只用到低6位，最高2位没有用到，其余各位含义如下：

① T1CKPSl～T1CKPS0：分频器分频比选择位，如表7-1所列。

表7-1　TMR1分频器分频比选择

T1CKPS1～T1CKPS0	分频比	T1CKPS1～T1CKPS0	分频比
00	1:1	10	1:4
01	1:2	11	1:8

② T1OSCEN：TMR1低频振荡器使能位。为1时，允许TMR1低频振荡器起振；为0时，禁止TMR1低频振荡器起振，令非门的输出端呈高阻态。

③ T1SYNC：TMR1外部输入时钟与系统时钟同步控制位。

TMR1工作于计数器方式（TMR1CS=l时）：T1SYNC为1时，TMR1外部输入时钟与系统时钟不保持同步；T1SYNC为0时，TMR1外部输入时钟与系统时钟保持同步。

TMR1工作于定时器方式（TMR1CS=0时）：该位不起作用。

④ TMR1CS：时钟源选择位。TMR1CS为1时，选择外部时钟源，即时钟信号来源于外部引脚或自带振荡器；TMR1CS为0时，选择内部时钟源。

⑤ TMR1ON：TMR1使能控制位。为1时启用TMR1，使TMR1进入活动状态；为0时，关闭TMR1，使TMR1退出活动状态，以降低能耗。

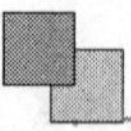

3. 注意事项

由于 TMR1 的值是由 2 个 8 位寄存器组构成的，因此在读取 TMR1 的值时要特别注意是否在读取时正好发生了从低字节 TMR1L 向高字节 TMR1H 进位的情况。假设正好在 TMR1H、TMR1L 值为 0x01FF 时读取高字节 TMR1 值得到 0x01，此时低字节向高字节进位，接着在读取低字节时值为 0x00，这样总的结果为 0x0100，而实际值应为 0x0200。如果在这种情况下先读低字节，得到的 TMR1L 值为 0xFF，此时低字节向高字节进位，接着在读取高字节时为 0x02，这样总的结果为 0x02FF，结果还是错的。

如果允许在读 TMR1 值时让 TMR1ON=0 停止计数，就不会存在这个问题了，如果不允许停止计数，则可以用以下程序进行判断：

```
tmep1 = TMR1H;                        //读高字节
tmep2 = TMR1L;                        //读低字节
tmep3 = TMR1H;                        //再读高字节
if(tmep1 == tmep3)                    //判断是否发生了从低字节向高字节进位
    temp = tmep1 << 8 + tmep2;        //没有发生进位,用第一次的结果
else
    temp = tmep3 << 8 + tmep2;        //发生了进位,用第二次的结果
```

7.1.3 8 位定时/计数器 TMR2

1. TMR2 的功能及组成

TMR2 是一个 8 位定时/计数器，带有一个预分频器、一个后分频器和一个周期寄存器。TMR2 还是 CCP 模块中的 PWM 工作方式下的时基。图 7-3 为 TMR2 内部结构示意图。

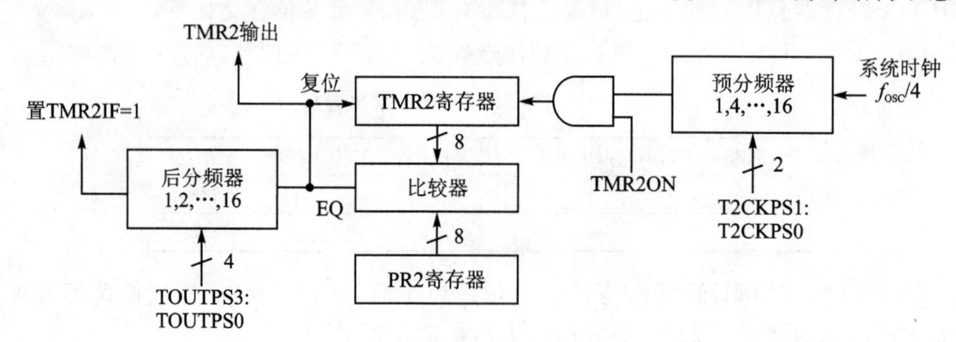

图 7-3 TMR2 内部结构示意图

TMR2 与 TMR0 和 TMR1 的不同点在于：TMR2 没有对外部脉冲计数功能；TMR2 具有输出后分频功能，即它可以设置溢出多少次时才进入中断；TMR2 还有一个周期寄存器 PR2。事先对 PR2 赋值，当 TMR2 计数值超过 PR2 时，即 TMR2=PR2+1 时，就产生溢出，这和 TMR0 和 TMR1 不同。如设定 PR2=10，则 TMR2 计数至 10，再加 1 时即溢出，此时 TMR2 自动复位为 0。而 TMR0 必须超过 0xFF，TMR1 必须超过 0xFFFF 才能溢出。上电时，PR2 的值为 0xFF，此时与 TMR0 的溢出情况类似。由于溢出值可设定，则无须设定 TMR2 的初值便可延时到所需的时间。

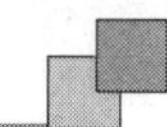

2. 与TMR2模块相关寄存器

与TMR2模块有关的寄存器共有6个，分别是中断控制寄存器INTCON，第一外设中断标志寄存器PIR1，第一外设中断屏蔽寄存器PIE1，TMR2工作寄存器TMR2，TMR2控制寄存器T2CON，TMR2周期寄存器PR2。TMR2、PR2寄存器比较简单，INTCON、PIR1和PIE1寄存器在本书第6章已进行了介绍，这里不再重复，下面重点介绍TMR2控制寄存器T2CON。

TMR2控制寄存器T2CON定义如下：

位	Bit7	Bit6	Bit5	Bit4	Bit3	Bit2	Bit1	Bit0
定义		TOUTPS3	TOUTPS2	TOUTPS1	TOUTPS0	TMR2ON	T2CKPS1	T2CKPS0

T2CON寄存器只用到低7位，最高1位没有用到，其余各位含义如下：

① TOUTPS3～TOUTPS0：TMR2后分频器分频比选择位，功能如表7-2所列。

表7-2　TMR2后分频器分频比选择

TOUTPS3～TOUTPS0	分频比	TOUTPS3～TOUTPS0	分频比
0000	1:1	1000	1:9
0001	1:2	1001	1:10
0010	1:3	1010	1:11
0011	1:4	1011	1:12
0100	1:5	1100	1:13
0101	1:6	1101	1:14
0110	1:7	1110	1:15
0111	1:8	1111	1:16

② TMR2ON：TMR2使能控制位。为1时启用TMR2；为0时关闭TMR2，可以降低功耗。

③ T2CKPSl～T2CKPS0：预分频器分频比选择位，功能如表7-3所列。

表7-3　TMR2分频器分频比选择

T2CKPS1～T2CKPS0	分频比	T2CKPSl～T2CKPS0	分频比
00	1:1	10	1:16
01	1:4	11	1:16

7.2　定时/计数器实例解析

7.2.1　实例解析1——TMR0计数实验

1. 实现功能

用PIC核心板和DD—900实验开发板进行TMR0计数实验，实现如下功能：用导线将

RA4(TMR0 外部计数器输入)与 GND 触发一次,RD 口外接的 LED 灯亮或灭一次(即原来是亮的,则触发后熄灭,若原来是灭的,则触发后点亮),有关电路如图 7-4 所示。

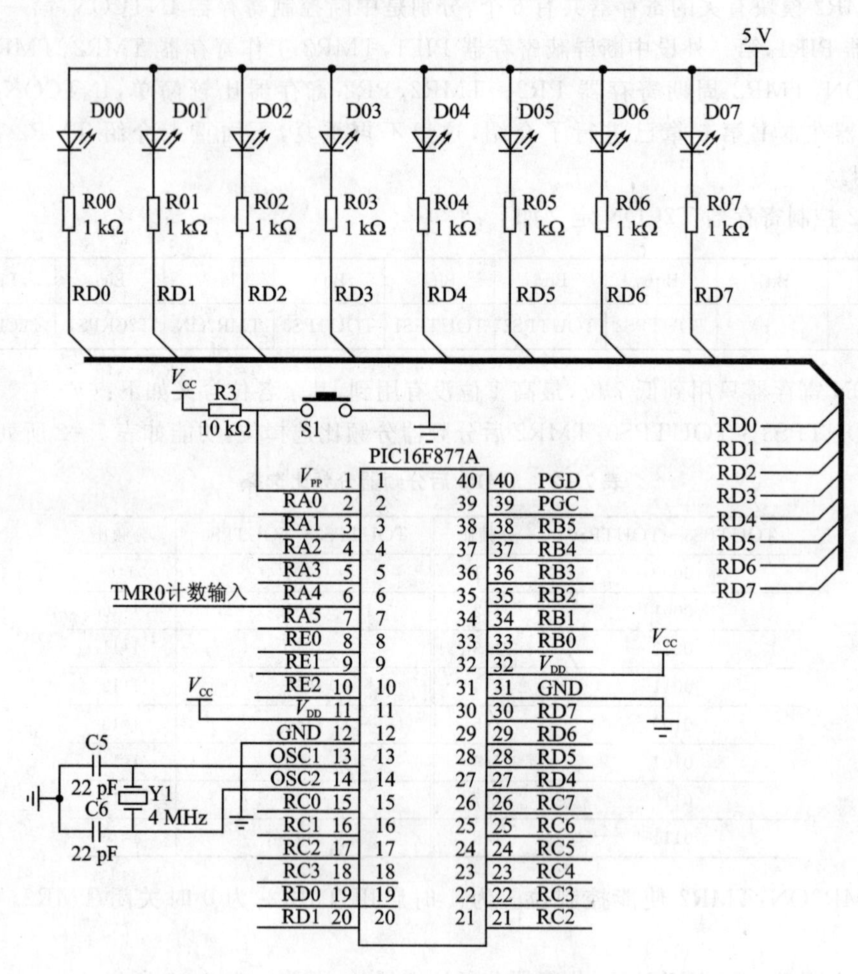

图 7-4　TMR0 计数实验电路图

2. 源程序

根据以上要求,设计的源程序如下:

```
#include <pic.h>
#define uchar unsigned char
#define uint  unsigned int
__CONFIG(HS&WDTDIS);
#define    LED    PORTD
char    temp;                      //全局变量,保存 LED 状态
/********延时函数********/
void Delay_ms(uint xms)
{
    int i,j;
    for(i=0;i<xms;i++)
```

```
        { for(j = 0;j<71;j ++ ) ; }
}
/ ********定时器 0 初始化函数 ********/
void timer0_init()
{
     OPTION = 0b00111000;          //TMR0 对外部脉冲计数,下降沿计数,频器给 WDT,则 TMR0 分频
比为 1:1
    INTCON = 0b10100000;           //允许总中断和 TMR0 溢出中断
    TMR0 = 0xFF;                   //TMR0 赋初值
}
/ ********主函数 ********/
void main(void)
{
    TRISD = 0x00;                  //设 PORTD 为输出
    TRISB = 0xff;                  //设置 PORTB 为输入
    LED = 0xff;temp = 1;           //赋初值
    timer0_init();                 //定时器 TMR0 初始化
    while(1);                      //等待
}
/ ********中断服务程序 ********/
void interrupt ISR(void)
{
    if (T0IF == 1)
    {
        Delay_ms(30);              //按键防抖动,延时 30 ms,躲过抖动时间
        T0IF = 0;                  //清 TMR0 溢出中断标志位
        TMR0 = 0xFF;               //TMR0 赋初值
        if (temp == 1)
            {temp = 0;LED = 0x00;}
        else
            {temp = 1;LED = 0xff;}
    }
}
```

3. 源程序释疑

本例计数由 TMR0 溢出中断函数完成,在主函数中先设置其初值为 0Xff,即 255,当有外部计数信号时(即 RA4 触发一次),TMR0 的计数值加 1,计数值变为 0Xff+1=256,这时候就发生溢出中断,进入 TMR0 溢出中断函数,在 TMR0 溢出中断函数中,使 PORTD 口取反,从而控制 PORTD 口 LED 灯的亮与灭,要注意的是,在 TMR0 溢出中断函数中,一定要重置计数初值 0xff,否则,在下次触发 RA4 时,将不能再次进入 TMR0 溢出中断函数。

在本例实验中,采用的是 8 位定时/计数器 TMR0,上限值为计数单元的最大计数值,即 255,如果采用 16 位定时/计数器 TMR1,则计数单元的最大计数值为 65535。

4. 实现方法

① 打开 MLAB IDE 软件,建立工程项目,再建立一个名为 ch7_1. c 的源程序文件,输入

上面源程序。对源程序进行编译，产生 ch7_1.hex 目标文件。

② 将 DD—900 实验开发板 JP1 的 LED、V_{CC}两插针短接，为 LED 灯供电。

③ 将 PIC 核心板 RD0～RD7、VDD、GND 通过几根杜邦连到 DD—900 实验开发板 P00～P07、V_{CC}、GND 上。

④ 将 PICKIT2 连接到 PIC 核心板的 RJ12 接口，同时，用 5V 电源适配器为 PIC 核心板供电，将其 PICKIT2 插接在 PC 的 USB 口上，DD—900 实验开发板不用单独供电(由 PIC 核心板为其供电)。

⑤ 进行硬件仿真或将程序下载到 PIC16F877A 单片机中，将 PIC 核心板的 RA4 插针和 DD—900 实验开发板的 P32 插针(外接有开关 K1)用杜邦线连接起来，按压 K1 键(模拟 PIC16F877A 的 RA4 引脚接地)，观察实验效果是否符合要求。

需要说明的是，在实验时，按压 K1 键时(或将 RA4 与 GND 触发时)，可能有时 LED 灯并不变化，这主要是由于触发时产生的毛刺引起的，但这并不妨碍我们对源程序的理解。

该实验程序在随书光盘的 ch7\ch7_1 文件夹中。

7.2.2 实例解析 2——TMR0 定时实验

1. 实现功能

用 PIC 核心板和 DD—900 实验开发板进行实验，使用 TMR0 进行 1s 的定时，每到 1s，PORTD 口外接的 LED 灯亮或灭一次(即原来是亮的，则触发后熄灭，若原来是灭的，则触发后点亮)，有关电路可参考图 7-4 所示。

2. 源程序

根据以上要求，设计的源程序如下：

```
#include <pic.h>
#define uchar unsigned char
#define uint  unsigned int
__CONFIG(HS&WDTDIS);
#define    LED    PORTD
char Counter = 0;                         //1 s 计数变量清零
/********定时器 0 初始化函数********/
void timer0_init()
{
    OPTION = 0b00000111;                  //TMR0 对内部时钟计数，预分频器给 TMR0，分频比为 1:256
    INTCON = 0b10100000;                  //允许 TMR0 溢出中断
    TMR0 = 217;                           //TMR0 赋初值，定时 10 ms
}
/********主函数********/
void main(void)
{
    TRISD = 0x00;                         //设 PORTD 为输出
    timer0_init();
```

```
    LED = 0x00;
    while(1);                          //原地等待
}
/********中断服务程序********/
void interrupt ISR(void)
{
    if (T0IF == 1)
    {
        T0IF = 0;                      //清 TMR0 溢出中断标志位
        TMR0 = 217;                    //TMR0 赋初值,必须!
        if( ++ Counter >=  100)        //定时时间到 1 s 吗? 定时中断溢出 100 次为 1 s
        {
            LED = ~LED;
            Counter = 0;               //1 s 计时变量清零
        }
    }
}
```

3. 源程序释疑

程序的功能是通过 TMR0 的定时功能产生定时溢出中断,控制 PORTD 口连接的 LED 灯进行亮灭指示。

本例中需要编写 TMR0 定时溢出中断函数,函数的功能是:中断函数每 10ms 产生一次中断,进入 TMR0 溢出中断函数后,计数变量 Counter 加 1,当 Counter 为 100 时,即 10ms×100=1s 后,控制 PORTD 口 LED 灯取反。注意在在进入定时溢出中断函数后,首先要把寄存器计数初值重新设置一下,只有重新设置了计数初值才能确保下一次中断产生的时间,否则就会出现错误。

在程序中,由于我们采用 4 MHz 时钟的 256 分频,所以定时器每加一个数的运行频率是 4M÷4÷256≈3 906 Hz,走的时间为 1/3 906=0.256 ms,所以定时/计数器 0 在这种情况下的最大定时时间为 256×0.256=65.536 ms,而我们需要的是 1 s 的定时,所以可以设置计数初值为 217,则一次中断溢出的时间为(256−217)×0.256≈10 ms。

可能有读者问,上面的计数初值 217 是如何求出来的呢,下面给出定时器初值的计算公式:

$$定时器初值=2^n-(时钟频率\div 4\div 分频系数)\times T$$

式中,除以 4,是因为每个指令周期等于晶振产生的主时钟的 4 倍,n 为定时/计数器的位数,对于 TMR0,n 为 8,T 为定时时间,例如,这里要求的定时时间是 10 ms,则:

$$定时初值=2^8-(4\ 000\ 000\div 4\div 256)\times 0.01=217$$

4. 实现方法

① 打开 MLAB IDE 软件,建立工程项目,再建立一个名为 ch7_2.c 的源程序文件,输入上面源程序。对源程序进行编译,产生 ch7_2.hex 目标文件。

② 将 DD—900 实验开发板 JP1 的 LED、V_{CC}两插针短接,为 LED 灯供电。

③ 将 PIC 核心板 RD0～RD7、V_{DD}、GND 通过几根杜邦连到 DD—900 实验开发板 P00～

P07、V_{CC}、GND 上。

④ 将 PICKIT2 连接到 PIC 核心板的 RJ12 接口,同时,用 5 V 电源适配器为 PIC 核心板供电,将其 PICKIT2 插接在 PC 的 USB 口上,DD—900 实验开发板不用单独供电(由 PIC 核心板为其供电)。

⑤ 进行硬件仿真或将程序下载到 PIC16F877A 单片机中,观察实验效果是否符合要求。

该实验程序在随书光盘的 ch7\ch7_2 文件夹中。

7.2.3 实例解析 3——TMR1 计数实验

1. 实现功能

用 PIC 核心板和 DD—900 实验开发板进行实验,利用 TMR1 进行计数(从 RC0 脚输入计数信号),每计到 3 个数,即控制 PORTD 口的 LED 灯取反。有关电路如图 7-4 所示。

2. 源程序

根据以上要求,设计的源程序如下:

```
#include <pic.h>
#define uchar unsigned char
#define uint   unsigned int
__CONFIG(HS&WDTDIS);
#define     LED     PORTD
//uchar count;
/********延时函数********/
void Delay_ms(uint xms)
{
    int i,j;
    for(i = 0;i<xms;i++)
        { for(j = 0;j<71;j++) ; }
}
/********定时器 1 初始化函数********/
void timer1_init()
{
    GIE = 1;                           //开总中断
    PEIE = 1;                          //开外围功能模块中断
    T1CKPS0 = 0;T1CKPS1 = 0;           //分频比为 1:1
    TMR1CS = 1;                        //设置为计数功能
    TMR1IE = 1;                        //使能 TMR1 中断
    TMR1ON = 1;                        //启动定时器 TMR1
    TMR1H = (65536 - 3)/256;           //置计数值高位
    TMR1L = (65536 - 3) % 256;         //置计数值低位
}
/********主函数********/
void main(void)
```

```
{
    TRISD = 0x00;                          //设 PORTD 为输出
    TRISC = 0xff;                          //设置 PORTC 为输入
    LED = 0xff;                            //LED 灯灭
    timer1_init();
    while(1);                              //等待
}
/********中断服务程序********/
void interrupt ISR(void)
{
    if (TMR1IF == 1)
    {
        Delay_ms(30);                      //按键防抖动,延时 30 ms,躲过抖动时间
        TMR1IF = 0;                        //清 TMR1 溢出中断标志位
        TMR1H = (65536 - 3)/256;           //重置计数值
        TMR1L = (65536 - 3) % 256;         //重置计数值
        LED = ~LED;                        //取反
    }
}
```

3. 源程序释疑

TMR1 属于外围功能模块,其中断是否被响应,除了取决于总中断 GIE 外,还取决于 PEIE 位,只能这二位同时置 1,CPU 才会响应 TMR1IF 中断标志位所产生的中断请求。进入中断服务程序后,查询 TMR1IF 的中断标志,进行中断处理,处理完中断事,要用软件清除 TMR1IF。

在本例中,没有设置分频比为 1:1,即没有利用前分频器,此时,TMR1 的最大定时溢出值为 65 536 个指令周期,若使用前分频器,则 TMR1 的最大定时溢出值可达 65 536×8=524 288(设置前分频比为 1:8)。

4. 实现方法

① 打开 MLAB IDE 软件,建立工程项目,再建立一个名为 ch7_3.c 的源程序文件,输入上面源程序。对源程序进行编译,产生 ch7_3.hex 目标文件。

② 将 DD—900 实验开发板 JP1 的 LED、V_{CC}两插针短接,为 LED 灯供电。

③ 将 PIC 核心板 RD0～RD7、V_{DD}、GND 通过几根杜邦连到 DD—900 实验开发板 P00～P07、V_{CC}、GND 上。

④ 将 PICKIT2 连接到 PIC 核心板的 RJ12 接口,同时,用 5 V 电源适配器为 PIC 核心板供电,将其 PICKIT2 插接在 PC 的 USB 口上,DD—900 实验开发板不用单独供电(由 PIC 核心板为其供电)。

⑤ 进行硬件仿真或将程序下载到 PIC16F877A 单片机中,将 PIC 核心板的 RC0 插针和 DD—900 实验开发板的 P32 插针(外接有开关 K1)用杜邦线连接起来,按压 K1 键(模拟 PIC16F877A 的 RC0 脚接地),观察实验效果是否符合要求。

需要说明的是,在实验时,有时按压 K1 键(或 RC0 与 GND 触发)的次数不是 3 次(例如 2

次,4 次等),LED 灯也变化,这主要是由于触发时产生的毛刺引起的,但这并不妨碍我们对源程序的理解。

该实验程序在随书光盘的 ch7\ch7_3 文件夹中。

7.2.4 实例解析 4——TMR1 定时实验

1. 实现功能

用 PIC 核心板和 DD—900 实验开发板进行实验,使用 TMR1 进行 1s 的定时,每到 1s,PORTD 口外接的 LED 灯亮或灭一次(即原来是亮的,则触发后熄灭,若原来是灭的,则触发后点亮),有关电路如图 7-4 所示。

2. 源程序

根据以上要求,设计的源程序如下:

```
#include <pic.h>
#define uchar unsigned char
#define uint  unsigned int
__CONFIG(HS&WDTDIS);
#define    LED     PORTD
char Counter = 0;                       // 1 s 计数变量清零
/********定时器 1 初始化函数********/
void timer1_init()
{
    GIE = 1;                            //开总中断
    PEIE = 1;                           //开外围功能模块中断
    T1CKPS0 = 1;T1CKPS1 = 1;            //分频比为 1:8
    TMR1CS = 0;                         //设置为定时功能
    TMR1IE = 1;                         //使能 TMR1 中断
    TMR1ON = 1;                         //启动定时器 TMR1
    TMR1H = 0xfb;                       //置计数值高位
    TMR1L = 0x1e;                       //置计数值低位
}
/********主函数********/
void main(void)
{
    TRISD = 0x00;                       //设 PORTD 为输出
    TRISC = 0xff;                       //设置 PORTC 为输入
    LED = 0xff;                         //LED 灯灭
    timer1_init();
    while(1);                           //等待
}
/********中断服务程序********/
void interrupt ISR(void)
{
```

```
        if (TMR1IF == 1)
        {
            TMR1IF = 0;                 //清 TMR1 溢出中断标志位
            TMR1H = 0xfb;               //重置计数值
            TMR1L = 0x1e;               //重置计数值
            if( ++ Counter >=  100)     //定时时间到 1 s 吗？定时中断溢出 100 次为 1 s
            {
                LED = ~LED;
                Counter = 0;            //1 s 计时变量清零
            }
        }
    }
```

3. 源程序释疑

本例设置的定时时间为 10 ms(0.01 s)，计数初值的计算方法是：

定时器初值＝$2^{16}-(4M\div4\div8)\times0.01=65\ 536-1\ 250=64\ 286$(十进制)＝0xfb1e(十六进制)

即 TMR1H＝0xfb；TMR1L＝0x1e；

TMR1 启动工作后，程序开始查询 TMR1IF 位的状态，当 TMR1IF 不为 1 时，说明定时未到，则继续查询。当 TMR1IF 为 1 时，说明 10 ms 定时已到，TMR1 溢出，计数器 Counter 加 1，当 Counter 计数到 100 次后，说明 1 s 时间到，控制 PORTD 口 LED 灯的亮与灭。

4. 实现方法

① 打开 MLAB IDE 软件，建立工程项目，再建立一个名为 ch7_4.c 的源程序文件，输入上面源程序。对源程序进行编译，产生 ch7_4.hex 目标文件。

② 将 DD—900 实验开发板 JP1 的 LED、V_{CC}两插针短接，为 LED 灯供电。

③ 将 PIC 核心板 RD0～RD7、V_{DD}、GND 通过几根杜邦连到 DD—900 实验开发板 P00～P07、V_{CC}、GND 上。

④ 将 PICKIT2 连接到 PIC 核心板的 RJ12 接口，同时，用 5 V 电源适配器为 PIC 核心板供电，将其 PICKIT2 插接在 PC 的 USB 口上，DD—900 实验开发板不用单独供电(由 PIC 核心板为其供电)。

⑤ 进行硬件仿真或将程序下载到 PIC16F877A 单片机中，观察实验效果是否符合要求。

该实验程序在随书光盘的 ch7\ch7_4 文件夹中。

7.2.5　实例解析 5——TMR2 定时实验

1. 实现功能

用 PIC 核心板和 DD—900 实验开发板进行实验，使用 TMR2 进行 1s 的定时，每到 1s，PORTD 口外接的 LED 灯亮或灭一次(即原来是亮的，则触发后熄灭，若原来是灭的，则触发后点亮)，有关电路如图 7-4 所示。

2. 源程序

根据以上要求,设计的源程序如下:

```
#include <pic.h>
#define uchar unsigned char
#define uint  unsigned int
__CONFIG(HS&WDTDIS);
#define   LED   PORTD
char Counter = 0;                        //1 s 计数变量清零
/********定时器 0 初始化函数********/
void timer2_init()
{
    INTCON = 0b11100000;                 //允许总中断和 TMR2 溢出中断
    T2CON = 0b01111111;                  //TMR2 预分频比为 1:16,后分频比为 1:16
    TMR2IE = 1;                          //TMR2 中断使能
    PR2 = 256 - 217;
}
/********主函数********/
void main(void)
{
    TRISD = 0x00;                        //设 PORTD 为输出
    timer2_init();
    LED = 0x00;
    while(1);                            //原地等待
}
/********中断服务程序********/
void interrupt ISR(void)
{
    if (TMR2IF == 1)
    {
        TMR2IF = 0;                      //清 TMR0 溢出中断标志位
        if(++Counter >= 100)             //定时时间到 1 s 吗? 定时中断溢出 100 次为 1 s
        {
            LED = ~LED;
            Counter = 0;                 //1 s 计时变量清零
        }
    }
}
```

3. 源程序释疑

当 TMR2 作为定时器使用时,最大的特点就是其循环计数值可由 PR2 寄存器控制。利用这一功能,可以非常方便地实现特定时间间隔的定时,而无须像 TMR0 那样需要通过软件重新赋初值。TMR2 由 PR2 寄存器中的设定值控制。当 TMR2 中的计数值达到 PR2 寄存器中的设定值时,TMR2 中的值被清零,并重新开始计数。TMR2 每个循环对应的计数值为

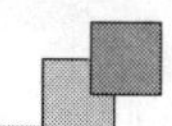

(PR2+1),而 PR2 的设定值为 0～255,因此.TMR2 每个循环的计数值为 1～256。

4. 实验步骤

同 7.2.2 节实例解析 2。

该实验程序在随书光盘的 ch7\ch7_5 文件夹中。

第8章

CCP 模块实例解析

PIC 系列单片机中很多芯片中都有 CCP 模块，在这些带有 CCP 模块的芯片中，一些 18 引脚或 18 引脚以下的芯片有 1 个 CCP 模块，大部分 28 引脚以上的芯片有 2 个 CCP 模块，还有一些芯片有 3 个 CCP 模块。PIC16F877A 芯片中有 2 个 CCP 模块。本章将以 PIC16F877A 为例，解析 CCP 模块的使用方法与技巧。

8.1 CCP 模块基本知识

CCP 是英文单词 Capture(捕捉)、Compare(比较)和 PWM(脉宽调制)的缩写。

捕捉，即捕捉一个事件发生时的时间值。在单片机中所谓的事件即为外部电平变化，也就是输入引脚上的上升沿或下降沿。当引脚输入信号发生沿跳变时，CCP 模块的捕捉功能就能马上把此时 TMR1 的 16 位计数值记录下来。

比较，即当 TMR1 在运行计数时，与事先设定的一个值来进行比较，当两者相等时就会立即通过引脚向外输出一个设定的电平或触发一个特殊事件。

脉宽调制，即输出频率固定但占空比可调的矩形波。

PIC16F877A 内部自带两个 CCP 模块。CCP1 和 CCP2 两个模块的结构、功能以及操作方法基本一样，区别仅在于各自有独立的外接引脚，有独立的 16 位寄存器 CCPR1 和 CCPR2，且寄存器地址也不相同，最重要的是只有 CCP2 模块可以被用于触发启动数/模转换器 ADC。

CCP1 模块的 16 位寄存器 CCPR1 由两个 8 位寄存器 CCPR1H 和 CCPR1L 组成；而 CCP2 模块的 16 位寄存器 CCPR2 由另外两个 8 位寄存器 CCPR2H 和 CCPR2L 构成。以上这 4 个寄存器都可以单独读/写。CCP 模块的 3 种工作模式都与定时器有关，当 CCP 模块工作在捕捉器模式和比较器模式时要靠 TMR1 的支持；而当工作在脉宽调制器时需要 TMR2 的支持。

与 CCP 模块相关的寄存器还有 CCPxCON(x 为 0、1)，其数据位定义如下：

位	Bit7	Bit6	Bit5	Bit4	Bit3	Bit2	Bit1	Bit0
定义	—	—	CCPxX	CCPxY	CCPxM3	CCPxM2	CCPxM1	CCPxM0

CCPxCON 寄存器中各位的含义如下：

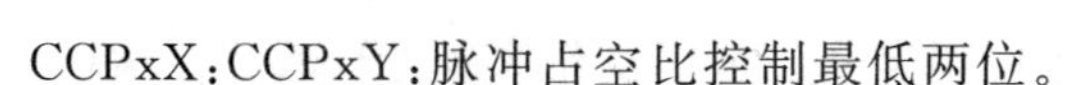

CCPxX:CCPxY:脉冲占空比控制最低两位。

捕捉模式:不用这两位;

比较模式:不用这两位;

PWM 模式:PWM 模式占空比控制字为 10 位,最低两位即放在 CCPxX 和 CCPxY 中,高 8 位数据放入专门一个寄存器 CCPRxL 中。

CCPxM3:CCPxM0:CCP 模块工作模式选择位。

0000=关闭所有模式,CCPx 模块位于复位状态;

0100=捕捉模式,每一个上升沿捕捉一次;

0101=捕捉模式,每一个下降沿捕捉一次;

0110=捕捉模式,每隔 4 个上升沿捕捉一次;

0111=捕捉模式,每隔 16 个上升沿捕捉一次;

1000=比较模式,预置 CCPx 引脚输出为 0,当比较一致时,CCPx 引脚输出 1;

1001=比较模式,预置 CCPx 引脚输出为 1,当比较一致时,CCPx 引脚输出 0;

1010=比较模式,当比较一致时,CCPxIF=1 产生中断,CCPx 引脚无变化;

1011=比较模式,当比较一致时,CCPxIF=1 且触发特殊事件;

11xx=PWM 模式。

当 CCPx 模块工作于捕捉模式时,捕捉到的 TMR1 的 16 位长时间值将放入 CCPRxH:CCPRxL 寄存器对中;当工作于比较模式时,CCPRxH:CCPRxL 寄存器对中放入一个 16 位长的时间值,与 TMR1 的计数值做对比;当工作于 PWM 模式时,输出高电平宽度由 8 位寄存器 CCPRxL 和 CCPxX、CCPxY 两位合成的共 10 位值决定。另外,由 TMR2 和 PR2 寄存器负责实现输出方波频率的控制。

8.1.1　输入捕捉模式

输入捕捉模式适合用于测量引脚输入的周期性方波信号的周期、频率和占空比等,也适合用于测量引脚输入的非周期性矩形脉冲信号的宽度、到达时刻或消失时刻等参数。当 CPP 模块工作于输入捕捉模式、下列事件出现时,TMR1 定时器中的 16 位计数值将会立即被复制到 CCPR1H、CCPR1L 寄存器中:

① 输入信号的每个上升沿。

② 输入信号的每个下降沿。

③ 输入信号每隔 4 个上升沿。

④ 输入信号每隔 16 个上升沿。

具体是哪个事件触发 CCPRx 的捕捉功能,由 CCPx 的控制寄存器设定。当一个捕捉事件发生后,硬件自动将 CCPx 的中断标志位 CCPxIF 置 1,表示产生了一次 CCPx 捕捉中断,CCPxIF 必须用软件来清零。如果前一次捕捉到的 CCPRxH、CCPRxL 中的数值还没有被读取就又发生了一次捕捉,则原先的值将丢失。

为配合 CCP 模块实现输入捕捉功能,TMR1 必须工作于定时器模式或同步计数器模式。另外,一次事件的捕捉并不会使 TMR1 的当前计数值复位归 0。因此,TMR1 还可作为普通的定时器使用,在其计数溢出归 0 时产生 TMR1IF 中断标志,进入 TMR1 自己的中断服务程序。利用这一特点，可以在定时器中断服务程序中定义一个变量作为软件计数器。这样，即使捕捉事件发生的时间间隔长于 16 位的计数值，仍然可以使用 CCP 模块来捕捉。

图 8-1 为捕捉模式的结构示意图。

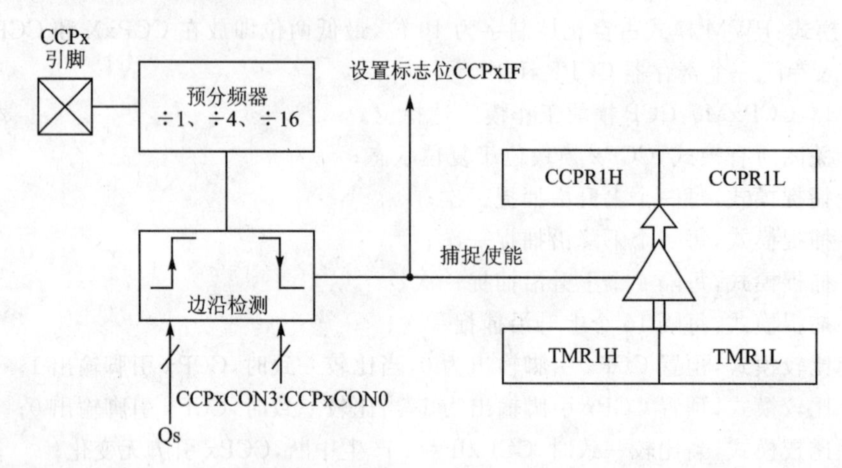

图 8-1 捕捉模式结构示意图

软件在初始化时设定 CCP 模块进入输入信号捕捉模式，并设定好捕捉事件的类型。设定完毕后，剩下的捕捉工作将由硬件自动完成。

CCPx 模块的硬件实时检测 CCPx 引脚上的输入信号变化，一旦出现满足捕捉要求的边沿跳变，立即将当时 TMR1 中的计数值复制到 CCPRxH:CCPRxL 寄存器对中保存，同时将 CCPxIF 中断标志置 1，随后软件可以响应 CCPxIF 中断，从 CCPRxH:CCPRxL 中读取捕捉到的时间值。

硬件捕捉到的时间值与普通中断响应后读到的 TMR1 计数值有很大区别：普通中断响应本身在进入中断服务时有延时，读取 TMR1 时又必须分两次完成，因此，可能会引入误差；而 CCP 捕捉是在事件发生的同一时刻将 16 位的计数值一次复制保存，可以获得事件发生当时的时间值，其分辨率由 TMR1 的计数频率决定，最高可以是单片机的一个指令周期。

当 CCPx 被设置成输入捕捉模式时，对应的 CCPx 引脚必须配置成输入模式。如果引脚设置成为输出模式，那么用指令改变该引脚的状态可能引发一次捕捉事件。

8.1.2 输出比较模式

输出比较模式一般适用于从单片机引脚上输出不同宽度的矩形正脉冲、负脉冲、延时驱动信号、晶闸管驱动信号和步进电动机驱动信号等。

输出比较模式的寄存器与输入捕捉模式几乎完全一样，只是 CCPx 控制寄存器 CCPx-CON 的低 4 位设置方法不一样。

图 8-2 为输出比较模式的结构示意图。

CCPx 引脚上输出何种状态，由 CCPx 控制寄存器 CCPxCON 的低 4 位 CCPxM3:CCPxM0 来决定，但不管设定为何种输出状态，在比较一致时都置位 CCPxIF 中断标志。与捕捉模式一样，此时 TMR1 也必须工作在内部定时器或同步计数器模式，不然将无法与 CCP 模块配合。

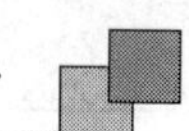

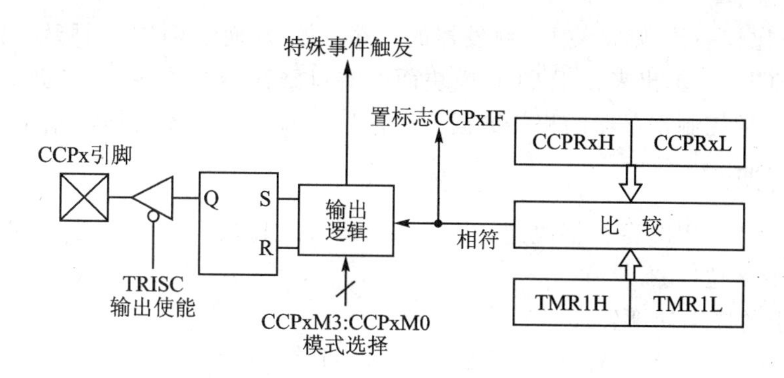

图 8-2　输出比较模式结构示意图

当 CCP 模块工作于触发内部特殊事件模式时，则 CCP 模块的内部硬件电路在比较相符时自动完成特定的工作。在此模式下，比较相符时 TMR1 将被自动清 0，但 TMR1IF 标志不会被置 1，这时 CCPRxH：CCPRxL 寄存器对等同于 TMR1 定时器的周期控制寄存器。在带有 A/D 模块的芯片上，此时还可以自动启动一次 A/D 转换。

在比较模式下的 CCPx 引脚应该设定为输出，才能在比较相符时从对应引脚上输出特定电平。

8.1.3　脉宽调制输出工作模式

脉宽调制简称 PWM，在 PWM 模式下，单片机相关引脚能输出占空比可调的矩形波信号。所谓有占空比就是指在一串理想的脉冲序列中，正脉冲的持续时间与脉冲总周期的比值。PIC 单片机的 CCP 模式产生 PWM 时必须由 TMR2 配合实现，在这个模式下，TMR2 负责控制脉冲的周期，占空比的调整则由 CCPRxH 和 CCPRxL 寄存器来实现。

图 8-3 为 PWM 模式结构示意图。

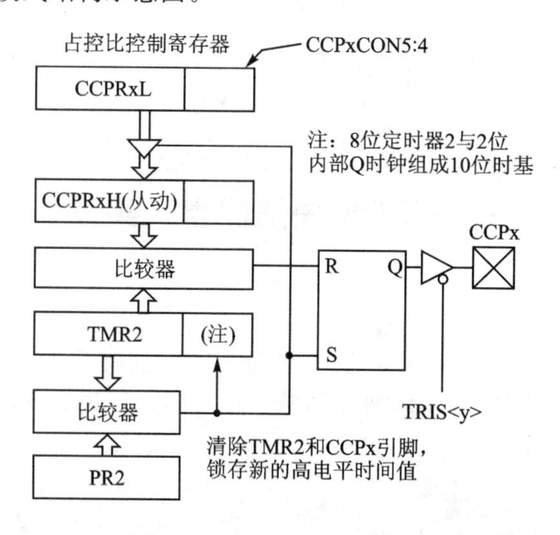

图 8-3　PWM 模式结构示意图

从图中可以看出，在 PWM 模式下，TMR2 在计数过程中将同步进行两次比较：若 TMR2 与 CCPRxH 比较一致，则将使用 RS 触发器的 R 端有效，从而使 CCPxX 引脚输出低电平；若

TMR2 与 PR2 比较一致，则将使 RS 触发器的 S 端有效，从而使 CCPx 引脚输出高电平。在此模式下，虽然 CCPx 的输出来自于 CCP 模块而非端口寄存器的锁存器，但仍要求 CCPx 引脚所对应的端口方向控制寄存器的相关数据位设置为 0，即要求将该引脚置为输出状态。

1. PWM 周期

PWM 的周期由 PR2 寄存器决定，TMR2 与 PR2 的比较只是 8 位的，故此 PWM 周期调整的分辨率只有 8 位。

PWM 波形的周期计算公式如下：

$$\text{PWM 周期} = (\text{PR2}+1)\times 4\times T_{osc}\times \text{TMR2 预分频}$$

其中：T_{osc} 为单片机的振荡周期。

一般的应用都是为了得到特定周期输出的方波，反过来求 PR2 的设定值。

当 TMR2 计数值等于 PR2，寄存器设定值后，下一个计数脉冲的到来将发生如下 3 件事件：

① TMR2 被清零。

② CCPx 引脚被置为高电平(例外：当 PWM 占空比为 0 时，CCPx 引脚保持为低电平)；

③ PWM 占空比从 CCPRxL 被复制到 CCPRxH，并被锁定。

注意：TMR2 的后分频器在 PWM 周期控制中不起任何作用。当 PIC 单片机中多个 CCP 模块被同时配置成 PWM 工作模式时，由于内部只有一个 TMR2 定时器和 PR2 寄存器，故所有 PWM 输出都将具有相同频率。

2. PWM 占空比

通过写入 CCPRxL 寄存器和 CCPxCON 控制器的 bit5：4(CCPxX：CCPxY)位，可以得到 PWM 的高电平时间设定值，分辨率可达 10 位，即由高 8 位(CCPRxL 值)和低 2 位(CCPxX：CCPxY)组成。用以下公式可以计算 PWM 高电平持续时间：

$$\text{PWM 高电平时间} = \text{CCPxL:CCPxX:CCPxY}\times T_{osc}\times \text{TMR2 预分频}$$

8.2 CCP 模块实例解析

8.2.1 实例解析 1——CCP1 模块捕捉模式实验

1. 实现功能

用 PIC 核心板和 DD—900 实验开发板进行 CCP1 捕捉实验，实现如下功能：从 RC2(CCP1 外部捕捉输入)输入脉冲信号，捕捉的脉冲信号周期可通过 LED 数码管显示出来，有关电路如图 8-4 所示。

2. 源程序

根据以上要求，设计的源程序如下：

```
#include "pic.h"
__CONFIG(HS&WDTDIS);          //配置文件，设置为HS方式振荡，禁止看门狗、低压编程关闭
```

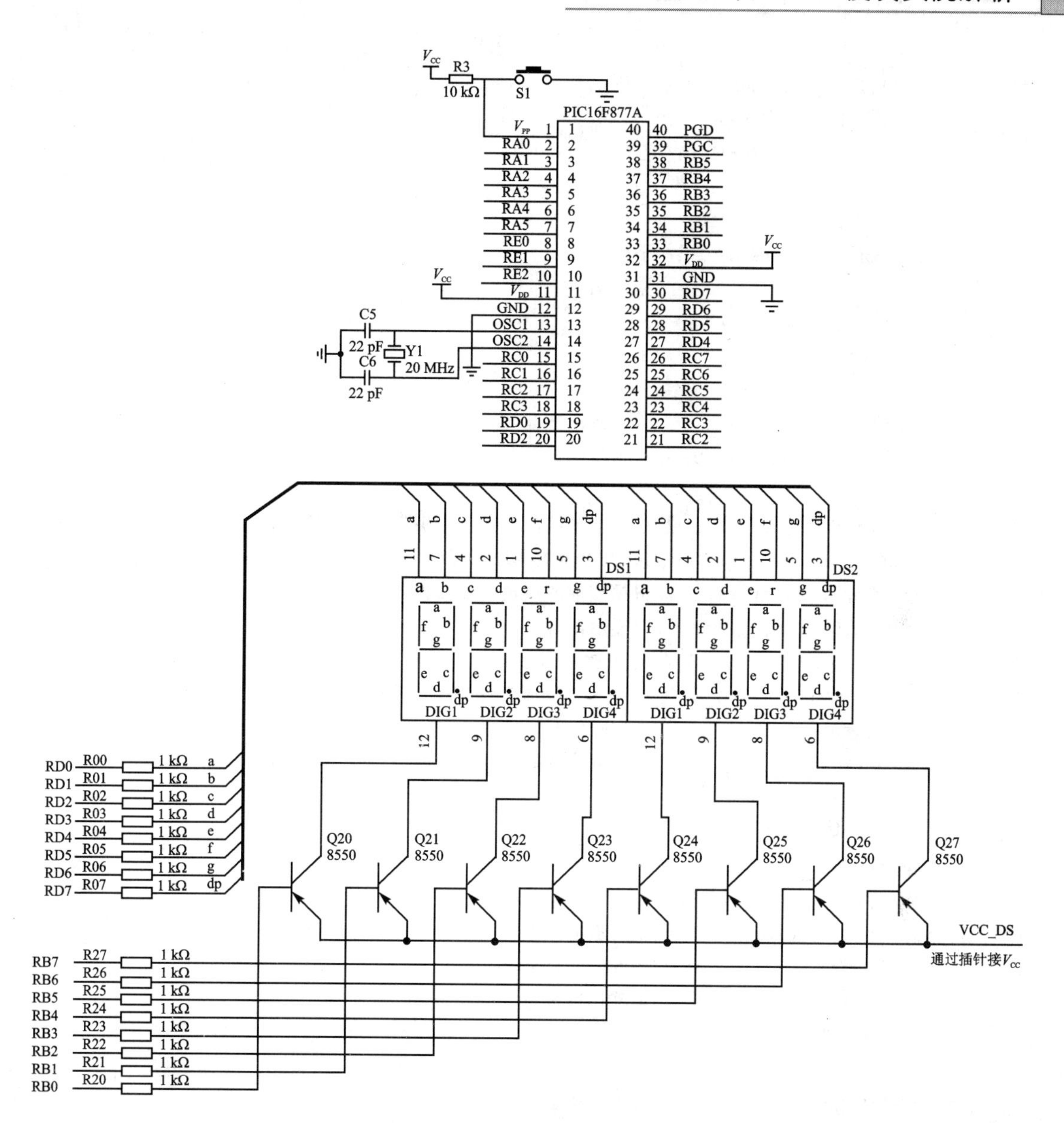

图 8-4　CCP1 捕捉实验电路

```
typedef unsigned char uchar;
typedef unsigned int  uint;
uint  Cycle;
uchar const bit_tab[] = {0xfe,0xfd,0xfb,0xf7,0xef,0xdf,0xbf,0x7f};//位选表,用来选择哪一只数
                                                                   //码管进行显示
uchar const seg_data[] = {0xc0,0xf9,0xa4,0xb0,0x99,0x92,0x82,0xf8,0x80,0x90,0x88,0x83,0xc6,
0xa1,0x86,0x8e,0xff,0xbf};
                          //0~F、熄灭符和字符"-"的显示码(字形码)
uchar disp_buf[8];        //定义显示缓冲单元,并赋值
/********转换函数,负责将周期转换为适合数码管显示的数据********/
void convert(uint DispNum)    //形参 DispNum 接收实参 Cycle 传来的数据
```

```
{
    disp_buf[4] = DispNum/1000;//千位
    DispNum = DispNum % 1000;
    disp_buf[5] = DispNum/100;//百位
    DispNum = DispNum % 100;
    disp_buf[6] = DispNum/10; //十位
    disp_buf[7] = DispNum % 10;//个位
}
/********显示函数********/
void Display()
{
    uchar tmp;                  //定义显示暂存
    static uchar disp_sel = 0; //显示位选计数器,显示程序通过它得知现正显示哪个数码管,初始
                                //值为 0
    tmp = bit_tab[disp_sel];   //根据当前的位选计数值决定显示哪只数码管
    PORTB = tmp;               //送 PC 控制被选取的数码管点亮
    tmp = disp_buf[disp_sel]; //根据当前的位选计数值查的数字的显示码
    tmp = seg_data[tmp];      //取显示码
    PORTD = tmp;              //送到 PA 口显示出相应的数字
    disp_sel ++ ;             //位选计数值加 1,指向下一个数码管
    if(disp_sel == 8)
    disp_sel = 0;             //如果 8 个数码管显示了一遍,则让其返回 0,重新再扫描
}
/********中断处理函数********/
void interrupt ISR()
{   uint tmp;
    static uint pValue;       //上一次 CCPR1H:CCPR1L 的值
    if(CCP1IF)                //判断是否是 CCP1 中断
    {   CCP1IF = 0;           //清除中断标志
        tmp = CCPR1H;
        tmp * = 256;
        tmp + = CCPR1L;       //获得捕捉值
        Cycle = tmp - pValue;
        pValue = tmp;
    }
}
/********主函数********/
void main()
{
    OPTION = 0x00;                //端口 B 弱上位使能
    TRISB  = 0x00;                //PORTB 作为输出引脚使用
    TRISD = 0x00;                 //PORTD 作为输出引脚使用
    TRISC2 = 1;                   //RC2(CCP1)引脚作为输入
    CCP1IE = 1;                   //允许 CCP1 捕捉中断
    T1CON = 0b00000001;           //TMR1 控制字
```

```
        CCP1CON = 0x05;              //捕捉每个上升沿
        PEIE = 1;                    //外围中断允许
        GIE = 1;                     //总中断允许
        for(;;)
        {
            convert(Cycle);
            Display();               //将周期值显示出来
        }
    }
```

3. 源程序释疑

源程序主要由主函数、转换函数、显示函数和 CCP1 中断处理函数组成，转换函数主要是将周期值转换为适合 LED 数码管显示的数据，显示函数用来将转换后的周期数值显示在 8 位数码管上，有关 LED 数码管显示函数将在本书第 11 章进行介绍。

CCP1 中断处理函数的作用捕捉脉冲周期值，用 pValue 记录上一次中断时捕捉到的时间值，而用 tmp 来计算本次捕捉到的时间值，两者相减就是待测信号的周期值，单位是 μs。

4. 实现方法

① 打开 MLAB IDE 软件，建立工程项目，再建立一个名为 ch8_1. c 的源程序文件，输入上面源程序。对源程序进行编译，产生 ch8_1. hex 目标文件。

② 将 DD—900 实验开发板 JP1 的 DS、V_{CC}两插针短接，为 LED 数码管供电。

③ 将 PIC 核心板 RD0～RD7、RB0～RB7、V_{DD}、GND 通过几根杜邦连到 DD—900 实验开发板 P00～P07、P20～P27、V_{CC}、GND 上。同时，将 DD—900 的 JP4 插针中的 555 插针(555 时基电路输出端)连接到 PIC 核心板的 RC2(CCP1 捕捉输入端)。

④ 将 PICKIT2 连接到 PIC 核心板的 RJ12 接口，同时，用 5V 电源适配器为 PIC 核心板供电，将其 PICKIT2 插接在 PC 的 USB 口上，DD—900 实验开发板不用单独供电(由 PIC 核心板为其供电)。

⑤ 进行硬件仿真或将程序下载到 PIC16F877A 单片机中，观察 LED 数码管显示的周期值。

该实验程序在随书光盘的 ch8\ch8_1 文件夹中。

8.2.2　实例解析 2——CCP1 模块比较输出模式实验

1. 实现功能

用 PIC 核心板和 DD—900 实验开发板进行 CCP1 比较输出模式实验，实现如下功能：将 CCP1 设置为比较输出软件中断模式，当产生 CCP1 中断时，将 PORTD 端口取反，从而驱动 PORTD 端口的 LED 灯闪亮，有关电路参见第 7 章图 7－4 所示的电路。

2. 源程序

根据以上要求，设计的源程序如下：

```
#include "pic.h"
__CONFIG(HS&WDTDIS);      //配置文件,设置为 HS 方式振荡,禁止看门狗,低压编程关闭
typedef unsigned char uchar;
typedef unsigned int  uint;
/********CCP1 初始化函数********/
void initCCP1()
{
TRISC = 0x00;             //端口 PORTC 设置为输出
T1CON = 0x00;             //定时器 TMR1 分频比设置为 1:1,选择内部时钟源,关闭 TMR1
CCPR1H = 0xc3;
CCPR1L = 0x50;            //1 μs * 0xc350 = 1 μs * 50 000 = 50ms,设置定时时间为 50ms
CCP1CON = 0x0a;           //设置 CCP1 为比较模式,当比较一致时 CCP1IF = 1 产生中断,CCP1 引脚
                          //(RC2)无变化
CCP1IE = 1;               //使能 CCP1
PEIE = 1;                 //使能外围模块
GIE = 1;                  //使能总中断
TMR1ON = 1;               //开启 TMR1
}
/********主函数********/
void main()
{
TRISD = 0x00;             //RD0 设置为输出
PORTD = 0x00;             //输出低电平
initCCP1();               //CCP1 初始化函数
while(1);                 //等待
}
/********CCP1 中断处理函数********/
void interrupt  CCP1INT()
{
    static uchar count;
    CCP1IF = 0;           //关闭 CCP1 中断
    TMR1ON = 0;           //关闭定时器 TMR1
    TMR1H = 0x00;
    TMR1L = 0x00;         //计数值清 0
    TMR1ON = 1;           //启动定时器 TMR1
    count ++ ;            //计数值加 1
    if(count == 10)       //如果计数值为 10,即 10 × 50ms = 500ms
    {
        PORTD = ~PORTD;   //PORTD 取反
        count = 0;        //计数值清 0
    }
}
```

3. 源程序释疑

在 CCP1 初始化函数中,将 CCP1 设置为比较模式,当比较一致时,CCP1IF=1 产生中断,

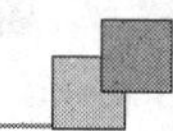

CCP1 引脚无变化。同时，将定时器 TMR1 的计数值设置为 0xc350，十进制为 50 000，由于 4 MHz 晶振时，指令周期为 1 μs，因为，计数到 50 000 时的定时值为 1 μs×50 000=50 ms。

在 CCP1 中断处理函数中，设置了一个计数器 count，每进入一次 CCP1 中断，count 进行加 1 运算，当 count 加到 10 时，PORTD 取反，此时的定时值为 50 ms×10=500 ms，也就是说，PORTD 端口每 500 ms 取反一次，即 PORTD 端口的 LED 灯变会每 500 ms 闪亮一次。

4. 实现方法

① 打开 MLAB IDE 软件，建立工程项目，再建立一个名为 ch8_2. c 的源程序文件，输入上面源程序。对源程序进行编译，产生 ch8_2. hex 目标文件。

② 将 DD—900 实验开发板 JP1 的 LED、V_{CC}两插针短接，为 LED 灯供电。

③ 将 PIC 核心板 RD0～RD7、V_{DD}、GND 通过几根杜邦连到 DD—900 实验开发板 P00～P07、V_{CC}、GND 上。

④ 将 PICKIT2 连接到 PIC 核心板的 RJ12 接口，同时，用 5V 电源适配器为 PIC 核心板供电，将其 PICKIT2 插接在 PC 的 USB 口上，DD—900 实验开发板不用单独供电(由 PIC 核心板为其供电)。

⑤ 进行硬件仿真或将程序下载到 PIC16F877A 单片机中，观察实验效果是否符合要求。

该实验程序在随书光盘的 ch8\ch8_2 文件夹中。

8.2.3 实例解析 3——CCP1 模块 PWM 模式实验

1. 实现功能

用 PIC 核心板和 DD—900 实验开发板进行 CCP1 模块 PWM 模式实验，实现如下功能：在 RC2/CCP1 脚输出 1 kHz，占空比为 40%的脉冲信号。

2. 源程序

根据以上要求，设计的源程序如下：

```
#include "pic.h"
__CONFIG(HS&WDTDIS);            //配置文件，设置为 HS 方式振荡，禁止看门狗，低压编程关闭
/********CCP1 初始化函数********/
void initCCP1(void)
{
    TRISC2 = 0;                 //RC2/CCP1 为输出
    PR2 = 62;                   //周期为 1 ms
    CCPR1L = 0x19;
    CCP1CON = 0b00001100;       //PWM 模式
    T2CON = 0b00000110;         //TMR2 预分频 1:16，开始工作
}
/********主函数********/
main(void)
{
    initCCP1();                 //初始化 CCP1
```

```
    while(1);                    //等待
}
```

3. 源程序释疑

本例中，要求 CCP1 引脚输出频率为 1 kHz(周期为 1 000 μs)、占空比为 40％的脉冲(高电平时间为 400 μs)，这里，晶振频率为 4 MHz(即 T_{osc} ＝0.25 μs)，TMR2 预分频取 16，计算如下：

先求 PR2，根据公式：

PWM 周期＝(PR2＋1)×4×Tosc×TMR2 预分频

可得：1000＝(PR2＋1)×4×0.25×16

PR2＝62

再求占空比，根据公式

PWM 高电平时间＝CCPxL:CCPxX:CCPxY×Tosc×TMR2 预分频

可得：400＝CCPxL:CCPxX:CCPxY×0.25×16

CCPxL:CCPxX:CCPxY＝100＝0x64＝0b00 0110 0100

将最低 2 位 0b00 赋给 CCP1CON 的 5、4 位 CCPxX:CCPxY，将高 8 位 0b0001 1001 (0x19)赋给 CCP1L 即可。

4. 实现方法

① 打开 MLAB IDE 软件，建立工程项目，再建立一个名为 ch8_3.c 的源程序文件，输入上面源程序。对源程序进行编译，产生 ch8_3.hex 目标文件。

② 将 PICKIT2 连接到 PIC 核心板的 RJ12 接口，同时，用 5 V 电源适配器为 PIC 核心板供电，将其 PICKIT2 插接在 PC 的 USB 口上，DD—900 实验开发板不用单独供电(由 PIC 核心板为其供电)。

③ 进行硬件仿真或将程序下载到 PIC16F877A 单片机中，用示波器测量 RC2/CCP1 脚 PWM 波形是否符合要求。

该实验程序在随书光盘的 ch8\ch8_3 文件夹中。

第9章 串行通信实例解析

串行通信模块 USART,直译就是通用同步/异步收发器,采用 USART 串行通信具有方便、灵活,电路系统简单,占用 I/O 口资源少等特点。本章将通过实例进行演练与解析。

9.1 串行通信基本知识

9.1.1 串行通信简介

串行通信主要分为串行同步通信和串行异步通信两种,串行同步通信容易理解,约定一个同步时钟,每一时刻传输线上的信息就是要传送的信息单元。串行异步通信是把一个字符看做一个独立的信息单元,每一个字符中的各位是以固定的时间传送。因此,这种传送方式在同一字节内部是同步的,而字符间是异步的。

1. 异步通信的特点

异步通信是一种面向字符的传输技术,主要特点如下:

① 异步通信的发送端和接收端通常是由双方各自的时钟来控制数据的发送以及数据的检测和接收,发送、接收双方的时钟彼此独立、互不同步,这就是所谓的异步(而同步是指发送接收双方需要在同一个时钟控制下实现数据的收发)。

② 发送端发送数据时,必须严格按照所规定的异步传输数据帧的格式,一帧一帧地发送,通过传输通道由接收设备逐帧地接收。

2. 异步通信的方法

那么在异步通信中,怎样实现数据同步呢? 也就是说,在发送端和接收端是依靠什么来协调数据的发送和接收呢? 关键在于,接收方如何才能正确地检测到发送端所发送的数据帧,并能够正确的接收数据。这除了要靠通信双方都要使用协议好的数据帧格式外,还需要另外一个重要的指标——波特率。

在异步通信中,发送和接收双方要实现正常的通信,必须采用相同的约定。首先必须约定最低层的、也是最基本的两个重要指标:采用相同的传输波特率和相同格式的数据帧。

首先，发送和接受方都必须采用相同的，约定好的串行通信波特率。确定波特率，其实就是确定数据帧中一个数据位的宽度，通信双方必须在约定好的相同波特率下工作。

3. 异步通信常用概念

(1) 波特率

在进行同步或异步串行通信中，发收双方要采用相同的速率进行通信，这个速率常以波特率来表示。所谓波特率，指的是发送或接收 1 位所需的时间，单位为 bit/s。例如，波特率为 9 600，指的是发送 1 位需要时间为 1 s/9 600，约为 104 μs。通信中要采用标准的波特率。常用的波特率有 1 200、2 400、4 800、9 600、19 200、38 400 等。显然，波特率越高，速度越快。但是太高的通信波特率可能导致通信距离变短，且容易受干扰。

(2) 数据位

这是衡量通信中实际数据位的参数。当计算机发送一个信息包，标准的值是 6、7 和 8 位。如何设置取决于想传送的信息。比如，标准的 ASCII 码是 0～127(7 位)。扩展的 ASCII 码是 0～255(8 位)。

(3) 停止位

用于表示单个包的最后一位。典型的值为 1、1.5 和 2 位。由于数据是在传输线上定时的，并且每一个设备有其自己的时钟，很可能在通信中两台设备间出现了小小的不同步。因此停止位不仅仅是表示传输的结束，并且提供计算机校正时钟同步的机会。适用于停止位的位数越多，不同时钟同步的容忍程度越大，但是数据传输率同时也越慢。

(4) 奇偶校验位

在串口通信中一种简单的检错方式。有四种检错方式：偶、奇、高和低。当然没有校验位也是可以的。对于偶和奇校验的情况，串口会设置校验位(数据位后面的一位)，用一个值确保传输的数据有偶数个或者奇数个逻辑高位。例如，如果数据是 011，那么对于偶校验，校验位为 0，保证逻辑高的位数是偶数个。如果是奇校验，校验位为 1，这样就有 3 个逻辑高位。

4. 异步通信的过程

当异步通信的波特率和数据帧格式确定后，发送方就按照规定的数据帧格式、规定的波特率发送数据帧。接收方则以传输线的空闲状态(逻辑“1”)作为起点，不停地检测和扫描传输线，当检测到第一个逻辑“0”出现时，知道一个数据帧开始了(此时就实现了数据同步)。接下来就按约定好的，以相同的数据格式对数据帧进行测试，获得数据帧中各个位的逻辑值。测试到最后的停止位时，如果为规定的逻辑“1”，则说明数据帧已结束。

因此，在设计和应用异步通信系统时，首先必须正确地设定通信双方所使用的波特率和数据帧格式。如果双方所使用的波特率和数据帧格式不一样，异步通信就不能够实现。直接的表现就是接收到的数据和发送的数据不一致。

9.1.2 单片机的串口电平转换电路

1. 为什么需要电平转换电路

我们知道，单片机系统一般使用的是 TTL 电平，单片机中的串口输出信号当然也是如

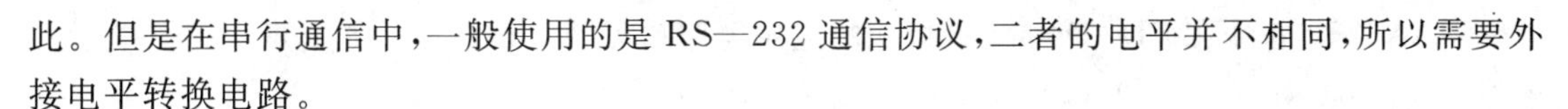

此。但是在串行通信中，一般使用的是 RS—232 通信协议，二者的电平并不相同，所以需要外接电平转换电路。

串行通信接口标准以 RS—232C 为主（其他还有 RS—485 等），RS—232C 通信协议标准对电气特性、逻辑电平和各种信号线功能都做了规定。其中对逻辑电平的规定是：高电平（逻辑 1）为－3～－15 V，低电平（逻辑 0）为＋3～＋15 V，介于－3～＋3 V 以及低于－15 V 或高于＋15 V 的电平都被认为是无意义的。所以，RS—232C 是用正负电压来表示逻辑电平状态，而 TTL 则是以高低电平表示逻辑状态。这两者有着很大的不同。为了能够同计算机接口或终端的 TTL 器件连接，必须在 RS—232C 与 TTL 电路之间进行电平和逻辑关系的变换。

2. 串口转换电路介绍

串口电平转换电路既可以采用分立元件，也可以采用专用芯片，目前较为广泛的 MAX232 集成电路，其内部电路框图如图 9－1 所示。

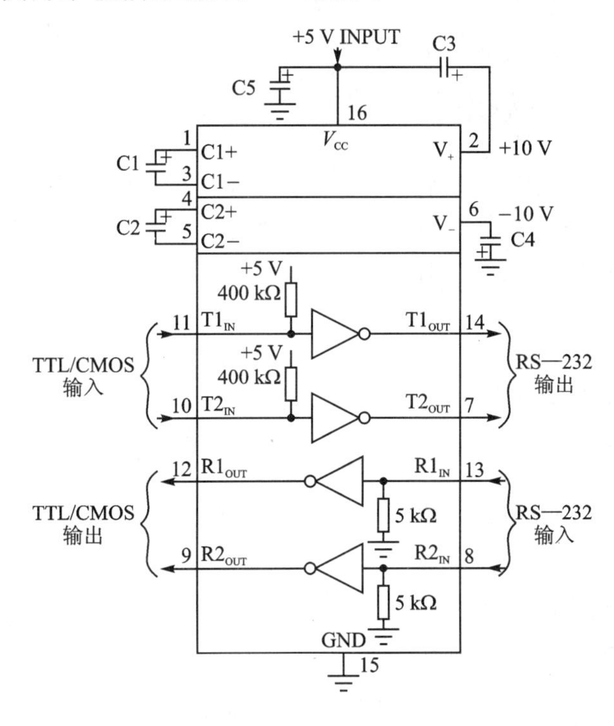

图 9－1　MAX232 内部电路框图

MAX232 引脚主要分为 5 个部分：

① 外接电容：共需 5 个外接电容（均为无极性的 104 电容），功能是进行电压匹配和电源去耦。

② TTL 的输出：两路 TTL 电平的输出引脚 9、12 引脚。

③ TTL 的输入：两路 TTL 电平的输入引脚 10、11 引脚。

④ RS—232 的输入：两路 RS—232 电平的输入引脚 8、13 引脚。

⑤ RS—232 的输出：两路 RS—232 电平的输出引脚 7、14 引脚。

在 MAX3232 芯片内部，自动实现了 TTL 电平和 RS—232 电平的双向转换，自动地调节了单片机的 TTL 电平和计算机的 RS—232 电平之间的匹配问题。

MAX3232 芯片在 DD—900 实验板上的应用电路参见第 3 章图 3-18 所示。

9.1.3 串行通信寄存器介绍

串行通信寄存器主要有以下几个。

1. TXSTA 数据发送控制及状态寄存器

TXSTA 位于 bankl 的 0x98 地址处，TXSTA 各个数据位定义如下：

位	Bit7	Bit6	Bit5	Bit4	Bit3	Bit2	Bit1	Bit0
定义	CSRC	TX9	TXEN	SYNC	—	BRGH	TRMT	TX9D

TXSTA 中各位的含义如下：

① CSRC：同步通信时钟源选择控制位。

异步通信时：此位不起作用，可以是任意值。

同步通信时：

1：表示选择同步通信主模式，时钟信号通过波特率发生器自己产生；

0：表示选择同步通信从模式，时钟信号由其他主芯片提供。

② TX9：9 位数据格式发送使能控制位。

1：选择 9 位数据格式发送；

0：选择 8 位数据格式发送。

③ TXEN：发送使能控制位。

1：数据发送使能；

0：数据发送禁止。

④ SYNC：USART 工作模式选择位。

1：选择同步通信模式；

0：选择异步通信模式。

⑤ BRGH：波特率控制位。

异步通信时：

1：高速波特率发生模式；

0：低速波特率发生模式。

同步通信时：此位不起作用。

⑥ TRMT：发送移位寄存器状态位，该位只读。

1：发送移位寄存器已空；

0：发送移位寄存器正在发送数据。

⑦ TX9D：使用 9 位数据格式时的第 9 位数据位，可作为奇偶校验位。

2. RCSTA 数据接收控制及状态寄存器

RCSTA 位于 bank0 的 0x18 地址处，RCSTA 各个数据位定义如下：

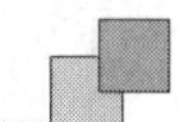

位	Bit7	Bit6	Bit5	Bit4	Bit3	Bit2	Bit1	Bit0
定义	SPEN	RX9	SREN	CREN	ADDREN	FREE	OERR	RX9D

RCSTA 中各位的含义如下：

① SPEN：串行通信端口使能控制位。

1：USART 通信端口打开；

0：USART 通信端口关闭。

② RX9：9 位数据格式接收使能控制位。

1：选择 9 位数据格式接收；

0：选择 8 位数据格式接收。

③ SREN：单次接收使能控制位。

异步通信时：此位不起作用。

同步通信主模式时：

1：启动单次接收方式，当接收完一个数据后自动清 0；

0：禁止接收数据。

同步通信从模式时：此位不起作用。

④ CREN：数据连续接收控制位。

异步通信时：

1：连续接收串行数据；

0：禁止接收数据。

同步通信时：

1：选择数据连续接收模式，直到此位被清 0，CREN 将超越 SREN 的控制；

0：禁止数据连续接收，将由 SREN 决定是否启动单次数据接收。

⑤ ADDREN：地址检测使能位，只用于接收 9 位数据。

1：使能地址检测，使能中断；

0：禁止地址检测，接收所有字节并且第 9 位可作为奇偶校验位。

可能有些读者对地址侦探功能了解不多，下面简要说明一下：

ADDEN=1 时，启动地址侦测功能，只有当接收到 RSR（接收移位寄存器，不可寻址）的 D8 为 1 时，才会进入接收中断。在主从式结构的总线网络中，所有的从机都是并在相同的数据线上的，如果不使用地址侦测功能，则主机发送命令时，所有的从机都能接收到，这样就给编程带来麻烦。如果我们使用 9 位数据通信，并假定最高位 D8 为 1 时表示地址，所有的从机在开始时 ADDEN 都设置为 1，则主机在发送时，先发送地址，此时 D8=1，这样，主机发送地址时所有的从机都能收到，然后再使 D8=0，发送数据。从机接收到地址时并与自己的地址作比较，如果是呼叫本机，则马上将本机的 ADDEN 清 0，接下来就可以顺利接收到主机所发的数据，数据接收完毕，再置 ADDEN 为 1，为接收下一个命令做准备。

如果不是呼叫本机，则保持 ADDEN=1，再接收下一个地址，而主机与其他从机通信过程中的数据均收不到。

⑥ FREE：接收数据帧错误标志位，只读。

1：当前接收的数据发生帧错误，读一次 RCREG 寄存器该位将被更新；

0：没有帧错误。

⑦ OERR：接收数据溢出错误位，只读。

1：发生溢出错误，只有通过清除 CREN 位才能将其清除；

0：没有发生错误。

⑧ RX8D：使用 9 位数据格式时的第 9 位接收数据位，可作为奇偶校验位。

3. SPBRG 波特率控制寄存器

SPBRG 寄存器位于 bankl 的 0x99 地址处，其内容可读/写。在 PIC 单片机中，它是一个专门针对 USART 模块的波特率控制寄存器。

4. 相关的中断控制寄存器

USART 模块的数据接收和发送都有相应的中断功能，且两者完全独立，互不影响。接收的中断标志为 RCIF，其对应的中断使能位是 RCIE；发送的中断标志为 TXIF，其使能控制位是 TXIE。USART 隶属于单片机的外围功能模块，所以要使接收或发送中断得到响应，PEIE 和 GIE 都必须置 1。

注意：RCIF 和 TXIF 这两个中断标志位在寄存器 PIE1、PIR1 中，RCIF 和 TXIF 与以前提到的其他中断标志位相比有本质上的不同。通常，中断标志被硬件置 1 后，必须由软件将其清除；但 RCIF 和 TXIF 较为特殊，它们完全由硬件决定是 0 还是 1，无法通过软件改变其状态。

5. TXREG 和 RCREG 寄存器.

TXREG 为串行数据发送寄存器，它是一个 8 位寄存器，程序将需要发送的数据写到此寄存器内，最后通过移位寄存器向外发送。若需要发送的数据为 9 位格式，最高的第 9 位 TX9D 需放在 TXSTA 寄存器中，而且必须先设置 TX9D，再往 TXREG 中写入 8 位数据。此顺序不能错。

RCREG 为串行数据接收寄存器，一个完整的数据收到后，就被放入 RCREG 中。

9.1.4 USART 波特率的设定

异步通信的波特率控制由 SPBRG 寄存器和 BGRH 位共同完成。当 BGRH＝0 时，为低速波特率发生方式；当 BRGH＝1 时，则为高速波特率发生方式。

波特率计算公式如表 9－1 所列。

表 9－1

SYNC	BRGH＝0：低速	BRGH＝1：高速
0：异步	波特率＝$f_{osc}/[64\times(X+1)]$	波特率＝$f_{osc}/[16\times(X+1)]$
1：同步	波特率＝$f_{osc}/[4\times(X+1)]$	—

f_{osc}为晶振频率，X 为 SPBRG 中的值。

从公式中得到的波特率与期望的波特率可能会有一定的误差，但只要误差在一定的范围内，不会给通信带来影响。

假设使用 4 MHz 晶振，要求在异步方式下，波特率为 9 600，选低速时，则：

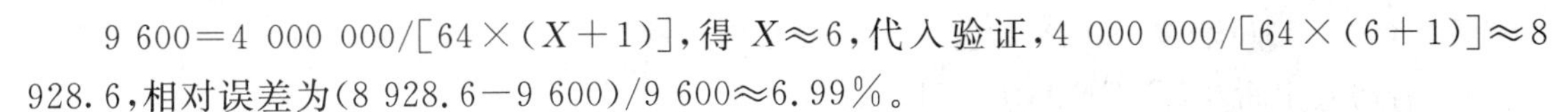

$9\,600 = 4\,000\,000/[64 \times (X+1)]$，得 $X \approx 6$，代入验证，$4\,000\,000/[64 \times (6+1)] \approx 8\,928.6$，相对误差为 $(8\,928.6 - 9\,600)/9\,600 \approx 6.99\%$。

选高速时，$9\,600 = 4\,000\,000/[16 \times (X+1)]$，得 $X \approx 25$，代入验证，$4\,000\,000/[16 \times (25+1)] \approx 9\,615.4$，相对误差为 $(9\,615.4 - 9\,600)/9\,600 \approx 0.16\%$。

比较低速与高速的验证结果，显然此时选用高速其波特率的误差较小。因此，在计算波特率时要比较验证，选用绝对误差较小的波特率。

9.1.5　异步串行通信的工作过程

1. 发送模式

在异步串行通信中，单片机的 RC7/RX 为串行接收脚，RC6/TX 为串行发送脚，因此异步串行通信是全双工的，即在同一时刻可以进行发送和接收。

图 9-2 是异步串行通信的发送器内部结构图。

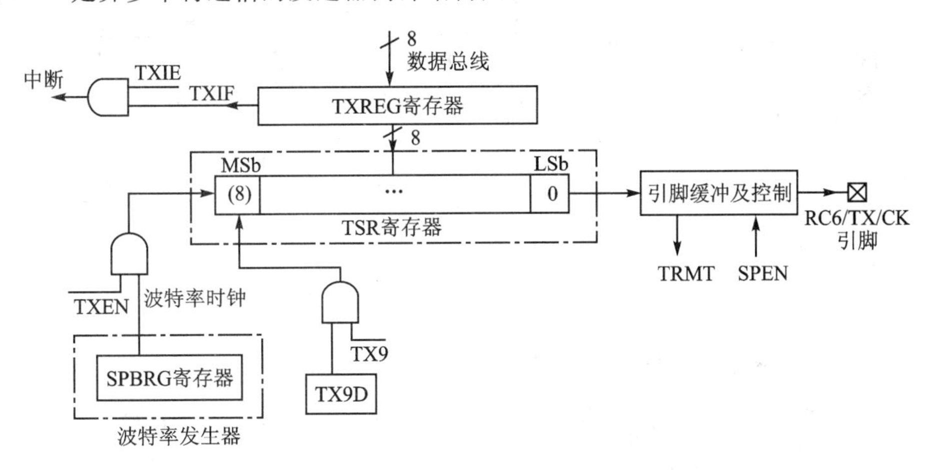

图 9-2　异步串行通信的发送器内部结构图

串行发送器的核心部件是串行发送移位寄存器 TSR，此寄存器是不可寻址的。

当串行通信设置为发送模式时，只要把要发的数送到 TXREG 寄存器，单片机就会自动将此数发送出去。串行通信发送数据是要一定的时间的，如在 9 600 波特率时，发送一个 8 位数据（无校验位）所需的时间为 $(1+8+1) \times 104 = 1\,040\ \mu s$。

在通信过程中，把要发送的数据放入 TXREG 时，如果前一次的数据还没发完，单片机并不立即发送，要等到前一个数的停止位发送完毕，才把 TXREG 读出并放入 TSR 寄存器，这时发送中断标志位 TXIF 即置 1。如果允许中断则会进入中断。虽然 TXIF＝1，但实际上发送才刚刚开始，TXIF＝1 只是说明此时 TXREG 为空的，而不要误以为发送完成，真正发送完成时，是由 TXSTA 位 1 的 TRMT 来表示的，当 TSR 为空时，TRMT 为 1。因此，可以通过判断 TRMT 位的状态来判断发送是否完成。

异步串行通信模式中发送数据的步骤如下：

① 选择合适的波特率，对 SPBRG 寄存器赋值。根据计算确定波特率为高速还是低速，对 BRGH 位设置。

② 将 SYNC 位清零、SPEN 位置 1,使能异步串行端口。

③ 若需要中断,将 TXIE、GIE 和 PEIE 位置 1。

④ 若需要发送 9 位数据,将 TX9 位置 1。

⑤ 将 TXEN 位置 1,使能发送。

⑥ 若选择发送 9 位数据,第 9 位数据应该先写入 TX9D 位(需要计算确定此位的值)。

⑦ 把数据送入 TXREG 寄存器(启动发送),TXIF 被置 1。

2. 接收模式

在异步串行通信的接收模式中,单片机的 RC7/RX 为串行接收脚,即外部的异步串行信号是从此引脚输入的。图 9-3 是异步串行通信的接收器内部结构图。

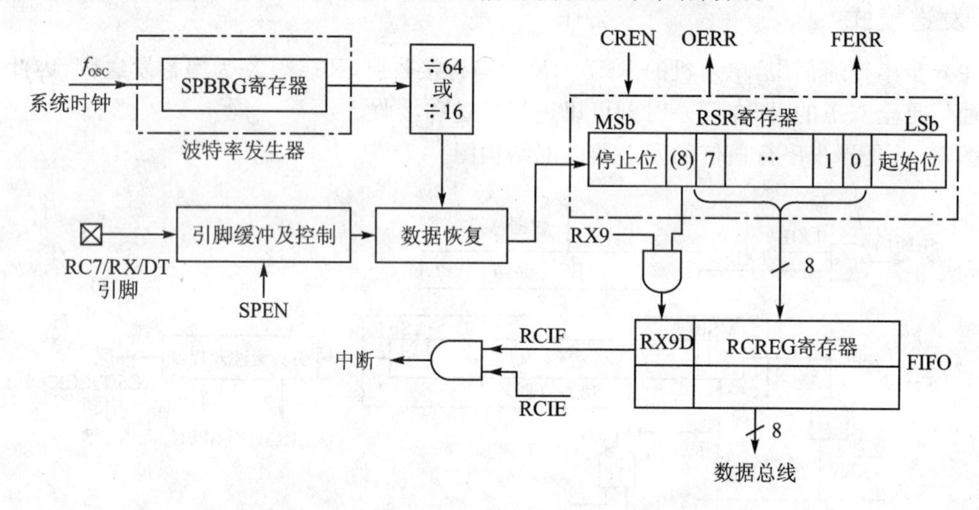

图 9-3 异步串行通信的接收器内部结构图

串行接收器的核心部件是接收移位寄存器 RSR,此寄存器是不可寻址的。

在 RXTX 引脚上采样到停止位后,如果 RCREG 寄存器为空,RSR 中接收到的数据即被送到 RCREG 寄存器,数据传送完毕,RCIF 位被置 1,RCIF 标志位是只读位,它在 RCREG 寄存器被读取之后或 RCREG 寄存器为空时被硬件清零。

RCREG 寄存器是一个双缓冲寄存器(即两级深度的 FIFO),因此可以实现接收 2 字节的数据并传送到 RCREG,然后第 3 字节开始移位到 RSR 寄存器。在检测到第 3 字节的停止位后。如果 RCREG 仍然是满的,则溢出错误标志位 OERR 会被置 1,RSR 寄存器中的数据丢失,可以对 RCREG 寄存器读两次,重新获得 FIFO 中的两个字节。如果 OERR 位被置 1,则硬件禁止将 RSR 中的数据传送到 RCREG 寄存器。通过将 CREN 位清零后再置 1 来复位接收器可以实现对 OERR 清 0。

正常时的停止位是高电平的:如果在通信中检测到的停止位为低电平,则帧出错标志位 FERR 被置 1。读 RCREG 寄存器将会给 RX9D 和 FERR 位装入新值,因此为了不丢失 FERR 和 RX9D 位原来的信息,用户必须在读 RCREG 寄存器之前读 RCSTA 寄存器。

异步串行通信模式中接收数据的步骤如下:

① 选择合适的波特率,对 SPBRG 寄存器赋值。根据计算确定波特率为高速还是低速,对 BRGH 位设置。

② 将 SYNC 位清零,SPEN 位置 1,使能异步串口。
③ 若需要中断,将 RCIE、GIE 和 PEIE 位置 1。
④ 如果需要接收 9 位数据,将 RX9 位置 1。
⑤ 将 CREN 位置 1,使 USART 工作在接收方式。
⑥ 当接收完成后,中断标志位 RCIF 被置 1,如果允许串行接收中断,便产生中断。
⑦ 如果进行 9 位数据通信,则读 RCSTA 寄存器获取第 9 位数据。
⑧ 通过 RCREG 寄存器来读取接收到的 8 位数据,此时 RCIF 自动清零。
⑨ 如果发生错误,通过将 CREN 位清零来清除错误。

9.2　串行通信实例解析——PC 控制单片机工作

9.2.1　实现功能

用 PIC 核心板和 DD—900 实验开发板进行串口通信实验,实现如下功能:PC 通过串口调试助手向单片机发送十六进制数据,单片机接收后,控制 PORTD 口 LED 进行显示(例如,接收到 1 时,D0 灯显示,接收到 2 时,D1 显示,接收到 3 时,D0 和 D1 同时显示,接收到 4 时,D2 显示依次类),同时,单片机接收后再将数据发送到 PC 进行回显。有关电路如图 9－4 所示。

9.2.2　源程序

根据以上要求,设计的源程序如下:

```
#include<pic.h>
#define uchar unsigned char
#define uint   unsigned int
__CONFIG(HS&WDTDIS);
uchar recdata;
/********延时函数********/
void Delay_ms(uint xms)
{
      int i,j;
      for(i=0;i<xms;i++)
          { for(j=0;j<71;j++); }
}
/********串口初始化函数********/
void initUSART()
{
  SPBRG=0X19;                    //设置波特率为 9 600 bit/s
  TXSTA=0X24;                    //使能串口发送,选择高速波特率
  RCSTA=0X90;                    //使能串口工作,连续接收
  RCIE=1;                        //使能接收中断
```

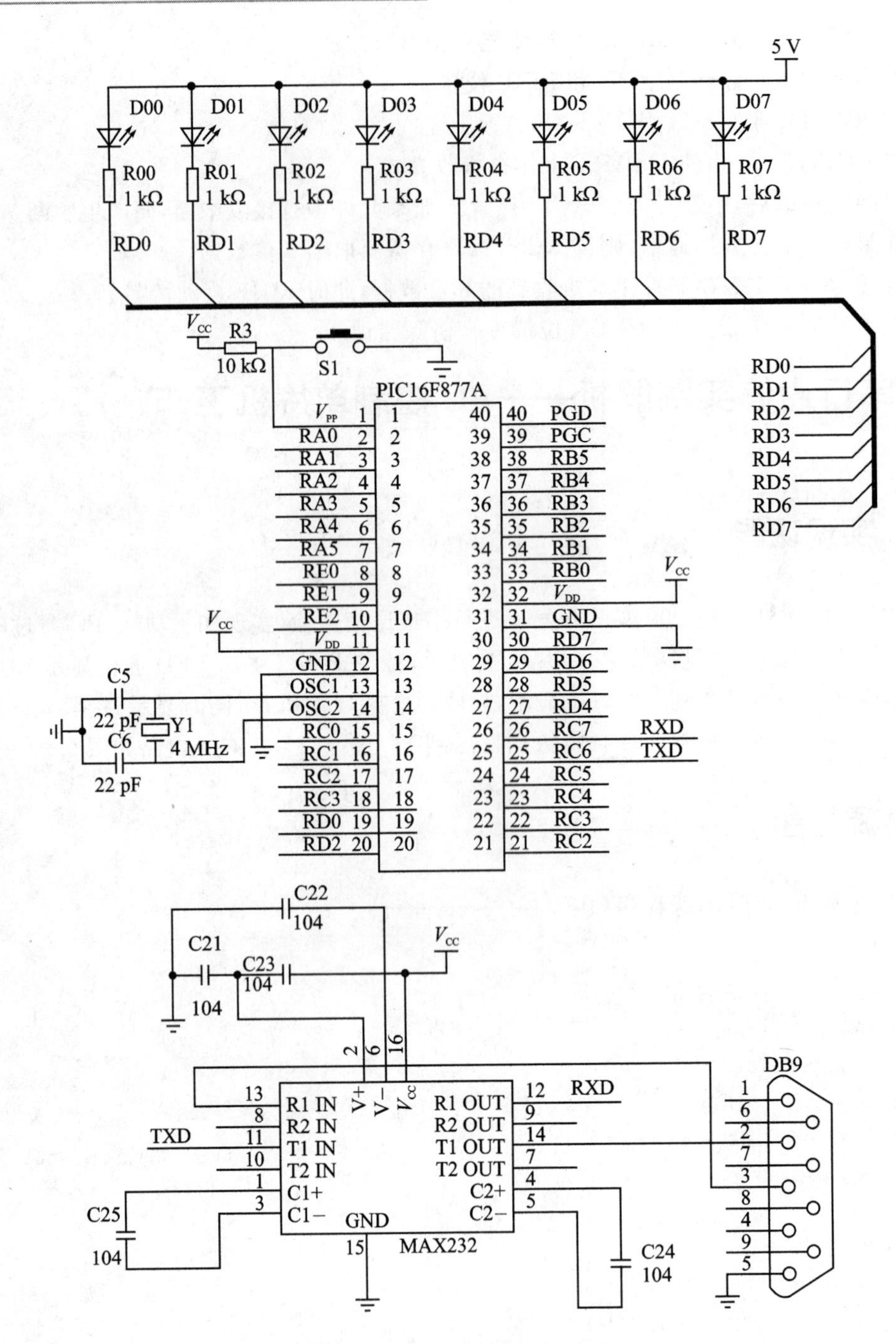

图 9-4　串口通信实验电路

```
  GIE = 1;                       //开放全局中断
  PEIE = 1;                      //使能外部中断
}
/********主函数********/
void main()
{
  TRISD = 0X00;
```

```
    initUSART();
    while(1)                        //等待中断
    {
        PORTD = recdata;
    }
    Delay_ms(10);
}

/********中断函数********/
void interrupt usart(void)
{
    if(RCIF)                        //判断是否为串口接收中断
    {
        RCIF = 0;
        recdata = RCREG;            //接收数据并存储
        TXREG = recdata;            //把接收到的数据发送回去
    }
}
```

9.2.3 源程序释疑

① 进行通信之前首先要对 USART 进行初始化。初始化过程通常包括波特率的设定，使能串口工作，以及根据需要使能接收器或发送器。

② 程序中接收与发送采用了中断方式，在中断函数中，查询接收中断标志位 RCIF，若为 1，说明接收到数据，然后将接收到的数据存到变量 recdata 中，然后，一方面返回给 PC，另一方面通过 PORTD 端口的 LED 灯显示出来。

③ 要实现单片机和计算机的串行通信，首先要使双方的通信波特率和数据格式一致，这样才能观察到正确的结果。在本例中，单片机发送串口数据采用的波特率是 9 600 bit/s，数据格式是 8 位数据位，1 位停止位，无奇偶校验。在计算机上的串口助手里面，我们也要将波特率和数据格式设置成一样的。

9.2.4 实现方法

① 打开 MLAB IDE 软件，建立工程项目，再建立一个名为 ch9_1.c 的源程序文件，输入上面源程序。对源程序进行编译，产生 ch9_1.hex 目标文件。

② 将 DD—900 实验开发板 JP1 的 LED、V_{CC}两插针短接，为 LED 灯供电。

③ 将 PIC 核心板 RD0～RD7、RC6、RC7、V_{DD}、GND 通过几根杜邦连到 DD—900 实验开发板 P00～P07、P31、P30、V_{CC}、GND 上。

④ 将 PICKIT2 连接到 PIC 核心板的 RJ12 接口，同时，用 5 V 电源适配器为 PIC 核心板供电，将其 PICKIT2 插接在 PC 的 USB 口上，DD—900 实验开发板不用单独供电（由 PIC 核心板为其供电）。

⑤ 将程序下载到 PIC16F877A 单片机中。

6. 用串口线将 PC 与 DD—900 的串口连接起来，打开顶顶串口调试助手，软件运行后，将串口设置为“COM1”、波特率设置为“9600”、校验位选无 NONE”，数据位选“8”、停止位选“1”、勾选“十六进制接收”和“十六进制发送”，单击“打开串口”按钮。

设置完成后，在发送框口中输入 1，单击“手动发送”按钮，会发现 DD—900 上的 DD0 灯点亮，同时，串口调试助手的接收窗口中收到了单片机回复的 01，如图 9-5 所示。

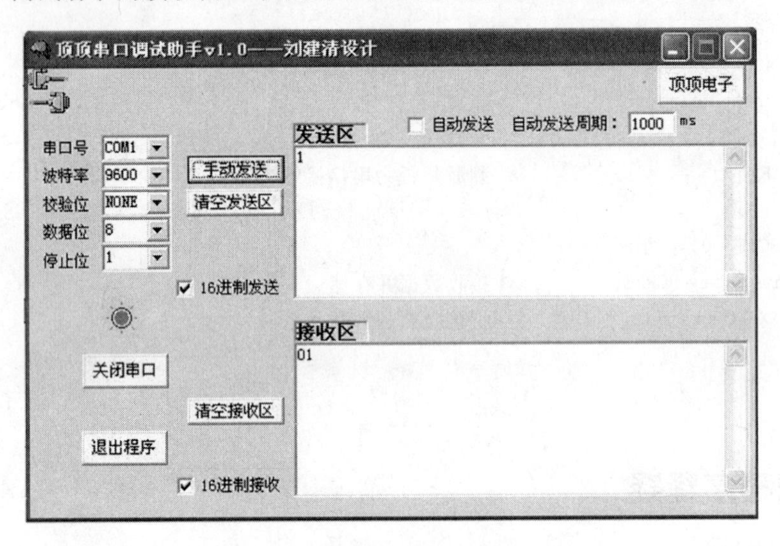

图 9-5　在发送区输入 1，在接收区接收到 01

继续在发送区输入数字 2、3、4 等，观察 LED 灯的显示以及串口调试助手的回显情况。

该实验程序在随书光盘的 ch9\ch9_1 文件夹中。

第 10 章 键盘接口实例解析

键盘是单片机十分重要的输入设备，是实现人机对话的纽带。键盘是由一组规则排列的按键组成，一个按键实际上就是一个开关元件，即键盘是一组规则排列的开关。根据按键与单片机的连接方式不同，按键主要分为独立式按键和矩阵式按键，有了这些按键，对单片机控制就方便多了。

10.1 键盘接口电路基本知识

10.1.1 键盘的工作原理

1. 键盘的特性

键盘是由一组按键开关组成的。通常，按键所用开关为机械弹性开关，这种开关一般为常开型。平时（按键不按下时），按键的触点是断开状态，按键被按下时，它们才闭合。由于机械触点的弹性作用，一个按键开关从开始接上至接触稳定要经过一定的弹跳时间，即在这段时间里连续产生多个脉冲，在断开时也不会一下子断开，存在同样的问题，按键抖动信号波形如图 10－1 所示。

从波形图可以看出，按键开关在闭合及断开的瞬间，均伴随有一连串的抖动。抖动时间的长短由按键的机械特性决定，一般为 5～10 ms，而按键的稳定闭合期的长短则是由操作人员的按键动作决定的，一般为十分之几秒的时间。

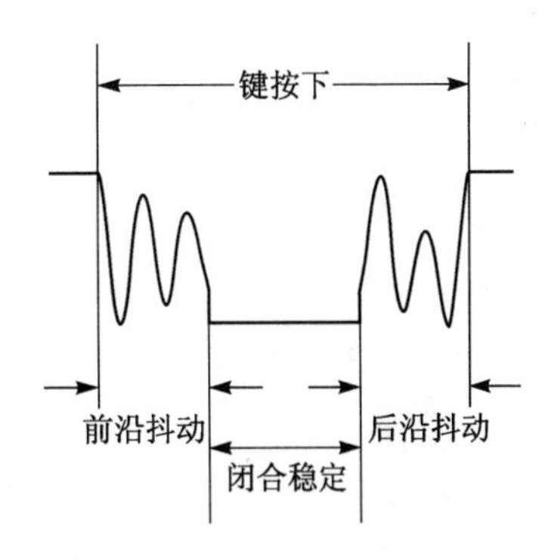

图 10－1　按键抖动信号波形

2. 按键的确认

按键的确认就是判别按键是否闭合，反映在电压上就是和按键相连的引脚呈现出高电平或低电平。如果高电平表示断开的话，那么低电平则表示闭合，所以通过检测电平的高低状态，便可确认按键是否按下。

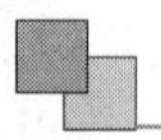

3. 按键抖动的消除

因为机械开关存在抖动问题，为了确保 CPU 对一次按键动作只确认一次按键，必须消除抖动的影响。消除按键的抖动，通常有硬件、软件两种消除方法。一般情况下，常用软件方法来消除抖动，其基本编程思路是：检测出键闭合后，再执行一个 10 ms 左右的延时程序，以避开按键按下去的抖动时间，待信号稳定之后再进行键查询，如果仍保持闭合状态电平，则确认为真正有键按下。一般情况下，不对按键释放的后沿进行处理。

10.1.2 键盘与单片机的连接形式

单片机中的键盘与单片机的连接形式较多，其中，应用最为广泛的是独立式和矩阵式，下面对这两种连接方式简要进行介绍。

1. 独立式按键

独立式按键就是各按键相互独立、每个按键各接一根输入线，一根输入线上的按键是否按下不会影响其他输入线上的工作状态。因此，通过检测输入线的电平状态可以很容易判断哪个按键被按下了。独立式按键电路配置灵活，软件结构简单。但每个按键需占用一根输入口线，在按键数量较多时，输入口浪费大，电路结构显得很繁杂，故此种键盘适用于按键较少或操作速度较高的场合。在 DD—900 实验开发板上，采用了 4 个独立按键，分别接在单片机的 P3.2～P3.5 引脚上，电路参见第 3 章图 3－17 所示。

2. 矩阵式按键

独立式按键每个 I/O 口线只能接一个按键，如果按键较多，则应采用矩阵式按键，以节省 I/O 口线。DD—900 实验开发板上设有矩阵按键电路，接在单片机的 P1.0～P1.7 引脚上，参见第 3 章图 3－17 所示。从图中可以看出，利用矩阵式按键，只需 4 条行线和 4 条列线，即可组成具有 4×4 个按键的键盘。

10.2 键盘接口电路实例解析

10.2.1 实例解析 1——数码管显示独立按键值

1. 实现功能

用 PIC 核心板和 DD—900 实验开发板进行独立键盘实验：按 K1 键，第 1 位数码管 1；按 K2 键，第 1 位数码管 2；按 K3 键，第 1 位数码管 3；按 K4 键，第 1 位数码管 4。有关电路如图 10－2 所示。

2. 源程序

根据要求，编写的源程序如下：

```
#include<pic.h>
```

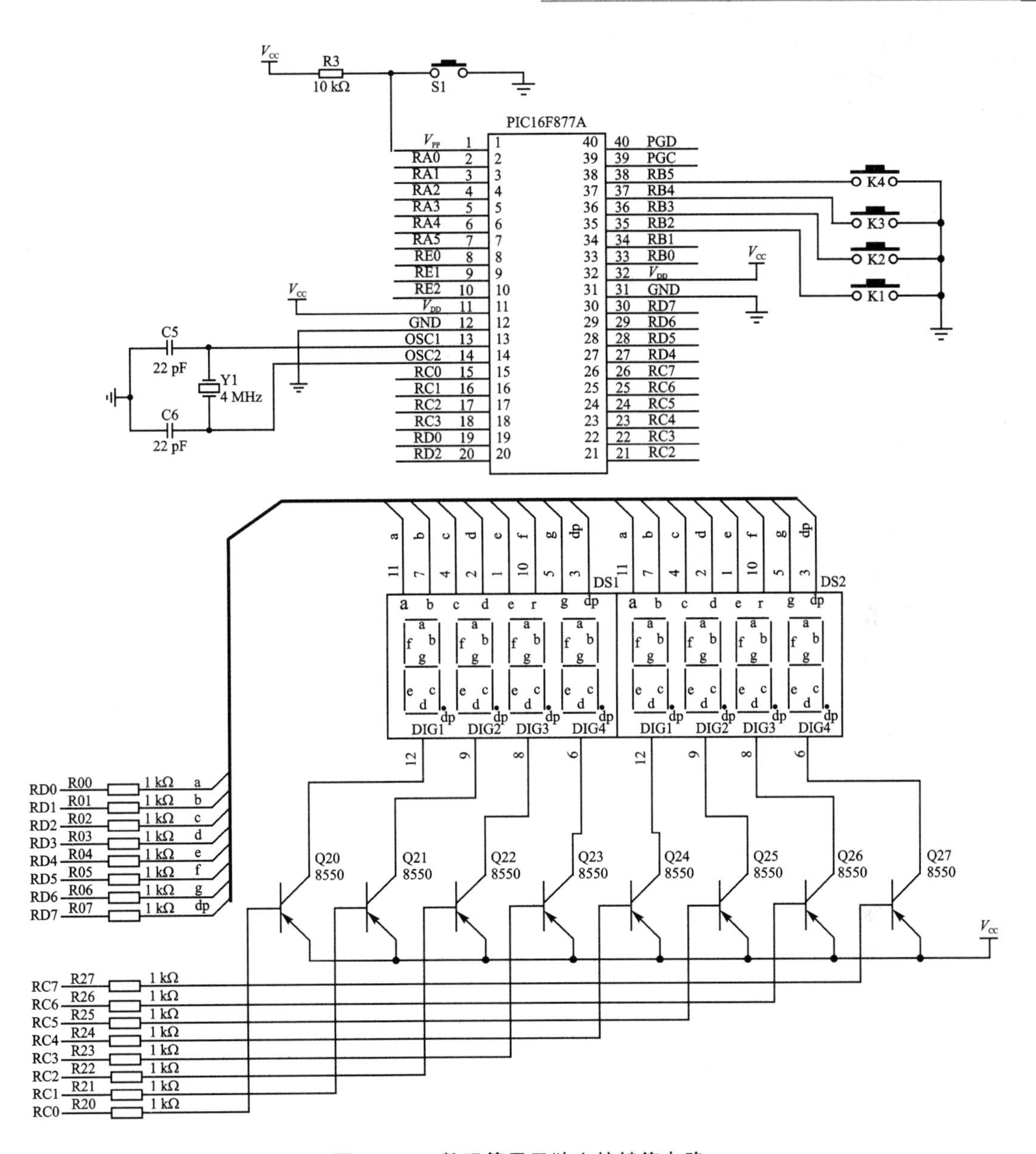

图 10－2　数码管显示独立按键值电路

```
#define uchar unsigned char
#define uint  unsigned int
#define  K1   RB2
#define  K2   RB3
#define  K3   RB4
#define  K4   RB5
__CONFIG(HS&WDTDIS);
uchar key,temp;
uchar  dis[] = {0xc0,0xf9,0xa4,0xb0,0x99,0x92,0x82,0xf8,0x80,0x90,0x88,0x83,0xc6,0xa1,
0x86,0x8e,0xff};
                                           //0～F 和熄灭符的显示码(字形码)
```

```
/********延时函数********/
void Delay_ms(uint xms)
{
    int i,j;
    for(i=0;i<xms;i++)
        {for(j=0;j<71;j++);}
}
/********端口设置程序********/
void port_init(void)
{
    OPTION=0x00;                        //端口 B 弱上位使能
    TRISC = 0x00;                       //端口 C 输出,位选
     TRISD = 0x00;                      //端口 D 输出,段选
    TRISB=0xff;                         //端口 B 为输入,按键
}
/********主函数********/
void main(void)
{
    port_init();
    PORTD=dis[1];                       //开机显示"1"
    PORTC = 0xfe;                       //选通数码管第一位
    while(1)
    {
        if((PORTB&0x3C)!=0x3C)          //如果 K1~K4 键有一个被按下
        Delay_ms(10);                   //延时 10ms
        if((PORTB&0x3C)!=0x3C)          //如果仍被按下,说明不是抖动引起
        {
            if(K1==0)PORTD=dis[1];      //显示 1
            if(K2==0)PORTD=dis[2];      //显示 2
            if(K3==0)PORTD=dis[3];      //显示 3
            if(K4==0)PORTD=dis[4];      //显示 4
        }
    }
}
```

3. 源程序释疑

在按下按键之前,两个触点之间是不导通的,按下的时候就导通;单片机正是通过检测到这种变化来完成对按键输入信息的获得的。程序中,将单片机的 RB 口设为带内部上拉的输入,所以,在按键按下之前,K1~K4 对应的端口 RB2~RB5 保持在高电平状态;当按下相应按健时,RB2~RB5 就会变为低电平;所以,要想在程序里检测到是否有按健按下,关键就是检查对应端口的状态变化,检测到相应键按下后,通过数码管显示出来就可以了。

4. 实现方法

① 打开 MLAB IDE 软件,建立工程项目,再建立一个名为 ch10_1.c 的源程序文件,输入

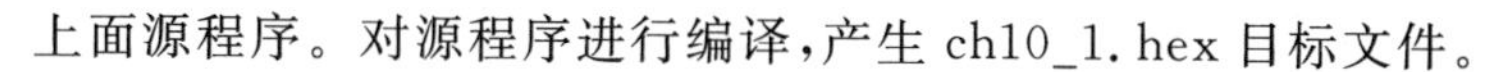

上面源程序。对源程序进行编译,产生 ch10_1.hex 目标文件。

② 将 DD—900 实验开发板 JP1 的 DS、V_{CC}两插针短接,为 LED 数码管供电。

③ 将 PIC 核心板 RD0～RD7、RC0～RC7、RB2～RB5、V_{DD}、GND 通过几根杜邦连到 DD—900 实验开发板 P00～P07、P20～P27、P32～P35、V_{CC}、GND 上。这样,DD—900 的数码管和 K1～K4 均接到了 PIC 核心板上。

④ 将 PICKIT2 连接到 PIC 核心板的 RJ12 接口,同时,用 5 V 电源适配器为 PIC 核心板供电,将其 PICKIT2 插接在 PC 的 USB 口上,DD—900 实验开发板不用单独供电(由 PIC 核心板为其供电)。

⑤ 将程序下载到 PIC16F877A 单片机中,按压 K1～K4 键,观察 LED 数码管显示的键值是否正确。

该实验程序在随书光盘的 ch10\ch10_1 文件夹中。

10.2.2 实例解析 2——数码管显示矩阵按键值

1. 实现功能

用 PIC 核心板和 DD—900 实验开发板进行矩阵键盘实验:按下矩阵按键的相应键,在第 1 只 LED 数码管上显示出相应键号,同时,当键按下时,蜂鸣器响一声。有关电路如图 10-3 所示。

2. 源程序

根据要求,编写的源程序如下:

```
#include<pic.h>
#define uchar unsigned char
#define uint  unsigned int
#define  BEEP  RE0
__CONFIG(HS&WDTDIS);
uchar  table[17] = {0xc0,0xf9,0xa4,0xb0,0x99,0x92,0x82, 0xf8,0x80,0x90,0x88,0x83,0xc6,0xa1,
0x86,0x8e,0xBF};
                                        //0,1,2,3,4,5,6,7,8,9,A,B,C,D,E,F,-的显示码
uchar disp_buf;                         //显示缓存
uchar  temp;                            //暂存器
uchar  key;                             //键顺序码
/********端口设置函数********/
void port_init(void)
{
    PORTC = 0xfe;                       //选通数码管第一位
    OPTION = 0x00;                      //端口 B 弱上位使能
    TRISC = 0x00;                       //端口 C 输出,位选
    TRISD  =  0x00;                     //端口 D 输出,段选
    ADCON1 = 0x06;                      //定义 RA、RE 为 I/O 端口
    TRISE = 0x00;                       //端口 E 为输出,蜂鸣器(RE0)
```

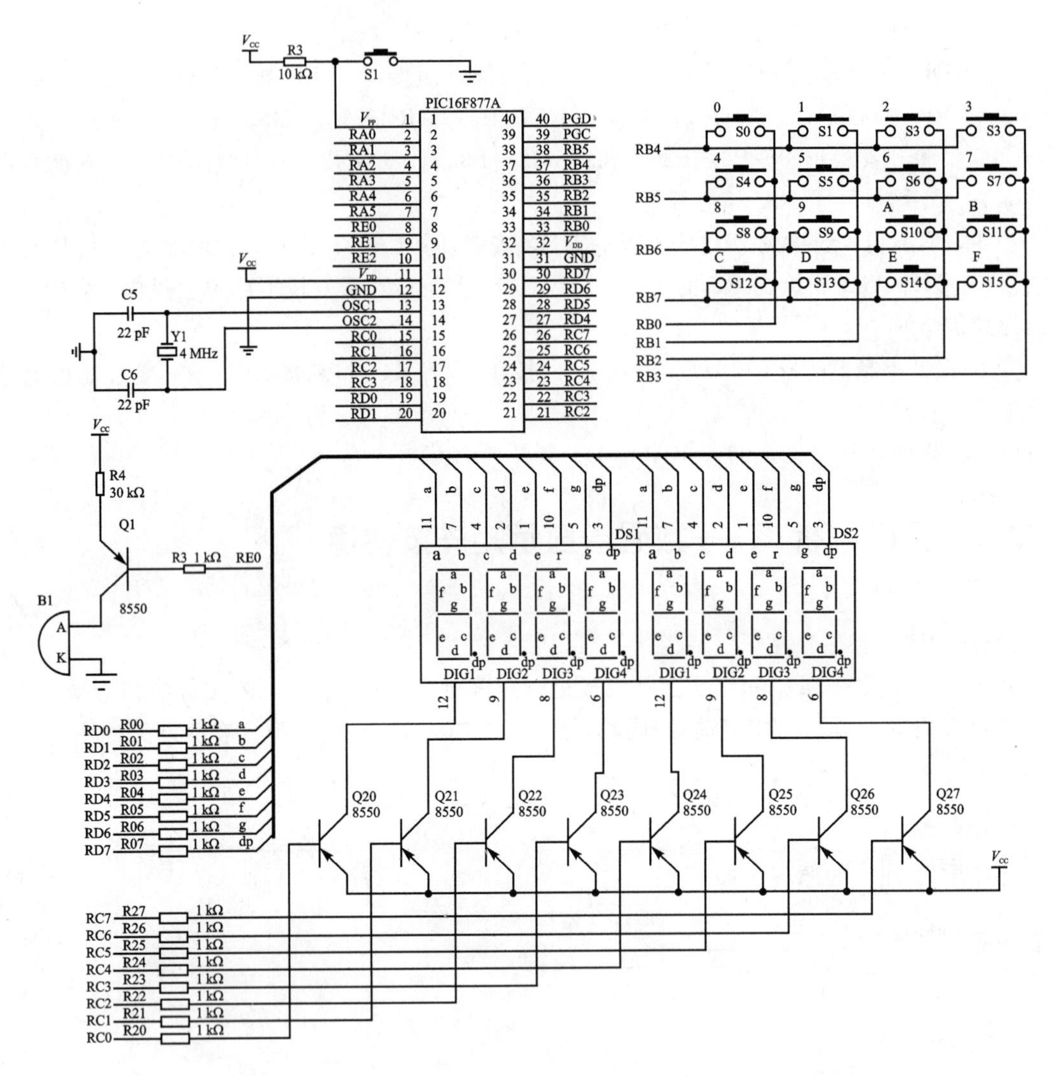

图 10-3　数码管显示矩阵按键值电路

```
    PORTE = 0xff;
}
/********延时函数********/
void Delay_ms(uint xms)
{
    int i,j;
    for(i = 0;i<xms;i++)
        { for(j = 0;j<71;j++);}
}
/*********蜂鸣器响一声函数********/
void beep()
{
   BEEP = 0;                              //蜂鸣器响
   Delay_ms(100);
```

```
  BEEP = 1;                           //关闭蜂鸣器
  Delay_ms(100);
}
/********矩阵按键扫描函数********/
void MatrixKey()
{
    PORTB = 0xef;                     //置第 1 行 RB4 为低电平,开始扫描第 1 行
    TRISB = 0x0f;                     //高 4 位设为输出,低 4 位设为输入
    temp = PORTB;                     //读 RB 口按键
    temp = temp & 0x0f;               //判断低 4 位是否有 0,即判断列线(RB0～RB3)是否有 0
    if (temp! = 0x0f)                 //若 temp 不等于 0x0f,说明有键按下
    {
        Delay_ms(10);                 //延时 10ms 去抖
        temp = PORTB;                 //再读取 RB 口按键
        temp = temp & 0x0f;           //再判断列线(RB0～RB3)是否有 0
        if (temp! = 0x0f)             //若 temp 不等于 0x0f,说明确实有键按下
        {
            temp = PORTB;             //读取 RB 口按键,开始判断键值
            switch(temp)
            {
                case 0xee:key = 0;break;
                case 0xed:key = 1;break;
                case 0xeb:key = 2;break;
                case 0xe7:key = 3;break;
            }
            temp = PORTB;             //将读取的键值送 temp
            beep();                   //蜂鸣器响一声
            disp_buf  = table[key];   //查表求出键值对应的数码管显示码,送显示缓冲区
                                      //disp_buf
            temp = temp & 0x0f;       //取出列线值(RB0～RB3)
            while(temp! = 0x0f)       //若 temp 不等于 0x0f,说明按键还没有释放,继续等待
            {
                temp = PORTB;         //若按键释放,再读取 RB 口
                temp = temp & 0x0f;   //判断列线(RB0～RB3)是否有 0
            }
        }
    }
    PORTB = 0xdf;                     //置第 2 行 RB5 为低电平,开始扫描第 2 行
    TRISB = 0x0f;
    temp = PORTB;
    temp = temp & 0x0f;
    if (temp! = 0x0f)
    {
        Delay_ms(10);
        temp = PORTB;
```

```
        temp = temp & 0x0f;
        if (temp! = 0x0f)
        {
            temp = PORTB;
            switch(temp)
            {
                case 0xde:key = 4;break;
                case 0xdd:key = 5;break;
                case 0xdb:key = 6;break;
                case 0xd7:key = 7;break;
            }
            temp = PORTB;
            beep();
            disp_buf  = table[key];
            temp = temp & 0x0f;
            while(temp! = 0x0f)
            {
                temp = PORTB;
                temp = temp & 0x0f;
            }
        }
    }
    PORTB = 0xbf;                          //置第 3 行 RB6 为低电平,开始扫描第 3 行
    TRISB = 0x0f;
    temp = PORTB;
    temp = temp & 0x0f;
    if (temp! = 0x0f)
    {
        Delay_ms(10);
        temp = PORTB;
        temp = temp & 0x0f;
        if (temp! = 0x0f)
        {
            temp = PORTB;
            switch(temp)
            {
                case 0xbe:key = 8;break;
                case 0xbd:key = 9;break;
                case 0xbb:key = 10;break;
                case 0xb7:key = 11;break;
            }
            temp = PORTB;
            beep();
            disp_buf = table[key];
            temp = temp & 0x0f;
```

```
            while(temp! = 0x0f)
            {
                temp = PORTB;
                temp = temp & 0x0f;
            }
        }
    }
    PORTB = 0x7f;                       //置第 4 行 RB7 为低电平,开始扫描第 4 行
    TRISB = 0x0f;
    temp = PORTB;
    temp = temp & 0x0f;
    if (temp! = 0x0f)
    {
        Delay_ms(10);
        temp = PORTB;
        temp = temp & 0x0f;
        if (temp! = 0x0f)
        {
            temp = PORTB;
            switch(temp)
            {
                case 0x7e:key = 12;break;
                case 0x7d:key = 13;break;
                case 0x7b:key = 14;break;
                case 0x77:key = 15;break;
            }
            temp = PORTB;
            beep();
            disp_buf  = table[key];
            temp = temp & 0x0f;
            while(temp! = 0x0f)
            {
                temp = PORTB;
                temp = temp & 0x0f;
            }
        }
    }
}
/********主函数********/
main()
{
    port_init();                        //端口初始化
    disp_buf = 0xBF;                    //开机显示"-"符号
    while(1)
    {
```

```
            MatrixKey();                    //调矩阵按键扫描函数
            PORTD = disp_buf;               //键值送 PORTD 口显示
            Delay_ms(2);                    //延时 2 ms
        }
    }
```

3. 源程序释疑

(1) 矩阵按键的识别方法主要有行扫描法、反转法、特征编码法等多种。在本例中，采用的是行扫描法。行扫描法又称为逐行(或列)扫描查询法，具体判断方法如下：

① 判断键盘中有无键按下。分别将 4 根行线(RB4～RB7)置低电平，然后检测各列线(RB0～RB3)的状态。只要有一列的电平为低，则表示键盘中有键被按下。若所有列线均为高电平，则键盘中无键按下。

② 判断按键是否真的被按下。当判断出有键被按下之后，用软件延时的方法延时 10ms，再判断键盘的状态，如果仍为有键被按键，则认为确实有键按下，否则，当作键抖动处理。

③ 判断闭合键所在的位置。在确认有键按下后，即可进入确定具体闭合键的过程。其方法是：分别将 4 根行线(RB4～RB7)置为低电平，逐列检测各列线(RB0～RB3)的电平状态。若某列为低，则该列线与置为低电平的行线交叉处的按键就是闭合的按键。

下面以图中 7 号键(第 2 行、第 4 列)被按下为例，来说明此键是如何被识别出来的。

先让第 1 行线(RB4)处于低电平(PORTB＝0xef)，其余各行线为高电平，此时检测各列(RB0～RB3)，发现各列均为高电平，说明，第 1 行无键按下；再让第 2 行线(RB5)处于低电平(PORTB＝0xdf)，其余各行线为高电平，此时检测各列(RB0～RB3)，发现第 4 列(RB3)列为低电平，说明第 2 行(RB5)、第 4 列(RB3)的键被按下，由于此时 RB3、RB5 脚为低电平，其余各脚为高电平，因此，此时 PORTB 的值为 0xd7，这就是程序中将 PORTB 的值为 0xd7 定义为 7 号键的原因。采用同样的方法可以识别出其他各按键。

④ 等待键释放。键释放之后，可以根据键码值进行相应的按键处理。

(2) 在矩阵按键扫描函数中，有这样几条语句：

```
PORTB = 0xef;               //置第 1 行 RB4 为低电平，开始扫描第 1 行
TRISB = 0x0f;               //高 4 位设为输出，低 4 位设为输入
temp = PORTB;               //读 RB 口按键
temp = temp & 0x0f;         //判断低 4 位是否有 0，即判断列线(RB0～RB3)是否有 0
if (temp! = 0x0f)           //若 temp 不等于 0x0f，说明有键按下
{
    Delay_ms(10);           //延时 10ms 去抖
    temp = PORTB;           //再读取 RB 口按键
    temp = temp & 0x0f;     //再判断列线(RB0～RB3)是否有 0
    if (temp! = 0x0f)       //若 temp 不等于 0x0f，说明确实有键按下
    {
        temp = PORTB;       //读取 RB 口按键，开始判断键值
        ……
```

上面这几句扫描的是第 1 行按键，明白这几句后，其他的都一样，在程序中，已对每句做了简单的解释，下面再简要说明如下：

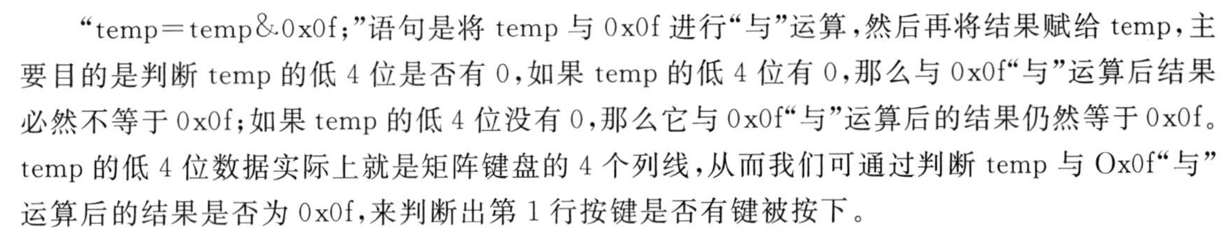

“temp＝temp&0x0f;”语句是将 temp 与 0x0f 进行“与”运算，然后再将结果赋给 temp，主要目的是判断 temp 的低 4 位是否有 0，如果 temp 的低 4 位有 0，那么与 0x0f“与”运算后结果必然不等于 0x0f；如果 temp 的低 4 位没有 0，那么它与 0x0f“与”运算后的结果仍然等于 0x0f。temp 的低 4 位数据实际上就是矩阵键盘的 4 个列线，从而我们可通过判断 temp 与 Ox0f“与”运算后的结果是否为 0x0f，来判断出第 1 行按键是否有键被按下。

“if(temp！＝0x0f)”的 temp 是上面 RB 口数据与 0x0f“与”运算后的结果，如果 temp 不等于 0x0f，说明有键被按下。

(3) 在判断完按键序号后，还需要等待按键被释放，检测释放语句如下：

```
while(temp! = 0x0f)          //若 temp 不等于 0x0f,说明按键还没有释放,继续等待
{
    temp = PORTB;            //若按键释放,再读取 RB 口
    temp = temp & 0x0f;      //判断列线(RB0～RB3)是否有 0
}
```

这几条语句的作用是不断地读取 PORTB 口数据，然后和 0x0f“与”运算，只要结果不等于 0x0f，则说明按键没有被释放，直到释放按键，程序才退出该 while 语句。

4. 实现方法

(1) 打开 MLAB IDE 软件，建立工程项目，再建立一个名为 ch10_2.c 的源程序文件，输入上面源程序。对源程序进行编译，产生 ch10_2.hex 目标文件。

(2) 将 DD—900 实验开发板 JP1 的 DS、VCC 两插针短接，为 LED 数码管供电。

(3) 将 PIC 核心板 RD0～RD7、RC0～RC7、RB0～RB7、RE0、V_{DD}、GND 通过几根杜邦连到 DD—900 实验开发板 P00～P07、P20～P27、P10～P17、P37、V_{CC}、GND 上。这样，DD—900 的数码管、S01～S15 和蜂鸣器均接到了 PIC 核心板上。

(4) 将 PICKIT2 连接到 PIC 核心板的 RJ12 接口，同时，用 5 V 电源适配器为 PIC 核心板供电，将其 PICKIT2 插接在 PC 机的 USB 口上，DD—900 实验开发板不用单独供电(由 PIC 核心板为其供电)。

(5) 将程序下载到 PIC16F877A 单片机中，按压 S0～S15 键，观察 LED 数码管显示的键值是否正确。

该实验程序在随书光盘的 ch10\ch10_2 文件夹中。

第 11 章

LED 数码管实例解析

单片机系统中常用 LED 数码管来显示各种数字或符号，由于这种显示器显示清晰、亮度高，并且接口方便、价格便宜，因此被广泛应用于各种控制系统中。本章将通过几个重要实例，演示 PIC 单片机数码管显示的编程方法和技巧。

11.1　LED 数码管基本知识

11.1.1　LED 数码管的结构

LED 是发光二极管的简称，其 PN 结是用某些特殊的半导体材料(如磷砷化镓)做成的，当外加正向电压时，可以将电能转换成光能，从而发出清晰悦目的光线。如果将多个 LED 管排列好并封装在一起，就成为 LED 数码管。LED 数码管的结构示意图如图 11－1 所示。

图中，LED 数码管内部是 8 只发光二极管，a、b、c、d、e、f、g、dp 是发光二极管的显示段位，除 dp 制成圆形用以表示小数点外，其余 7 只全部制成条形，并排列成如图所示的“8”字形状。每只发光二极管都有一根电极引到外部引脚上，而另外一根电极全部连接在一起，引到外引脚，称为公共极(COM)。

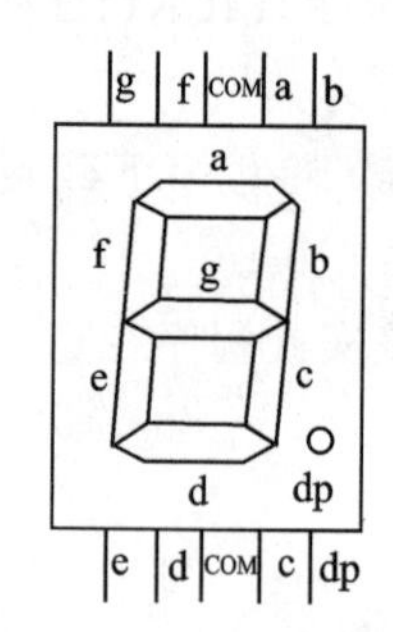

图 11－1　LED 数码管的结构示意图

LED 数码管分为共阳型和共阴型两种，共阳型 LED 数码管是把各个发光二极管的阳极都连在一起，从 COM 端引出，阴极分别从其他 8 根引脚引出，如图 11－2(a)所示；使用时，公共阳极接＋5 V，这样，阴极端输入低电平的发光二极管就导通点亮，而输入高电平的段则不能点亮。共阴型 LED 数码管是把各个发光二极管的阴极都接在一起，从 COM 端引出，阳极分别从其他 8 根引脚引出，如图 11－2(b)所示；使用时，公共阴极接地，这样，阳极端输入高电平的发光二极管就导通点亮，而输入低电平的段则不能点亮。在购买和使用 LED 数码管时，必须说明是共阴还是共阳结构。

在 DD—900 实验开发板中，采用的两组共阳型 LED 数码管，其中，每组都集成有 4 个 LED 数码管，每组数码管结构如图 11－3 所示，这样，2 组共可显示 8 位数字(或符号)。

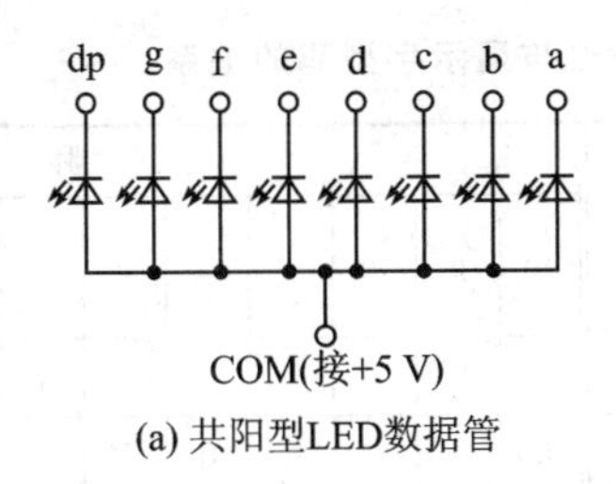

(a) 共阳型LED数据管

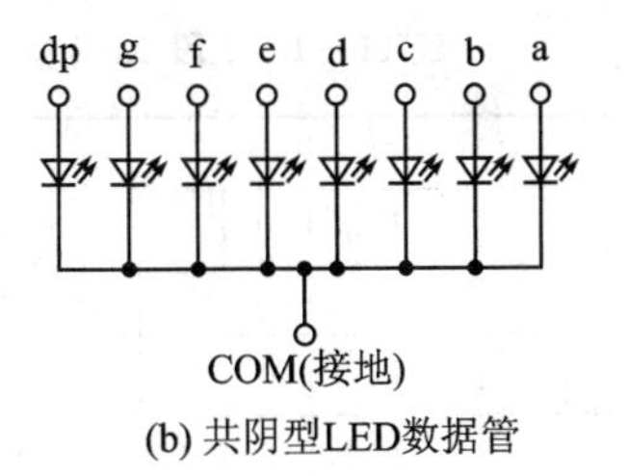

(b) 共阴型LED数据管

图 11－2　共阳和共阴型 LED 数码管的内部电路

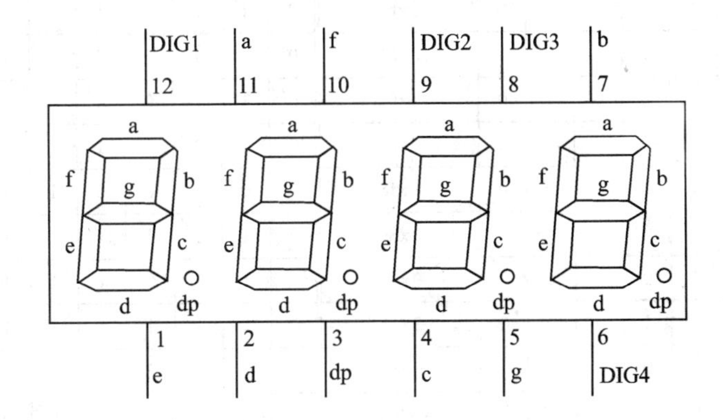

图 11－3　DD—900 实验开发板一组 LED 数码管结构示意图

图中，a、b、c、d、e、f、g、dp 是显示段位，接单片机的 P0 口，DIG1、DIG2、DIG3、DIG4 是公共极，也称位控制端口。由于该数码管为共阳型，因此，当 DIG1 接＋5 V 电源时，第 1 个 LED 数码管工作，当 DIG2 接＋5 V 电源时，第 2 个 LED 数码管工作，当 DIG3 接＋　V 电源时，第 3 个 LED 数码管工作，当 DIG4 接＋5 V 电源时，第 4 个 LED 数码管工作。

数码管是否正常，可方便地用数字万用表进行检测，以图 11－3 所示数码管为例，判断的方法是：用数字万用表的红表笔接 12 脚，黑表笔接 a(11 脚)、b(7 脚)、c(4 脚)、d(2 脚)、e(1 脚)、f(10 脚)、g(5 脚)、dp(3 脚)，最左边的数码管的相应段位应点亮；同理，将数字万用表的红表笔分别接 9 脚、8 脚、6 脚，黑表笔接段位脚，其他 3 只数码管的相应段位也应点亮。若检测中发现哪个段位不亮，说明该段位损坏。

需要说明的是，LED 数码管的工作电流为 3～10 mA，当电流超过 30 mA 后，有可能把数码管烧坏，因此，使用数码管时，应在每个显示段位脚串联一只限流电阻，电阻大小一般为 470 Ω～1 kΩ。

11.1.2　LED 数码管的显示码

根据 LED 数码管结构可知，如果希望显示“8”字，那么除了“dp”管不要点亮以外，其余管全部点亮，其余均不必点亮。同理，如果要显示“1”，那么，只需 b、c 两个发光二极管点亮。对于共阳结构，就是要把公共端 COM 接到电源正极，而 b、c 两个负极分别经过一个限流电阻后接低电平；对于共阴结构，就是要把公共端 COM 接低电平(电源负极)，而 b、c 两个正极分别经一个限流电阻后接到高电平。按照同样的方法分析其他显示数和字型码，如表 11－1 所列。

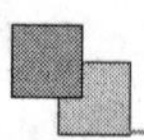

表 11-1　8 段 LED 数码管段位与显示字型码的关系

显示	共阳									共阴								
	dp	g	f	e	d	c	b	a	十六进制数	dp	g	f	e	d	c	b	a	十六进制数
0	1	1	0	0	0	0	0	0	0xc0	0	0	1	1	1	1	1	1	0x3f
1	1	1	1	1	1	0	0	1	0xf9	0	0	0	0	0	1	1	0	0x06
2	1	0	1	0	0	1	0	0	0xa4	0	1	0	1	1	0	1	1	0x5b
3	1	0	1	1	0	0	0	0	0xb0	0	1	0	0	1	1	1	1	0x4f
4	1	0	0	1	1	0	0	1	0x99	0	1	1	0	0	1	1	0	0x66
5	1	0	0	1	0	0	1	0	0x92	0	1	1	0	1	1	0	1	0x6d
6	1	0	0	0	0	0	1	0	0x82	0	1	1	1	1	1	0	1	0x7d
7	1	1	1	1	1	0	0	0	0xf8	0	0	0	0	0	1	1	1	0x07
8	1	0	0	0	0	0	0	0	0x80	0	1	1	1	1	1	1	1	0x7f
9	1	0	0	1	0	0	0	0	0x90	0	1	1	0	1	1	1	1	0x6f
a	1	0	0	0	1	0	0	0	0x88	0	1	1	1	0	1	1	1	0x77
b	1	0	0	0	0	0	1	1	0x83	0	1	1	1	1	1	0	0	0x7c
c	1	1	0	0	0	1	1	0	0x0c6	0	0	1	1	1	0	0	1	0x39
d	1	0	1	0	0	0	0	1	0xa1	0	1	0	1	1	1	1	0	0x5e
e	1	0	0	0	0	1	1	0	0x86	0	1	1	1	1	0	0	1	0x79
f	1	0	0	0	1	1	1	0	0x8e	0	1	1	1	0	0	0	1	0x71
h	1	0	0	0	1	0	0	1	0x89	0	1	1	1	0	1	1	0	0x76
l	1	1	0	0	0	1	1	1	0xc7	0	0	1	1	1	0	0	0	0x38
p	1	0	0	0	1	1	0	0	0x8c	0	1	1	1	0	0	1	1	0x73
u	1	1	0	0	0	0	0	1	0xc1	0	0	1	1	1	1	1	0	0x3e
y	1	0	0	1	0	0	0	1	0x91	0	1	1	0	1	1	1	0	0x6e
灭	1	1	1	1	1	1	1	1	0xff	0	0	0	0	0	0	0	0	0x00

11.1.3　LED 数码管的显示方式

LED 数码管有静态和动态两种显示方式，下面分别进行介绍。

1. 静态显示方式

所谓静态显示，就是当显示某一个数字时，代表相应笔划的发光二极管恒定发光，例如 8 段数码管的 a、b、c、d、e、f 笔段亮时显示数字“0”；b、c 亮时显示“1”；a、b、d、e、g 亮时显示“2”等。

图 11-4 是共阳型 LED 数码管静态显示电路。每位数码管的公共端 COM 接在一起接正电压。段选线分别通过限流电阻与段驱动电路连接。限流电阻的阻值根据驱动电压和 LED 的额定电流确定。

静态显示的优点是显示稳定，在驱动电流一定的情况下显示的亮度高，缺点是使用元器件

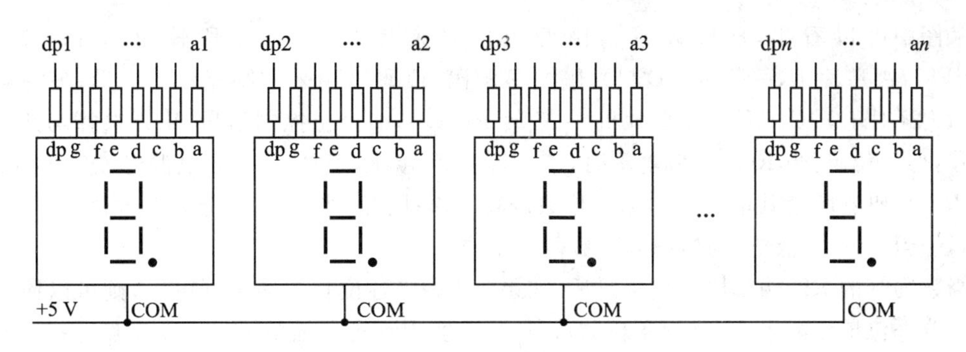

图 11-4　静态显示电路

较多(每一位都需要一个驱动器,每一段都需要一个限流电阻),连接线多。

2. 动态显示方式

上面介绍的静态显示方法的最大缺点是使用元件多、引线多、电路复杂,而动态显示使用的元件少、引线少、电路简单。仅从引线角度考,静态显示从显示器到控制电路的基本引线数为“段数×位数”,而动态显示从显示器到控制电路的基本引线数为“段数+位数”。以 8 位显示为例,动态显示时的基本引线数为 7+8=15(无小数点)或 8+8=16(有小数点),而静态显示的基本引线数为 7×8=56(无小数点)或 8×8=64(有小数点)。因此,静态显示的引线数大多会给实际安装、加工工艺带来困难。

动态显示是把所有 LED 数码管的 8 个显示段位 a、b、c、d、e、f、g、dp 的各同名段端互相并接在一起,并把它们接到单片机的段输出口上。为了防止各数码管同时显示相同的数字,各数码管的公共端 COM 还要受到另一组信号控制,即把它们接到单片机的位输出口上。图 11-5 是 DD—900 实验开发板 8 位 LED 数码管采用动态显示方法的接线图。

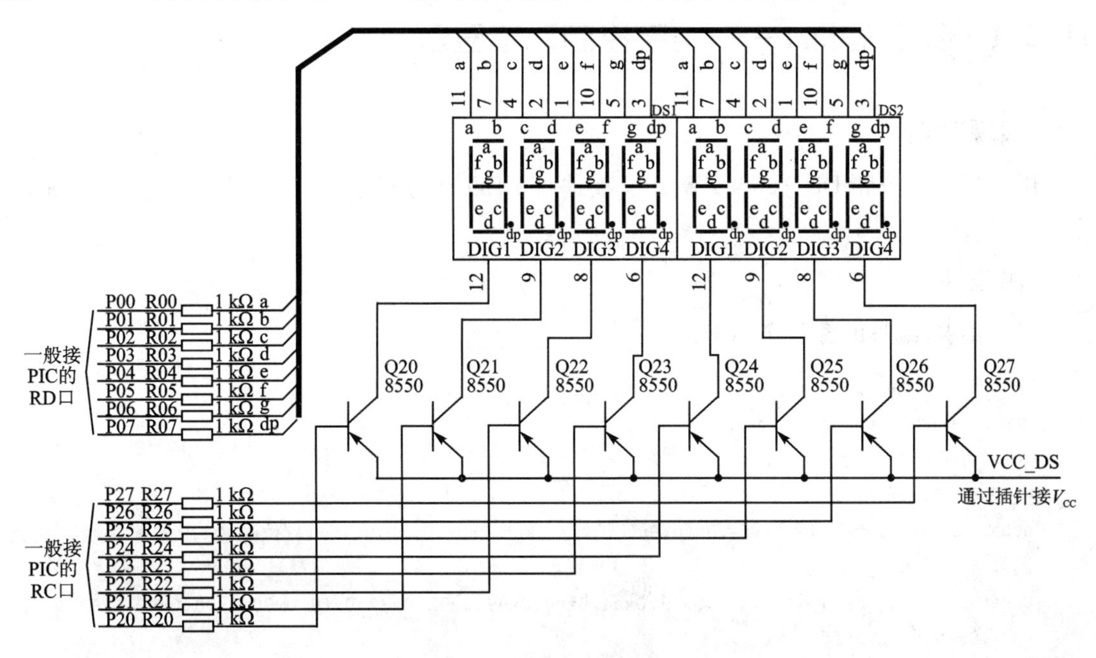

图 11-5　8 位 LED 数码管动态显示电路

从图中可以看出，8 只数码管由两组信号来控制：一组是段输出口 P0 口（对于 PIC16F877A 单片机，一般接 RD 口），输出显示码（段码），用来控制显示的字形；另一组是位输出口 P2（对于 PIC16F877A 单片机，一般接 RC 口），输出位控制信号，用来选择第几位数码管工作，称为位码；当 RC0 为低电平时，三极管 Q20 导通，于是，＋5 V 电源经 Q20 的 ec 结加到第 1 位数码管的公共端 DIG1，第 1 位数码管工作；同时，当 RC1 为低电平时，第 2 位数码管工作……当 RC7 为低电平时，第 8 位数码管工作。

当数码管的 RD 端口加上显示码后，如果使 RC 口各位轮流输出低电平，则可以使 8 位数码管一位一位地轮流点亮，显示各自的数码，从而实现动态扫描显示。在轮流点亮一遍的过程中，每位显示器点亮的时间是极为短暂的（几 ms）。由于 LED 具有余辉特性以及人眼的"视觉暂留"惰性，尽管各位数码管实际上是分时断续地显示，但只要适当选取扫描频率，给人眼的视觉印象就会是在连续稳定地显示，并不察觉有闪烁现象。

对于图 11－5 所示的动态显示电路，当定时扫描时间选择为 2 ms 时，则扫描 1 只数码管需要 2 ms，扫描完 8 只数码管需要 16 ms，这样，1 s 可扫描 8 只数码管 1 000/16≈63 次，由于扫描速度足够快，加上人眼的视觉暂留特性，因此，感觉不到数码管的闪动。

如果将定时扫描时间改为 5 ms，则扫描 8 个数码管需要 5 ms×8＝40 ms，这样，1 s 只扫描 1 000/50≈20 次，由于扫描速度不够快，因此，人眼会感觉到数码管的闪动。

实际编程时，应根据显示的位数和扫描频率来设定定时扫描时间，一般而言，只要扫描频率在 40 次以上，基本看不出显示数字的闪动。

11.2 LED 数码管实例解析

11.2.1 实例解析 1——程序控制动态显示

1. 实现功能

用 PIC 核心板和 DD—900 实验开发板进行 LED 动态显示实验：8 只 LED 数码管显示 1～8。有关电路如图 11－5 所示。

2. 源程序

根据要求，编写的源程序如下：

```
#include<pic.h>
#define uchar unsigned char
#define uint  unsigned int
__CONFIG(HS&WDTDIS);
uchar const bit_tab[] = {0xfe,0xfd,0xfb,0xf7,0xef,0xdf,0xbf,0x7f};//位选表，用来选择哪一只数
码管进行显示
uchar const seg_data[] = {0xc0,0xf9,0xa4,0xb0,0x99,0x92,0x82,0xf8,0x80,0x90,0x88,0x83,0xc6,
0xa1,0x86,0x8e,0xff};
                                    //0～F 和熄灭符的显示码(字形码)
uchar disp_buf[] = {1,2,3,4,5,6,7,8};    //定义显示缓冲单元，并赋值
```

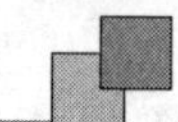

```
/********延时函数********/
void Delay_ms(uint xms)
{
     int i,j;
     for(i = 0;i<xms;i++)
         { for(j = 0;j<71;j++) ; }
}
/********端口设置程序********/
void port_init(void)
{
    OPTION = 0x00;                      //端口 B 弱上位使能
    TRISC = 0x00;                       //位选
    TRISD = 0x00;                       //段选
}
/********显示函数********/
void Display()
{
    uchar i;
    uchar tmp;                          //定义显示暂存
    static uchar disp_sel = 0;          //显示位选计数器,显示程序通过它得知现正显示哪个
                                        //数码管,初始值为 0
    for(i = 0;i<8;i++)                  //扫描 8 次,将 8 只数码管扫描一遍
    {
        tmp = bit_tab[disp_sel];        //根据当前的位选计数值决定显示哪只数码管
        PORTC = tmp;                    //送 PORTC 控制被选取的数码管点亮
        tmp = disp_buf[disp_sel];       //根据当前的位选计数值查的数字的显示码
        tmp = seg_data[tmp];            //取显示码
        PORTD = tmp;                    //送到 PA 口显示出相应的数字
        Delay_ms(500);                  //延时
        PORTC = 0xff;                   //关显示,每扫描一位数码管后都要关断一次
        disp_sel++;                     //位选计数值加 1,指向下一个数码管
        if(disp_sel == 8)
        disp_sel = 0;                   //如果 8 个数码管显示了一遍,则让其返回 0,重新再扫描
    }
}
/*********主函数********/
void main()
{
    port_init();
    while(1)
    {
        Display();                      //调显示函数
    }
}
```

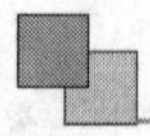

3. 源程序释疑

该例中，显示函数子程序(函数)采用程序控制动态显示方式，也就是说，显示子程序由主程序不断地进行调用来实现显示。显示子程序流程图如图 11-6 所示。

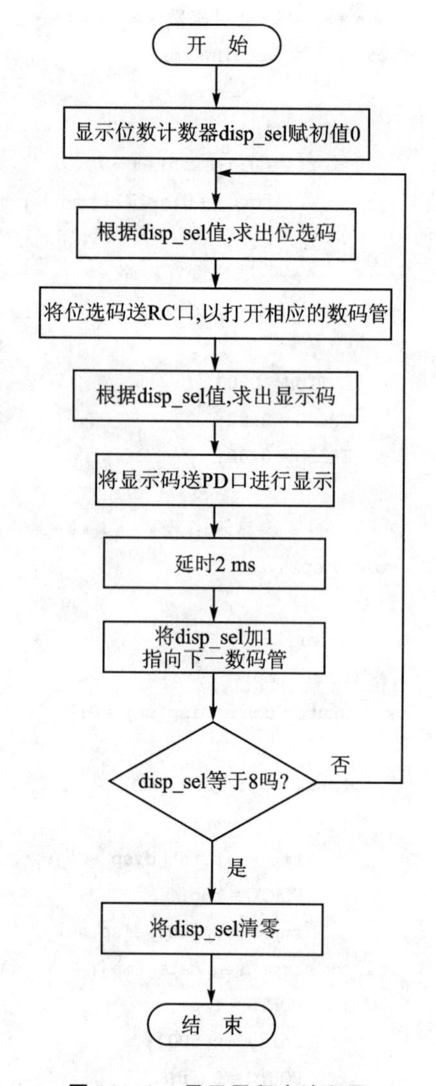

图 11-6 显示子程序流程图

4. 实现方法

① 打开 MLAB IDE 软件，建立工程项目，再建立一个名为 ch11_1.c 的源程序文件，输入上面源程序。对源程序进行编译，产生 ch11_1.hex 目标文件。

② 将 DD—900 实验开发板 JP1 的 DS、VCC 两插针短接，为 LED 数码管供电。

③ 将 PIC 核心板 RD0～RD7、RC0～RC7、V_{DD}、GND 通过几根杜邦连到 DD—900 实验开发板 P00～P07、P20～P27、V_{CC}、GND 上。这样，DD—900 的数码管就接到了 PIC 核心板上。

④ 将 PICKIT2 连接到 PIC 核心板的 RJ12 接口，同时，用 5 V 电源适配器为 PIC 核心板供电，将其 PICKIT2 插接在 PC 机的 USB 口上，DD—900 实验开发板不用单独供电(由 PIC 核心板为其供电)。

⑤ 将程序下载到 PIC16F877A 单片机中，观察 LED 数码管的显示情况。

在显示函数中，有一条延时语句：

```
Delay_ms(500);                //延时 500 ms
```

这条语句的作用是用来进行显示延时，正常情况下，可看到左边第 1 个数码管显示数字“1”字 0.5 s，随后熄灭，接着第 2 位数码管显示数字“2”字 0.5 s，随后又熄灭……直到第 8 位数码管显示数码“8”0.5 s，熄灭，然后，再从第 1 位数码管循环显示。可见，延时时间太长，会出现分时显示的现象，类似“拉幕”显示的效果。

试着将源程序中的延时语句改为以下语句：

```
Delay_ms(10);                 //延时 10 ms
```

这样，每位数码管显示的延时时间为 10 ms，实验时会发现，8 只数码管可以同时显示，但会有明显的闪烁现象。这是因为，扫描一遍数码管(扫描 1 只数码管需 10 ms，扫描 8 只数码管需要 10 ms×8=80 ms)，这样，扫描频率为 1 000/80≈12.5 次，由于扫描频率太低，数码管显示时会有严重的闪烁现象。

要使数码管不出现闪烁现象，则在两次调用显示子程序之间所用的时间必须很短，为了验证一下，我们将主程序中的延时语句再改为如下：

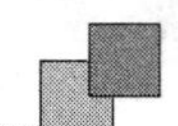

```
Delay_ms(2);                //延时 2 ms
```

此时,主程序一个循环中需要的时间则为 16 ms,扫描频率为 1 000/16≈63 次,这个扫描频率足够高,因此,数码管显示时未出现闪烁现象。

该实验程序在随书光盘的 ch11\ch11_1 文件夹中。

11.2.2　实例解析 2——定时中断动态显示

1. 实现功能

用 PIC 核心板和 DD—900 实验开发板进行 LED 定时中断显示实验:在 LED 数码管上显示 1～8,同时,蜂鸣器不停地鸣叫。有关电路如图 11-5 所示(比图 11-5 增加了蜂鸣器电路,接在 PIC16F877A 的 RE0 脚)。

2. 源程序

根据要求,编写的源程序如下:

```
#include<pic.h>
#define uchar unsigned char
#define uint  unsigned int
__CONFIG(HS&WDTDIS);
#define  BEEP  RE0
uchar const bit_tab[] = {0xfe,0xfd,0xfb,0xf7,0xef,0xdf,0xbf,0x7f};//位选表,用来选择哪一只数
码管进行显示
uchar const seg_data[] = {0xc0,0xf9,0xa4,0xb0,0x99,0x92,0x82,0xf8,0x80,0x90,0x88,0x83,0xc6,
0xa1,0x86,0x8e,0xff};
                                       //0～F 和熄灭符的显示码(字形码)
uchar disp_buf[] = {1,2,3,4,5,6,7,8}; //定义显示缓冲单元,并赋值
/********延时函数********/
void Delay_ms(uint xms)
{
     int i,j;
     for(i = 0;i<xms;i++)
         { for(j = 0;j<71;j++) ; }
}
/*********蜂鸣器响一声函数********/
void beep()
{
  BEEP = 0;                            //蜂鸣器响
  Delay_ms(100);
  BEEP = 1;                            //关闭蜂鸣器
  Delay_ms(100);
}
/********端口设置函数********/
void port_init(void)
{
```

```
    OPTION = 0x00;                        //端口 B 弱上位使能
    TRISC  =  0x00;                       //位选
    TRISD  =  0x00;                       //段选
    ADCON1 = 0x06;                        //定义 RA、RE 为 I/O 端口
    TRISE = 0x00;                         //端口 E 为输出,蜂鸣器(RE0)
    PORTE = 0xff;
}
/********显示函数********/
void Display()
{
    uchar tmp;                            //定义显示暂存
    static uchar disp_sel = 0;            //显示位选计数器,显示程序通过它得知现正显示哪个数
                                          //码管,初始值为 0
    tmp = bit_tab[disp_sel];              //根据当前的位选计数值决定显示哪只数码管
    PORTC = tmp;                          //送 PC 控制被选取的数码管点亮
    tmp = disp_buf[disp_sel];             //根据当前的位选计数值查的数字的显示码
    tmp = seg_data[tmp];                  //取显示码
    PORTD = tmp;                          //送到 PA 口显示出相应的数字
    disp_sel ++ ;                         //位选计数值加 1,指向下一个数码管
    if(disp_sel == 8)
    disp_sel = 0;                         //如果 8 个数码管显示了一遍,则让其返回 0,重新再扫描
}
/********定时器 1 初始化函数********/
void timer1_init()
{
GIE = 1;                                  //开总中断
PEIE = 1;                                 //开外围功能模块中断
T1CKPS0 = 1;T1CKPS1 = 1;                  //分频比为 1:8
TMR1CS = 0;                               //设置为定时功能
TMR1IE = 1;                               //使能 TMR1 中断
TMR1ON = 1;                               //启动定时器 TMR1
TMR1H = 0xff;                             //置计数值高位
TMR1L = 0x06;                             //置计数值低位
}
/*********主函数********/
void main()
{
    port_init();
    timer1_init();                        //调定时器 T1 初始化函数
    while(1)
    {
        beep();                           //调蜂鸣器响一声函数
    }
}
/********中断服务程序********/
void interrupt ISR(void)
{
```

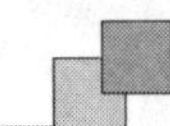

```
if (TMR1IF == 1)
    {
        TMR1IF = 0;                        //清 TMR1 溢出中断标志位
        TMR1H = 0xff;                      //重置计数值
        TMR1L = 0x06;                      //重置计数值
        Display();                         //调显示函数
    }
}
```

3. 源程序释疑

该源程序采用定时中断动态显示方式，和上一实例相比，虽然显示函数十分相似，但 CPU 的工作方式却有着较大的不同：

本程序中，采用了定时器 T1 进行定时，并将定时时间设置为 2 ms，计数初值的计算方法是：

定时器初值$=2^{16}-(4M\div4\div8)\times0.002=65\ 536-250=65\ 286$(十进制)＝0xff06(十六进制)

即 TMR1H＝0xff;TMR1L＝0x06;

设置好定时初值后，则每位数码管的扫描时间为 2 ms，扫描 8 个数码管需要 2 ms×8＝16 ms，这样，1 秒可扫描 1 000/16≈63 次，由于扫描速度足够快，数码管的显示是稳定的。另外，CPU 只有定时中断时才进行扫描，平时总时忙于自己的工作(如本例控制蜂鸣器发声)，可谓"工作"、"显示"两不误!

采用定时中断是实现快速稳定显示最为有效的方法，那么，只要采用定时中断，是不是都可以使数码管显示稳定呢？不一定！读者可试着将定时时间改为 5 ms，也就是说，让 CPU 每 5 ms 去"看一眼"数码管，您会发现，数码管就会变得"不听话"了，显示的数字开始不停地闪动。为什么改动一下定时时间会引起数码管闪动呢？这是因为，定时时间设为 5 ms 时，扫描 8 个数码管需要 5 ms×8＝40 ms，这样，1 s 只能扫描 1 000/50＝20 次，由于扫描速度不够快，人眼可以感觉到数码管的闪动。因此，采用定时中断方式扫描数码管时，一定要合理设置定时时间。

4. 实现方法

① 打开 MLAB IDE 软件，建立工程项目，再建立一个名为 ch11_2.c 的源程序文件，输入上面源程序。对源程序进行编译，产生 ch11_2.hex 目标文件。

② 将 DD—900 实验开发板 JP1 的 DS、V_{CC}两插针短接，为 LED 数码管供电。

③ 将 PIC 核心板 RD0～RD7、RC0～RC7、RE0、V_{DD}、GND 通过几根杜邦线连到 DD—900 实验开发板 P00～P07、P20～P27、P37、V_{CC}、GND 上。这样，DD—900 的数码管、蜂鸣器就接到了 PIC 核心板上。

④ 将 PICKIT2 连接到 PIC 核心板的 RJ12 接口，同时，用 5 V 电源适配器为 PIC 核心板供电，将其 PICKIT2 插接在 PC 的 USB 口上，DD—900 实验开发板不用单独供电(由 PIC 核心板为其供电)。

⑤ 将程序下载到 PIC16F877A 单片机中，观察 LED 数码管的显示情况。

该实验程序在随书光盘的 ch11\ch11_2 文件夹中。

11.2.3 实例解析 3——简易数码管电子钟

1. 实现功能

用 PIC 核心板和 DD—900 实验开发板实现数码管电子钟功能：开机后，数码管显示"23-59-45"并开始走时；按 K1 键（设置键）走时停止，蜂鸣器响一声，此时，按 K2 键（小时加 1 键），小时加 1，按 K3 键（分钟加 1 键），分钟加 1，调整完成后按 K4 键（运行键），蜂鸣器响一声后继续走时。有关电路如图 11-7 所示。

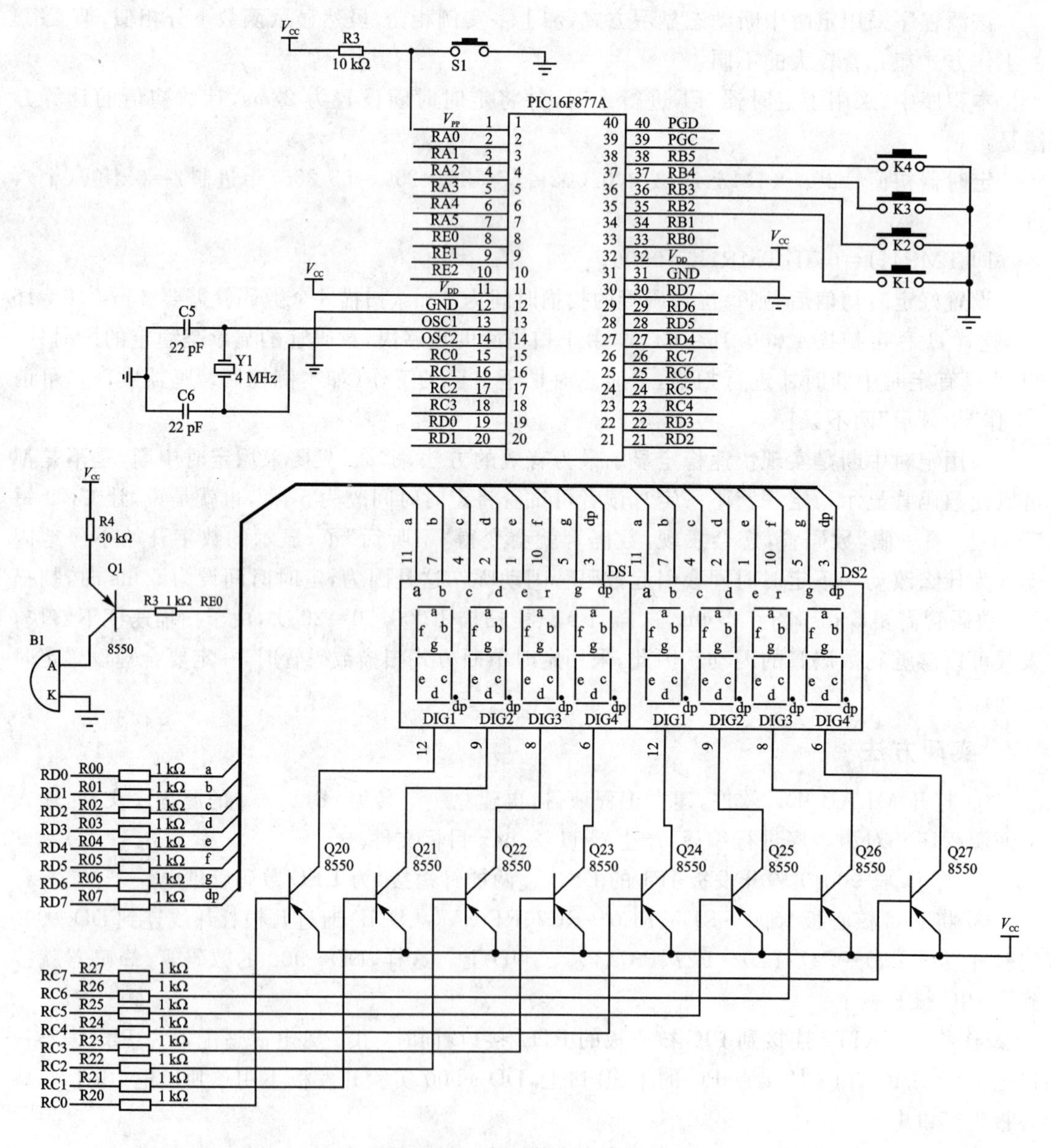

图 11-7 数码管电子钟电路

2. 源程序

时钟一般是由走时、显示和调整时间三项基本功能组成，这些功能在单片机时钟里主要由软件设计体现出来。

走时部分可利用定时器1来完成，例如，设置定时器1工作在模式1状态下，设置每隔10 ms中断一次，中断100次正好是1 s。中断服务程序里记载着中断的次数，中断100次为1秒，60秒为1分，60分为1小时，24小时为1天。

时钟的显示使用8位LED数码管，可显示出"××—××—××"格式的时间，其软件设计原理是：将转换函数得到的数码管显示数据，输入到显示缓冲区，再加到数码管RD口（段口）。同时，由定时器0产生2 ms的定时，即每隔2 ms中断一次，对8位LED数码管不断进行扫描，即可在LED数码管上显示出时钟的走时时间。

调整时钟时间是利用了单片机的输入功能，把按键开关作为单片机的输入信号，通过检测被按下的开关，从而执行赋予该开关调整时间功能。

因此，在设计程序时把单片机时钟功能分解为走时、显示和调整时间三个主要部分，每一部分的功能通过编写相应的功能函数或中断函数来完成，然后再通过主函数或中断函数的调用，使这三部分有机地连在一起，从而完成LED数码管电子钟的设计。

根据以上设计思路，编写的源程序如下：

```
#include<pic.h>
#define uchar unsigned char
#define uint  unsigned int
__CONFIG(HS&WDTDIS);
uchar hour = 23,min = 59,sec = 45;           //定义小时、分钟和秒变量
uchar count_10ms;                            //定义10 ms计数器
#define    K1    RB2                         //定义K1键
#define    K2    RB3                         //定义K2键
#define    K3    RB4                         //定义K3键
#define    K4    RB5                         //定义K4键
#define    BEEP   RE0                        //定义蜂鸣器
uchar K1_FLAG = 0;                           //定义按键标志位，当按下K1键时，该位置1,K1键未按下
                                             //时，该位为0。
uchar const bit_tab[] = {0xfe,0xfd,0xfb,0xf7,0xef,0xdf,0xbf,0x7f};//位选表，用来选择哪一只数
码管进行显示
uchar const seg_data[] = {0xc0,0xf9,0xa4,0xb0,0x99,0x92,0x82,0xf8,0x80,0x90,0x88,0x83,0xc6,
0xa1,0x86,0x8e,0xff,0xbf};
                                             //0～F、熄灭符和字符"-"的显示码(字形码)
uchar disp_buf[8];                           //定义显示缓冲单元
/********端口设置函数********/
void port_init(void)
{
OPTION = 0x00;                               //端口B弱上位使能
TRISC  =  0x00;                              //端口C输出,位选
TRISD  =  0x00;                              //端口D输出,段选
ADCON1 = 0x06;                               //定义RA、RE为I/O端口
```

```
    TRISE = 0x00;                          //端口 E 为输出,蜂鸣器(RE0)
  PORTE = 0xff;
  }
  /********延时函数********/
  void Delay_ms(uint xms)
  {
      int i,j;
      for(i = 0;i<xms;i++)
          { for(j = 0;j<71;j++) ; }
  }
  /*********蜂鸣器响一声函数********/
  void  beep()
  {
    BEEP = 0;                              //蜂鸣器响
    Delay_ms(100);
    BEEP = 1;                              //关闭蜂鸣器
    Delay_ms(100);
  }
  /********走时转换函数,负责将走时数据转换为适合数码管显示的数据********/
  void conv(uchar in1,uchar in2,uchar in3) //形参 in1、in2、in3 接收实参 hour、min、sec 传来的数据
  {
      disp_buf[0] = in1/10;                //小时十位
      disp_buf[1] = in1 % 10;              //小时个位
      disp_buf[3] = in2/10;                //分钟十位
      disp_buf[4] = in2 % 10;              //分钟个位
      disp_buf[6] = in3/10;                //秒十位
      disp_buf[7] = in3 % 10;              //秒个位
      disp_buf[2] = 17;                    //第 3 只数码管显示"-"(在 seg_data 表的第 17 位)
      disp_buf[5] = 17;                    //第 6 只数码管显示"-"
  }
  /********显示函数********/
  void Display()
  {
      uchar tmp;                           //定义显示暂存
      static uchar disp_sel = 0;           //显示位选计数器,显示程序通过它得知现正显示哪个
                                           //数码管,初始值为 0
      tmp = bit_tab[disp_sel];             //根据当前的位选计数值决定显示哪只数码管
      PORTC = tmp;                         //送 P2 控制被选取的数码管点亮
      tmp = disp_buf[disp_sel];            //根据当前的位选计数值查的数字的显示码
      tmp = seg_data[tmp];                 //取显示码
      PORTD = tmp;                         //送到 P0 口显示出相应的数字
      disp_sel++;                          //位选计数值加 1,指向下一个数码管
      if(disp_sel == 8)
      disp_sel = 0;                        //如果 8 个数码管显示了一遍,则让其返回 0,重新再扫描
  }
```

```
/*********定时器0/定时器1初始化函数********/
void  timer_init()
{
    GIE = 1;                        //开总中断
    PEIE = 1;                       //开外围功能模块中断
    T0CS = 0;                       //定时器0对内部时钟计数
    PSA = 0;                        //分频器分配给TRM0
    PS0 = 1;
    PS1 = 1;
    PS2 = 1;                        //定时器0分频比为1:256
    T0IE = 1;                       //允许TMR0溢出中断
    TMR0 = 248;                     //TMR0赋初值,定时2ms
    T1CKPS0 = 1;T1CKPS1 = 1;        //定时器1分频比为1:8
    TMR1CS = 0;                     //定时器1设置为定时功能
    TMR1IE = 1;                     //使能定时器1中断
    TMR1ON = 1;                     //启动定时器1
    TMR1H = 0xfb;                   //置计数值高位,定时时间为10ms
    TMR1L = 0x1e;                   //置计数值低位
}
/********中断服务程序********/
void interrupt ISR(void)
{
    if (TMR0IF == 1)
    {
        TMR0IF = 0;                 //清TMR1溢出中断标志位
        TMR0 = 248;                 //TMR0赋初值,定时2ms
        Display();                  //调显示函数
    }
    if (TMR1IF == 1)
    {
        TMR1IF = 0;                 //清TMR1溢出中断标志位
        TMR1H = 0xfb;               //重置计数值,定时时间为10 ms
        TMR1L = 0x1e;               //重置计数值
        count_10ms ++ ;             //10 ms计数器加1
        if(count_10ms >= 100)
        {
            count_10ms = 0;         //计数100次后恰好为1 s,此时10 ms计数器清零
            sec ++ ;                //秒加1
            if(sec == 60)
            {
                sec = 0;
                min ++ ;            //若到60 s,分钟加1
                if(min == 60)
                {
                    min = 0;
```

```
                        hour ++ ;                   //若到 60 min,小时加 1
                        if(hour == 24)
                        {
                            hour  =  0;min = 0;sec = 0;    //若到 24 h,小时、分钟和秒单元清零
                        }
                    }
                }
            }
        }
}
/ ********按键处理函数,用来对按键进行处理 ********/
void KeyProcess()
{
    TMR1ON = 0;                                 //若按下 K1 键,则定时器 T1 关闭,时钟暂停
    if(K2 == 0)                                 //若按下 K2 键
     {
        Delay_ms(10);                           //延时去抖
        if(K2 == 0)
        {
            while(! K2);                        //等待 K2 键释放
            beep();
            hour ++ ;                           //小时调整
            if(hour == 24)
            {
                hour = 0;
            }
        }
    }
    if(K3 == 0)                                 //若按下 K3 键
     {
        Delay_ms(10);
        if(K3 == 0)
        {
            while(! K3);                        //等待 K3 键释放
            beep();
              min ++ ;                          //分钟调整
            if(min == 60)
            {
                min  =  0;
            }
        }
    }
    if(K4 == 0)                                 //若按下 K4 键
     {
        Delay_ms(10);
```

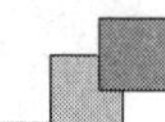

```
        if(K4 == 0)
        {
            while(! K4);                //等待 K4 键释放
            beep();
            TMR1ON = 1;                 //调整完毕后,时钟恢复走时
            K1_FLAG = 0;                //将 K1 键按下标志位清零
        }
    }
}

/********主函数********/
void main(void)
{
    port_init();
    timer_init();                       //调定时器 T0、T1 初始化函数
    while(1)
    {
        if(K1 == 0)                     //若 K1 键按下
        {
            Delay_ms(10);               //延时 10 ms 去抖
            if(K1 == 0)
            {
                while(!K1);             //等待 K1 键释放
                beep();                 //蜂鸣器响一声
                K1_FLAG = 1;            //K1 键标志位置 1,以便进行时钟调整
            }
        }
        if(K1_FLAG == 1)KeyProcess();   //若 K1_FLAG 为 1,则进行走时调整
        conv(hour,min,sec);             //调走时转换函数
    }
}
```

3. 源程序释疑

该源程序主要由主函数、端口初始化函数、定时器 0/定时器 1 初始化函数、中断函数、显示函数、按键处理函数、走时转换函数、蜂鸣器函数、延时函数等组成,这些小程序功能基本独立,像一块块积木,将它们有序地组合到一起,就可以完成电子钟的显示、走时及调整功能。因此,这个源程序虽然稍复杂,但十分容易分析和理解。

(1) 主函数

主函数首先是初始化端口和定时器 0/定时器 1,然后判断 K1 键是否按下,若按下,将 K1 键标志位 K1_FALG 置 1,并调用按键处理函数 KeyProcess,对走时进行调整;在主函数最后,调用转换函数,将小时单元 hour、分钟单元 min、秒单元 sec 中的数值转换为适合数码管显示的十位数和个位数,使开机时显示“23－59－45”。

(2) 定时器 0/定时器 1 初始化函数

定时器 0/定时器 1 初始化函数的作用是设置定时器 0 的定时时间为 2 ms,设置定时器 1

的定时时间为 10 ms，并使能全局中断、使能定时器 0/定时器 1 中断，设置分频比等。

(3) 中断函数

在中断函数中，首先判断是定时器 0 中断还是定时器 1 中断。

若是定时器 0 中断，则重装计数初值，然后，调用显示函数对数码管进行动态扫描。由于定时器 0 的定时时间为 2 ms，因此，每隔 2 ms 就会进入一次定时器 0 中断函数，扫描 1 位数码管，这样，进入 8 次中断函数，就可以将 8 只数码管扫描一遍，需要的时间为 2 ms×8＝16 ms，扫描频率为 1 000/16≈63，这个频率足够快，不会出现闪烁现象。

若是定时器 1 中断，则重装计数初值，由于定时器 1 可产生 10 ms 的定时，因此，每隔 10 ms 就会进入一次定时器 1 中断函数，在中断函数中，可记录中断次数(存放在 count_10ms)，记满 100 次(10 ms×100＝1 000 ms)后，秒加 1，秒计满 60 次后，分加 1，分计满 60 次后，小时加 1，小时计满 24 次后，秒单元、分单元和小时单元清零。定时器 T1 中断函数流程图如图 11-8 所示。

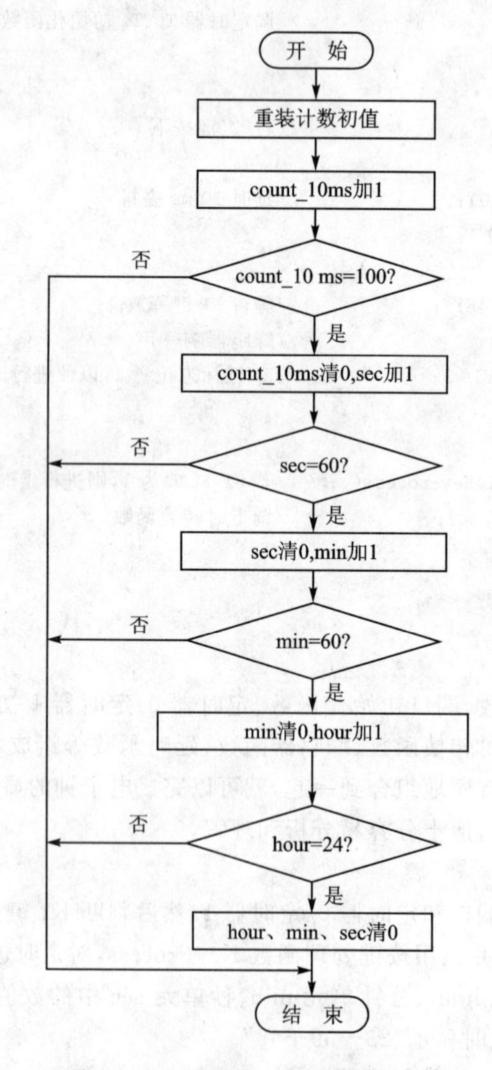

图 11-8　定时器 1 中断函数流程图

(4) 走时转换函数

走时转换子程序 conv 的作用是将定时器 1 中断函数中产生的小时(hour)、分(min)、秒(sec)数据,转换成适应 LED 数码管显示的数据,将装入显示缓冲数组 disp_buf 中。

(5) 显示函数

显示函数的作用是将存入数组 disp_buf 中的小时、分、秒数据以及"一"符号显示出来。

显示函数 Display 与实例解析 2 所使用的显示函数完全一致,这里不再分析。

需要说明的是,显示函数 Display 由中断函数调用,在主函数和其他功能函数中,不必再调用 Display。

(6) 按键处理函数

按键处理函数用来时间进行设置,当单片机时钟每次重新启用时,都需要重新设置目前时钟的时间,其设置流程序如图 11-9 所示。

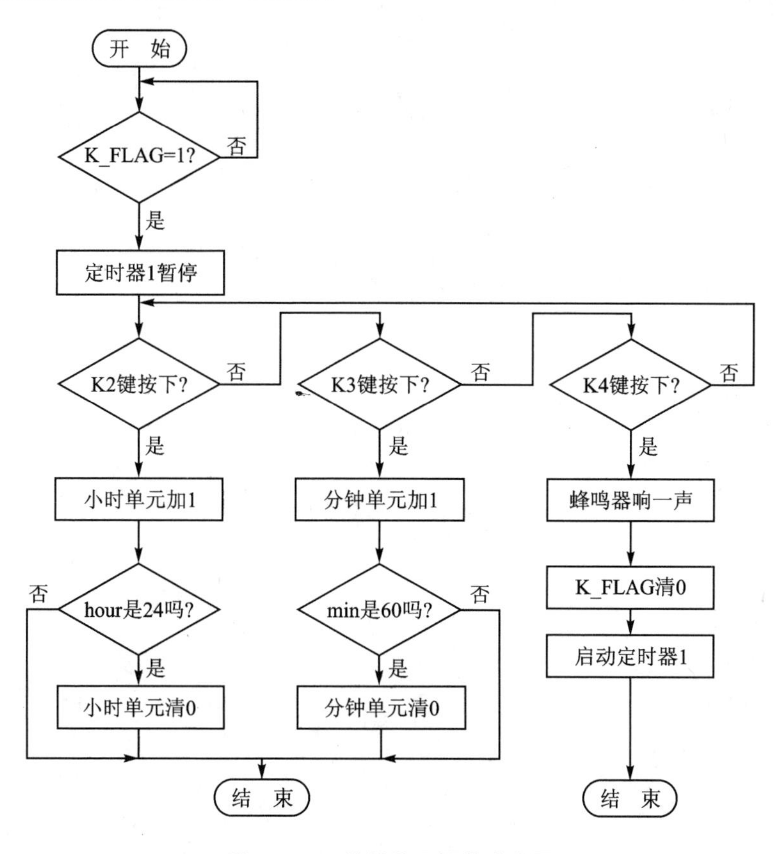

图 11-9　按键处理函数流程图

4. 实现方法

① 打开 MLAB IDE 软件,建立工程项目,再建立一个名为 ch11_3.c 的源程序文件,输入上面源程序。对源程序进行编译,产生 ch11_3.hex 目标文件。

② 将 DD—900 实验开发板 JP1 的 DS、V_{CC}两插针短接,为 LED 数码管供电。

③ 将 PIC 核心板 RD0～RD7、RC0～RC7、RB2～RB5、RE0、V_{DD}、GND 通过几根杜邦连到 DD—900 实验开发板 P00～P07、P20～P27、P32～P35、P37、V_{CC}、GND 上。这样,DD—900

的数码管、4 个独立按键、蜂鸣器就接到了 PIC 核心板上。

④ 将 PICKIT2 连接到 PIC 核心板的 RJ12 接口，同时，用 5V 电源适配器为 PIC 核心板供电，将其 PICKIT2 插接在 PC 机的 USB 口上，DD—900 实验开发板不用单独供电（由 PIC 核心板为其供电）。

⑤ 将程序下载到 PIC16F877A 单片机中，观察 LED 数码管的走时情况是否正常，按压按键，观察按键的时间调整功能是否正常。

该实验程序在随书光盘的 ch11\ch11_3 文件夹中。

第12章 LCD显示实例解析

LCD(液晶显示器)具有体积小、重量轻、功耗低、信息显示丰富等优点,应用十分广泛,如电子表、电话机、传真机、手机、PDA等,都使用了LCD。从LCD的显示内容来分,主要分为字符型(代表产品为1602 LCD)和点阵型(代表产品为12864 LCD)两种。其中,字符型LCD以显示字符为主;点阵式LCD不但可以显示字符,还可以显示汉字、图形等内容。

12.1 字符型LCD基本知识

12.1.1 字符型LCD引脚功能

字符型LCD专门用于显示数字、字母及自定义符号、图形等。这类显示器均把液晶显示控制器、驱动器、字符存储器等做在一块板上,再与液晶屏(LCD)一起组成一个显示模块,称为LCM;但习惯上,仍称其为LCD。

字符型LCD是由若干个5×7或5×11等点阵符位组成。每一个点阵字符位都可以显示一个字符。点阵字符位之间有一空点距的间隔起到了字符间距和行距的作用。目前市面上常用的有16字×1行,16字×2行,20字×2行和40字×2行等的字符模块组。这些LCD虽然显示字数各不相同,但输入/输出接口都相同。

图12-1所示是16字×2行(下称1602)LCD显示模块的外形,其接口引脚有16只,引脚功能如表12-1所列。

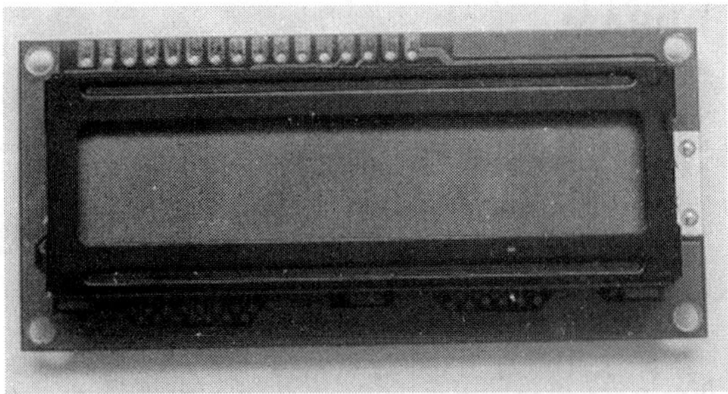

图12-1　1602 LCD显示模块外形

表 12-1 字符型 LCD 显示模块接口功能

引脚号	符 号	功 能	引脚号	符 号	功 能
1	V_{SS}	电源地	6	E	使能信号
2	V_{DD}	电源正极	7～14	DB0～DB7	数据 0～数据 7
3	VL	液晶显示偏压信号	15	BLA	背光源正极
4	RS	数据/命令选择	16	BLK	背光源负极
5	R/W	读/写选择			

表 12-1 中，V_{SS}为电源地，V_{DD}接 5 V 正电源，VL 为液晶显示器对比度调整端，接正电源时对比度最弱，接地时对比度最高，对比度过高时会产生“鬼影”，使用时，一般在该引脚与地之间接一固定电阻或电位器。RS 为寄存器选择，高电平时选择数据寄存器，低电平时选择指令寄存器。R/W 为读写信号线，高电平时进行读操作，低电平时进行写操作。E 端为使能端，当 E 端由高电平跳变成低电平时，液晶模块执行命令。DB0～DB7 为 8 位双向数据线。BLA、BLK 用于带背光的模块，不带背光的模块这两个引脚悬空不接。

12.1.2 字符型 LCD 内部结构

目前大多数字符显示模块的控制器都采用型号为 HDB44780 的集成电路。其内部电路如图 12-2 所示。

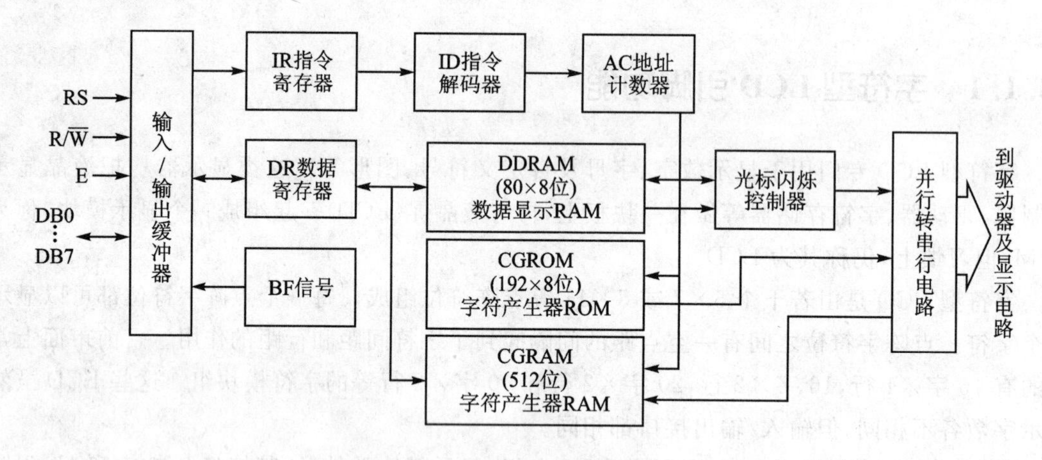

图 12-2 HDB44780 的内部电路

1. 数据显示存储器 DDRAM

DDRAM 用来存放要 LCD 显示的数据，只要将标准的 ASCII 码送入 DDRAM，内部控制电路会自动将数据传送到显示器上，例如要 LCD 显示字符 A，则只需将 ASCII 码 41H 存入 DDRAM 即可。DDRAM 有 80 字节空间，共可显示 80 字(每个字为 1 字节)。

2. 字符产生器 CGROM

字符产生器 CGROM 存储了 160 个不同的点阵字符图形，如表 12-2 所示，这些字符有阿拉伯数字、英文字母的大小写、常用的符号和日文假名等，每一个字符都有一个固定的代码。

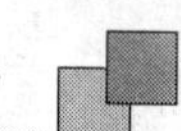

例如字符码 41H 为 A 字符，要在 LCD 中显示 A，就是将 A 的代码 41H 写入 DDRAM 中，同时电路到 CGROM 中将 A 的字型点阵数据找出来，显示在 LCD 上，就能看到字母 A。

表 12－2　字符产生器 CGROM 存储的字符

低4位＼高4位	0000	0010	0011	0100	0101	0110	0111	1010	1011	1100	1101	1110	1111
××××0000	CG RAM (1)		0	@	P	`	p		ー	タ	ミ	α	p
××××0001	(2)	!	1	A	Q	a	q	。	ア	チ	ム	ä	q
××××0010	(3)	"	2	B	R	b	r	「	イ	ツ	メ	β	θ
××××0011	(4)	#	3	C	S	c	s	」	ウ	テ	モ	ε	∞
××××0100	(5)	$	4	D	T	d	t	、	エ	ト	ヤ	μ	Ω
××××0101	(6)	%	5	E	U	e	u	・	オ	ナ	ユ	σ	ü
××××0110	(7)	&	6	F	V	f	v	ヲ	カ	ニ	ヨ	ρ	Σ
××××0111	(8)	'	7	G	W	g	w	ァ	キ	ヌ	ラ	g	π
××××1000	(1)	(	8	H	X	h	x	ィ	ク	ネ	リ	√	x̄
××××1001	(2)	)	9	I	Y	i	y	ゥ	ケ	ノ	ル	⁻¹	y
××××1010	(3)	*	:	J	Z	j	z	ェ	コ	ハ	レ	j	千
××××1011	(4)	+	;	K	[	k	{	ォ	サ	ヒ	ロ	×	万
××××1100	(5)	,	<	L	¥	l	|	ャ	シ	フ	ワ	¢	円
××××1101	(6)	-	=	M	]	m	}	ュ	ス	ヘ	ン	£	÷
××××1110	(7)	.	>	N	^	n	→	ョ	セ	ホ	゛	ñ	
××××1111	(8)	/	?	O	_	o	←	ッ	ソ	マ	゜	ö	█

3. 字符产生器 CGRAM

字符产生器 CGRAM 是供使用者储存自行设计的特殊造型的造型码 RAM，CGRAM 共有 512bit(64 字节)。一个 5×7 点矩阵字型占用 8×8bit，所以 CGRAM 最多可存 8 个造型。

4. 指令寄存器 IR

IR 指令寄存器负责储存单片机要写给 LCD 的指令码。当单片机要发送一个命令到 IR 指令寄存器时，必须要控制 LCD 的 RS、R/W 及 E 这 3 个引脚，当 RS 及 R/W 引脚信号为 0，E 引脚信号由 1 变为 0 时，就会把在 DB0～DB7 引脚上的数据送入 IR 指令寄存器。

5. 数据寄存器 DR

数据寄存器 DR 负责储存单片机要写到 CGRAM 或 DDRAM 的数据，或储存单片机要从 CGRAM 或 DDRAM 读出的数据，因此 DR 寄存器可视为一个数据缓冲区，它也是由 LCD 的 RS、R/W 及 E 这 3 个引脚来控制。当 RS 及 R/W 引脚信号为 1，E 引脚信号为 1 时，LCD 会将 DR 寄存器内的数据由 DB0～DB7 输出，以供单片机读取；当 RS 引脚信号为 1，R/W 接引脚信号为 0，E 引脚信号由 1 变为 0 时，就会把在 DB0～DB7 引脚上的数据存入 DR 寄存器。

6. 忙碌标志信号 BF

BF 的功能是告诉单片机，LCD 内部是否正忙着处理数据。当 BF＝1 时，表示 LCD 内部正在处理数据，不能接受单片机送来的指令或数据。LCD 设置 BF 的原因为单片机处理一个指令的时间很短，只需几微秒左右，而 LCD 得花上 40 μs～1.64 ms 的时间，所以单片要机要写数据或指令到 LCD 之前，必须先查看 BF 是否为 0。

7. 地址计数器 AC

AC 的工作是负责计数写到 CGRAM、DORAM 数据的地址，或从 DDRAM、CGRAM 读出数据的地址。使用地址设定指令写到 IR 寄存器后，则地址数据会经过指令解码器，再存入 AC。当单片机从 DDRAM 或 CGRAM 存取资料时，AC 依照单片机对 LCD 的操作而自动的修改它的地址计数值。

12.1.3 字符型 LCD 控制指令

LCD 控制指令共有 11 组，介绍如下：

1. 清屏

清屏指令格式如下：

控制信号			控制代码							
RS	R/W	E	DB7	DB6	DB5	DB4	DB3	DB2	DB1	DB0
0	0	1	0	0	0	0	0	0	0	1

指令代码为 01H，将 DDRAM 数据全部填入“空白”的 ASCII 代码 20H，执行此指令将清除显示器的内容，同时光标移到左上角。

2. 光标归位

光标归位指令格式如下：

控制信号			控制代码							
RS	R/W	E	DB7	DB6	DB5	DB4	DB3	DB2	DB1	DB0
0	0	1	0	0	0	0	0	0	1	×

指令代码为 02H，地址计数器 AC 被清零，DDRAM 数据不变，光标移到左上角。×表示可以为 0 或 1。

3. 输入方式设置

输入方式设置指令格式如下：

控制信号			控制代码							
RS	R/W	E	DB7	DB6	DB5	DB4	DB3	DB2	DB1	DB0
0	0	1	0	0	0	0	0	1	I/D	S

该指令用来设置光标、字符移动的方式，具体设置情况如下：

状态位		指令代码	功　能
I/D	S		
0	0	04H	光标左移1格，AC值减1，字符全部不动
0	1	05H	光标不动，AC值减1，字符全部右移1格
1	0	06H	光标右移1格，AC值加1，字符全部不动
1	1	07H	光标不动，AC值加1，字符全部左移1格

4. 显示开关控制

显示开关控制指令格式如下：

控制信号			控制代码							
RS	R/W	E	DB7	DB6	DB5	DB4	DB3	DB2	DB1	DB0
0	0	1	0	0	0	0	1	D	C	B

指令代码为08H～0FH。该指令控制字符、光标及闪烁的开与关，有3个状态位D、C、B，这3个状态位分别控制着字符、光标和闪烁的显示状态。

D是字符显示状态位。当D=1时为开显示，D=0时为关显示。注意关显示仅是字符不出现，而DDRAM内容不变。这与清屏指令不同。

C是光标显示状态位。当C=1时为光标显示，C=0时为光标消失。光标为底线形式(5×1点阵)，光标的位置由地址指针计数器AC确定，并随其变动而移动。当AC值超出了字符的显示范围，光标将随之消失。

B是光标是闪烁显示状态位。当B=1时，光标闪烁，B=0时，光标不闪烁。

5. 光标、字符位移

光标、字符位移指令的格式如下：

控制信号			控制代码							
RS	R/W	E	DB7	DB6	DB5	DB4	DB3	DB2	DB1	DB0
0	0	1	0	0	0	1	S/C	R/L	×	×

执行该指令将产生字符或光标向左或向右滚动一个字符位。如果定时间隔地执行该指令，将产生字符或光标的平滑滚动。光标、字符位移的具体设置情况如下：

状态位		指令代码	功 能
S/C	R/L		
0	0	10H	光标左移
0	1	14H	光标右移
1	0	18H	字符左移
1	1	1CH	字符右移

6. 功能设置

功能设置指令格式如下：

控制信号			控制代码							
RS	R/W	E	DB7	DB6	DB5	DB4	DB3	DB2	DB1	DB0
0	0	1	0	0	1	DL	N	F	0	0

该指令用于设置控制器的工作方式，有 3 个参数 DL、N 和 F，它们的作用是：

DL 用于设置控制器与计算机的接口形式。接口形式体现在数据总线长度上。DL=1 设置数据总线为 8 位长度，即 DB7～DB0 有效。DL=0 设置数据总线为 4 位长度，即 DB7～DB4 有效。在该方式下 8 位指令代码和数据将按先高 4 位后低 4 位的顺序分两次传输。

N 用于设置显示的字符行数。N=0 为一行字符行。N=1 为两行字符行。

F 用于设置显示字符的字体。F=0 为 5×7 点阵字符体。F=1 为 5×10 点阵字符体。

7. CGRAM 地址设置

CGRAM 地址设置指令格式如下：

控制信号			控制代码							
RS	R/W	E	DB7	DB6	DB5	DB4	DB3	DB2	DB1	DB0
0	0	1	0	1	A5	A4	A3	A2	A1	A0

该指令将 6 位的 CGRAM 地址写入地址指针计数器 AC 内，随后，单片机对数据的操作是对 CGRAM 的读/写操作。

8. DDRAM 地址设置

DDRAM 地址设置指令格式如下：

控制信号			控制代码							
RS	R/W	E	DB7	DB6	DB5	DB4	DB3	DB2	DB1	DB0
0	0	1	1	A6	A5	A4	A3	A2	A1	A0

该指令将 7 位的 DDRAM 地址写入地址指针计数器 AC 内，随后，单片机对数据的操作是对 DDRAM 的读/写操作。

表中，A6 为 0 表示第 0 行显示，为 1 表示第 1 行显示，A5A4A3A2A1A0 中的数据表示显示的列数。例如，若 DB7－DB0 中的数据为 10000100B，因为 A6 为 0，所以第 0 行显示；因为 A5A4 A3A2A1A0 为 000100B，十六进制为 04H，十进制为 4，所以，第 4 列显示。

再如，若 DB7－DB0 中的数据为 11010000B，因为 A6 为 1，所以第 1 行显示；因为 A5A4 A3A2A1A0 为 010000B，十六进制为 10H，十进制为 16，所以，第 16 列显示。由于 LCD 起始列为 0，最后 1 列为 15，所以，此时将超出 LCD 的显示范围。这种情况多用于移动显示，即先让显示列位于 LCD 之外，再通过编程，使待显示列数逐步减小，此时，我们将会看到字符由屏外逐步移到屏内的显示效果。

显示字符时，要先输入显示字符的地址，也就是告诉模块在哪里显示字符，图 12－3 是 1602 液晶显示器内部 DDRAM 显示地址。

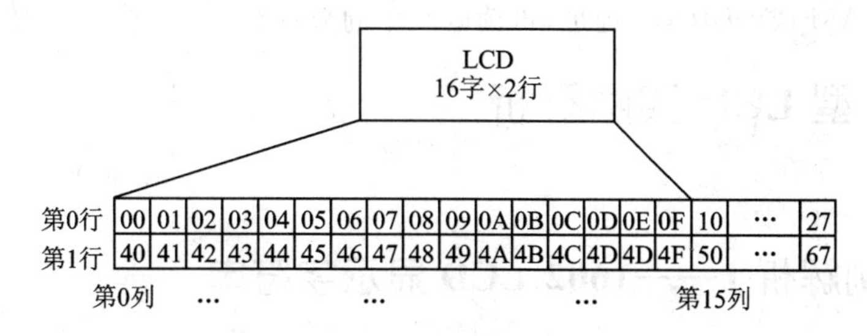

图 12－3　1602 液晶显示器内部 DDRAM 显示地址

从图中可以看出，第 1 行第 0 个字符的地址是 40H，那么是否直接写入 40H 就可以将光标定位在第 1 行第 0 个字符的位置呢？这样不行，因为写入显示地址时要求最高位 D7 恒定为高电平 1，所以，实际写入的数据应该是 01000000B(40H)＋10000000B(80H)＝11000000B (C0H)。

9. 读 BF 及 AC 值

读 BF 及 AC 指令的格式如下：

控制信号			控制代码							
RS	R/W	E	DB7	DB6	DB5	DB4	DB3	DB2	DB1	DB0
0	1	1	BF	AC6	AC5	AC4	AC3	AC2	AC1	AC0

LCD 的忙碌标志 BF 用以指示 LCD 目前的工作情况，当 BF＝1 时，表示正在做内部数据的处理，不接受单片机送来的指令或数据。当 BF＝0 时，则表示已准备接收命令或数据。当程序读取此数据的内容时，DB7 表示忙碌标志，而另外 DB6～DB0 的值表示 CGRAM 或 DDRAM 中的地址，至于是指向哪一地址则根据最后写入的地址设定指令而定。

10. 写数据到 CGRAM 或 DDRAM

写数据到 CGRAM 或 DDRAM 的指令格式如下：

控制信号			控制代码							
RS	R/W	E	DB7	DB6	DB5	DB4	DB3	DB2	DB1	DB0
1	0	1								

先设定 CGRAM 或 DDRAM 地址，再将数据写入 DB7～DB0 中，以使 LCD 显示出字形。也可将使用者自创的图形存入 CGRAM。

11. 从 CGRAM 或 DDRAM 读取数据

从 CGRAM 或 DDRAM 读取数据的指令格式如下：

控制信号			控制代码							
RS	R/W	E	DB7	DB6	DB5	DB4	DB3	DB2	DB1	DB0
1	1	1								

先设定 CGRAM 或 DDRAM 地址，再读取其中的数据。

12.2 字符型 LCD 实例解析

12.2.1 实例解析 1——1602 LCD 显示字符串

1. 实现功能

用 PIC 核心板和 DD—900 实验开发板进行 LCD 显示实验：在 LCD 第 0 行显示字符串“Ding - Ding”，在第一行显示字符串“Welcome to you!”。有关电路如图 12 - 4 所示。

2. 源程序

源程序主要由两部分构成：一是 1602 液晶屏驱动程序软件包 1602LCD_drive.h，二是主程序。

以下是主程序：

```
#include<pic.h>
#define uchar unsigned char
#define uint  unsigned int
__CONFIG(HS&WDTDIS);
#include "1602LCD_drive.h"                        //包含 1602LCD 驱动程序文件包
uchar  line1_data[] = {"Ding - Ding"};            //定义第 0 行显示的字符
uchar  line2_data[] = {"Welcome To You! "};       //定义第 1 行显示的字符
/********端口设置函数********/
void port_init(void)
{
     TRISC = 0x00;
     TRISD = 0x00;
}
/********主函数********/
void  main()
{
  port_init();
```

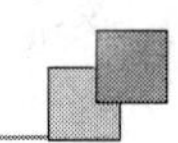

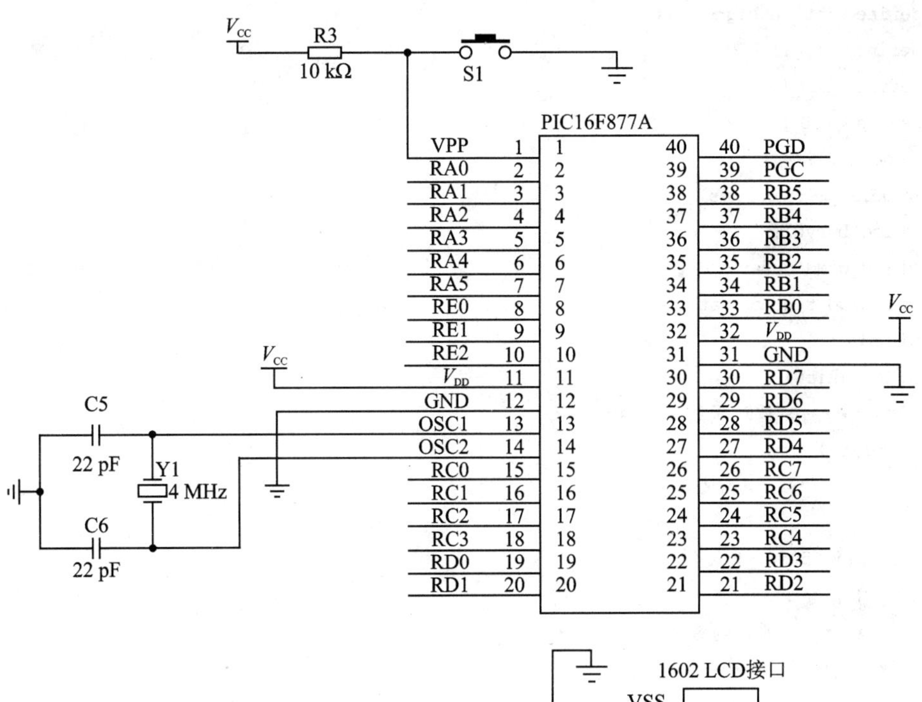

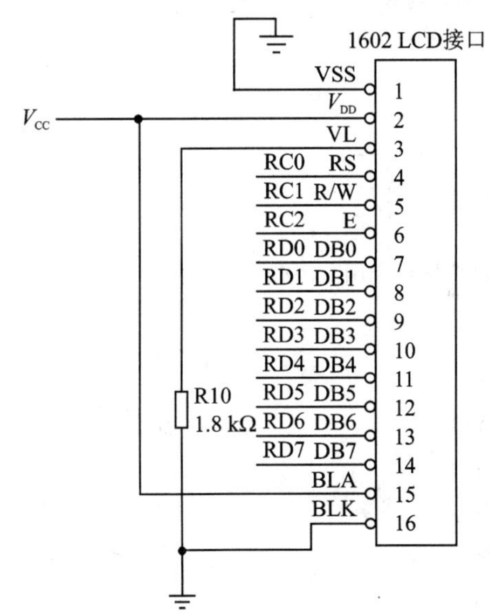

图 12－4　LCD 显示实验图

```
    lcd_init();                              //调 LCD 初始化函数(在 LCD 驱动程序软件包中)
    Delay_ms(100);
    lcd_clr();                               //调清屏函数(在 LCD 驱动程序软件包中)
    LCD_write_str(4,0,line1_data);           //在第 0 行的第 4 列开始显示
    LCD_write_str(2,1,line2_data);           //在第 1 行的第 2 列开始显示
    while(1);                                //等待
}
```

以下是 1602LCD 驱动程序软件包 1602LCD_drive.h：

```
#define uchar unsigned char
```

```
#define uint  unsigned int
#define  LCD_RS RC0
#define  LCD_RW RC1
#define  LCD_EN RC2
void delay();
void Delay_ms(uint xms)    ;
void lcd_busy();
void lcd_wcmd(uchar cmd);
void lcd_wdat(uchar dat) ;
void lcd_clr()  ;
void lcd_init() ;
/********μs 延时函数********/
void delay()
{
int i;
for(i=0;i<50;i++);
}
/********ms 延时函数********/
void Delay_ms(uint xms)
{
     int i,j;
     for(i=0;i<xms;i++)
         { for(j=0;j<71;j++) ; }
}
/********LCD 忙碌检查函数********/
void lcd_busy()
{
    uchar result;
    TRISD=0x00;                  //RD 设为输出
    LCD_RS = 0;
    LCD_RW = 1;
    LCD_EN = 1;
    delay();
    for(;;)
    {
        result=PORTD;
        result&=0x80;
        if(result==0);
        break;
    }
    LCD_EN=0;
}
/********写指令寄存器 IR 函数********/
void lcd_wcmd(uchar cmd)
{
```

```
    TRISD = 0x00;                  //RD 设为输出
    lcd_busy();
    LCD_RS = 0;
    LCD_RW = 0;
    PORTD = cmd;                   //向 RD 口输出命令
    LCD_EN = 1;
    delay();
    LCD_EN = 0;
}
/********写寄存器 DR 函数********/
void lcd_wdat(uchar dat)
{
    TRISD = 0x00;                  //RD 设为输出
    lcd_busy();
    LCD_RS = 1;
    LCD_RW = 0;
    LCD_EN = 0;
    PORTD =  dat;                  //向 RD 口写入数据
    LCD_EN = 1;
    delay();
    LCD_EN = 0;
}
/********LCD 清屏函数********/
void lcd_clr()
{
    lcd_wcmd(0x01);                //清除 LCD 的显示内容
    Delay_ms(5);
}
/********LCD 初始化函数********/
void lcd_init()
{
    Delay_ms(15);                  //等待 LCD 电源稳定
    lcd_wcmd(0x38);                //16×2 显示,5×7 点阵,8 位数据
    Delay_ms(5);
    lcd_wcmd(0x38);
    Delay_ms(5);
    lcd_wcmd(0x38);
    Delay_ms(5);
    lcd_wcmd(0x0c);                //显示开、关光标
    Delay_ms(5);
    lcd_wcmd(0x06);                //移动光标
    Delay_ms(5);
    lcd_wcmd(0x01);                //清除 LCD 的显示内容
    Delay_ms(5);
}
```

```
/********光标定位函数,x为显示列,y为显示行********/
 void LocateXY(uchar x,uchar y)
{
    if (y == 0)                     //第0行显示
     {
         lcd_wcmd(0x80 + x);
     }
      else                          //第1行显示
     {
          lcd_wcmd(0xC0 + x);
     }
}
/********显示屏字符串写入函数,x为显示列,y为显示行********/
 void LCD_write_str(uchar x,uchar y,uchar *s)
 {
     LocateXY(x,y);                 //定位光标位置
     while (*s)                     //如果没结束
     {
         lcd_wdat( *s);             //写字符
         s ++;                      //指向下一字符
     }
 }
/********显示屏单字符写入函数********/
 void LCD_write_char(uchar x,uchar y,uchar data)
 {
     LocateXY(x,y);                 //定位光标位置
     lcd_wdat(data);
 }
```

3. 源程序释疑

主程序中,首先调 1602LCD 驱动程序 1602LCD_drive.h 中的相 LCD_init、LCD_clr 函数,对 LCD 进行初始化和清屏,然后再调用写字符串函数 LCD_write_str,将第 0 行和第 1 行字符串显示在 LCD 的相应位置上。

1602LCD 驱动程序 1602LCD_drive.h 是一个通用的软件包,在这个软件包中,包含了 1602LCD 所需的驱动函数,编程时,只需直接调用即可,因此,可大大提供编程效率。

4. 实现方法

① 打开 MLAB IDE 软件,建立工程项目,再建立一个名为 ch12_1.c 的源程序文件,输入上面源程序。对源程序进行编译,产生 ch12_1.hex 目标文件。

② 将 DD—900 实验开发板 JP1 的 LCD、VCC 两插针短接,为 LCD 液晶屏供电。

③ 将 PIC 核心板 RD0～RD7、RC0～RC2、VDD、GND 通过几根杜邦连到 DD—900 实验开发板 P00～P07、P20～P22、V_{CC}、GND 上。这样,DD—900 的 1602 液晶屏就接到了 PIC 核心板上。

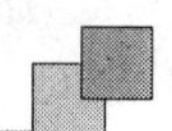

④ 将 PICKIT2 连接到 PIC 核心板的 RJ12 接口，同时，用 5 V 电源适配器为 PIC 核心板供电，将其 PICKIT2 插接在 PC 的 USB 口上，DD—900 实验开发板不用单独供电(由 PIC 核心板为其供电)。

⑤ 将程序下载到 PIC16F877A 单片机中，观察 1602 液晶屏的显示情况。

该实验源程序和 1602LCD 驱动程序软件包在随书光盘的 ch12\ch12_1 文件夹中。

12.2.2 实例解析 2——1602 LCD 移动显示字符串

1. 实现功能

用 PIC 核心板和 DD—900 实验开发板进行 LCD 显示实验：在 LCD 第 0 行从右向左不断移动的字符串"Ding - Ding"，在第 1 行显示从右向左不断移动的字符串"Welcome to you!"。移动到屏幕中间后，字符串闪烁 3 次，然后，再循环移动、闪烁……。有关电路如图 12 - 4 所示。

2. 源程序

源程序主要由两部分构成，一是 1602 液晶屏驱动程序软件包 1602LCD_drive.h，二是主程序。液晶屏驱动程序与上例相同，下面给出主程序：

```
#include<pic.h>
#define uchar unsigned char
#define uint  unsigned int
__CONFIG(HS&WDTDIS);
#include "1602LCD_drive.h"                          //包含 1602LCD 驱动程序文件包
uchar  line1_data[] = {"    Ding - Ding     "};     //定义第 0 行显示的字符
uchar  line2_data[] = {"Welcome To You! "};         //定义第 1 行显示的字符
/********闪烁三次函数********/
void lcd_flash()
{
    Delay_ms(1000);                                  //控制停留时间
    lcd_wcmd(0x08);                                  //关闭显示
    Delay_ms(500);                                   //延时 0.5 s
    lcd_wcmd(0x0c);                                  //开显示
    Delay_ms(500);                                   //延时 0.5 s
    lcd_wcmd(0x08);                                  //关闭显示
    Delay_ms(500);                                   //延时 0.5 s
    lcd_wcmd(0x0c);                                  //开显示
    Delay_ms(500);                                   //延时 0.5 s
    lcd_wcmd(0x08);                                  //关闭显示
    Delay_ms(500);                                   //延时 0.5 s
    lcd_wcmd(0x0c);                                  //开显示
    Delay_ms(500);                                   //延时 0.5 s
}
/********端口设置函数********/
```

```
void port_init(void)
{
 TRISC = 0x00;
 TRISD = 0x00;
}
/********主函数********/
void  main()
{
  uchar i,j;
  Delay_ms(10);
  port_init();
  lcd_init();                                  //初始化 LCD
  for(;;)                                      //大循环
  {
        lcd_clr();                             //清屏
        LCD_write_str(16,0,line1_data);        //设置显示位置为第 0 行第 16 列
        LCD_write_str(16,1,line2_data);        //设置显示位置为第 1 行第 16 列
        for(j = 0;j<16;j ++ )                  //向左移动 16 格
        {
            lcd_wcmd(0x18);                    //字符同时左移 1 格
            Delay_ms(500);                     //移动时间为 0.5 s
        }
        lcd_flash();                           //调闪烁函数,闪动 3 次
  }
}
```

3. 源程序释疑

程序中，首先调驱动程序软件包中的 LCD_init、LCD_clr 函数，对 LCD 进行初始化和清屏，然后将字符位置定位在第 0 行和第 1 行的第 16 列，即 LCD 显示屏的最右端外的第 1 个字符，这样，让字符循环移动 16 个格，就可以将字符串从 LCD 屏外逐步移到屏内，移到屏内后，再调用闪烁函数 flash，控制字符串每隔 0.5 s 闪烁 1 次，共闪烁 3 次。

4. 实现方法

实现方法与上例相同。

该实验源程序和 1602LCD 驱动程序软件包在随书光盘的 ch12\ch12_2 文件夹中。

12.2.3 实例解析 3——1602 LCD 滚动显示字符串

1. 实现功能

用 PIC 核心板和 DD—900 实验开发板进行 LCD 显示实验：在第 0 行显示“Ding - Ding”，第一行显示“Welcome to you!”。显示时，先从左到右逐字显示，产生类似“打字”的效果；闪烁 3 次后，再从右到左逐字显示，再闪烁 3 次，然后，不断重复上述显示方式。有关电路如图 12 - 4

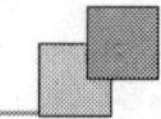

所示。

2. 源程序

源程序主要由两部分构成，一是 1602 液晶屏驱动程序软件包 1602LCD_drive.h，二是主程序。液晶屏驱动程序与上例相同，下面给出主程序：

```
#include<pic.h>
#define uchar unsigned char
#define uint  unsigned int
__CONFIG(HS&WDTDIS);
#include "1602LCD_drive.h"
uchar  line1_R[] = {"   Ding - Ding   "};        //定义第 0 行右滚动显示的字符
uchar  line2_R[] = {"Welcome To You!    "};      //定义第 1 行右滚动显示的字符
uchar  line1_L[] = {"   gniD - gniD   "};        //定义第 0 行左滚动显示的字符
uchar  line2_L[] = {"! uoy ot emocleW "};        //定义第 1 行左滚动显示的字符
/********闪烁 3 次函数********/
void lcd_flash()
{
    Delay_ms(1000);                              //控制停留时间
    lcd_wcmd(0x08);                              //关闭显示
    Delay_ms(500);                               //延时 0.5 s
    lcd_wcmd(0x0c);                              //开显示
    Delay_ms(500);                               //延时 0.5 s
    lcd_wcmd(0x08);                              //关闭显示
    Delay_ms(500);                               //延时 0.5 s
    lcd_wcmd(0x0c);                              //开显示
    Delay_ms(500);                               //延时 0.5 s
    lcd_wcmd(0x08);                              //关闭显示
    Delay_ms(500);                               //延时 0.5 s
    lcd_wcmd(0x0c);                              //开显示
    Delay_ms(500);                               //延时 0.5 s
}
/********端口设置函数********/
void port_init(void)
{
    TRISC = 0x00;
    TRISD = 0x00;
}
/********主函数********/
void  main()
{
    uchar i;
    port_init();                                 //初始化端口

    lcd_init();                                  //初始化 LCD
    while(1)
```

```
{
    lcd_clr();                                  //清屏
    Delay_ms(10);
    lcd_wcmd(0x06);                             //向右移动鼠标指针
    //lcd_wcmd(0x00|0x80);                      //设置显示位置为第 0 行的第 0 个字符
    LocateXY(0,0) ;                             //设置显示位置为第 0 行的第 0 个字符
    i = 0;
    while(line1_R[i] ! = '\0')                  //加载字符串
    {
        lcd_wdat(line1_R[i]);
        i++ ;
        Delay_ms(200);                          //200ms 显示一个字符
    }
    //lcd_wcmd(0x40|0x80);                      //设置显示位置为第 1 行第 0 个字符
    LocateXY(0,1) ;                             //设置显示位置为第 1 行的第 0 个字符
    i = 0;
    while(line2_R[i] ! = '\0')                  //加载字符串
    {
        lcd_wdat(line2_R[i]);
        i++ ;
        Delay_ms(200);                          //200 ms 显示一个字符
    }
    Delay_ms(1000);                             //停留 1 s
    lcd_flash();                                //闪烁 3 次
    lcd_clr();                                  //清屏
    Delay_ms(10);
    lcd_wcmd(0x04);                             //向左移动光标
    //lcd_wcmd(0x0f|0x80);                      //设置显示位置为第 0 行的第 15 个字符
    LocateXY(15,0) ;                            //设置显示位置为第 0 行的第 15 个字符
    i = 0;
    while(line1_L[i] ! = '\0')                  //加载字符串
    {
        lcd_wdat(line1_L[i]);
        i++ ;
        Delay_ms(200);                          //200 ms 显示一个字符
    }
    //lcd_wcmd(0x4f|0x80);                      //设置显示位置为第 1 行第 15 个字符
    LocateXY(15,1) ;                            //设置显示位置为第 1 行的第 15 个字符
    i = 0;
    while(line2_L[i] ! = '\0')                  //加载字符串
    {
        lcd_wdat(line2_L[i]);
        i++ ;
        Delay_ms(200);                          //200 ms 显示一个字符
    }
```

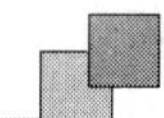

```
        Delay_ms(1000);                              //停留 1 s
        lcd_flash();                                 //闪烁 3 次
    }
}
```

3. 源程序释疑

字符向右滚动显示的基本方法是:先定位字符显示位置为第 0 行第 0 列、第 1 行的第 0 列,写入命令字 0x06,控制向右移动光标(字符不动);然后开始显示字符,延时一段时间后(本例中延时时间为 200 ms),再显示下一字符,这样,就可以达到字符右滚动显示的效果。

字符向左滚动显示的基本方法与以上类似,这里不再重复。

4. 实现方法

实现方法与上例相同。

该实验源程序和 1602LCD 驱动程序软件包在随书光盘的 ch12\ch12_3 文件夹中。

12.2.4 实例解析 4——1602 LCD 电子钟

1. 实现功能

用 PIC 核心板和 DD—900 实验开发板实现 LCD 电子钟功能:开机后,LCD 上显示以下内容并开始走时:

"--LCD Clcok---"

"****23:59:45****"

按 K1 键(设置键)走时停止,蜂鸣器响一声,此时,按 K2 键(小时加 1 键),小时加 1,按 K3 键(分钟加 1 键),分钟加 1,调整完成后按 K4 键(运行键),蜂鸣器响一声后继续走时。有关电路如图 12-5 所示。

2. 源程序

根据要求,编写的源程序如下:

```
#include<pic.h>
#define uchar unsigned char
#define uint  unsigned int
__CONFIG(HS&WDTDIS);
#include "1602LCD_drive.h"
uchar hour = 23,min = 59,sec = 45;              //定义小时、分钟和秒变量
uchar count_10ms;                               //定义 10 ms 计数器
#define    K1    RB2                            //定义 K1 键
#define    K2    RB3                            //定义 K2 键
#define    K3    RB4                            //定义 K3 键
#define    K4    RB5                            //定义 K4 键
#define    BEEP  RE0                            //定义蜂鸣器
uchar K1_FLAG = 0;                              //定义按键标志位,当按下 K1 键时,该位置 1,K1 键
```

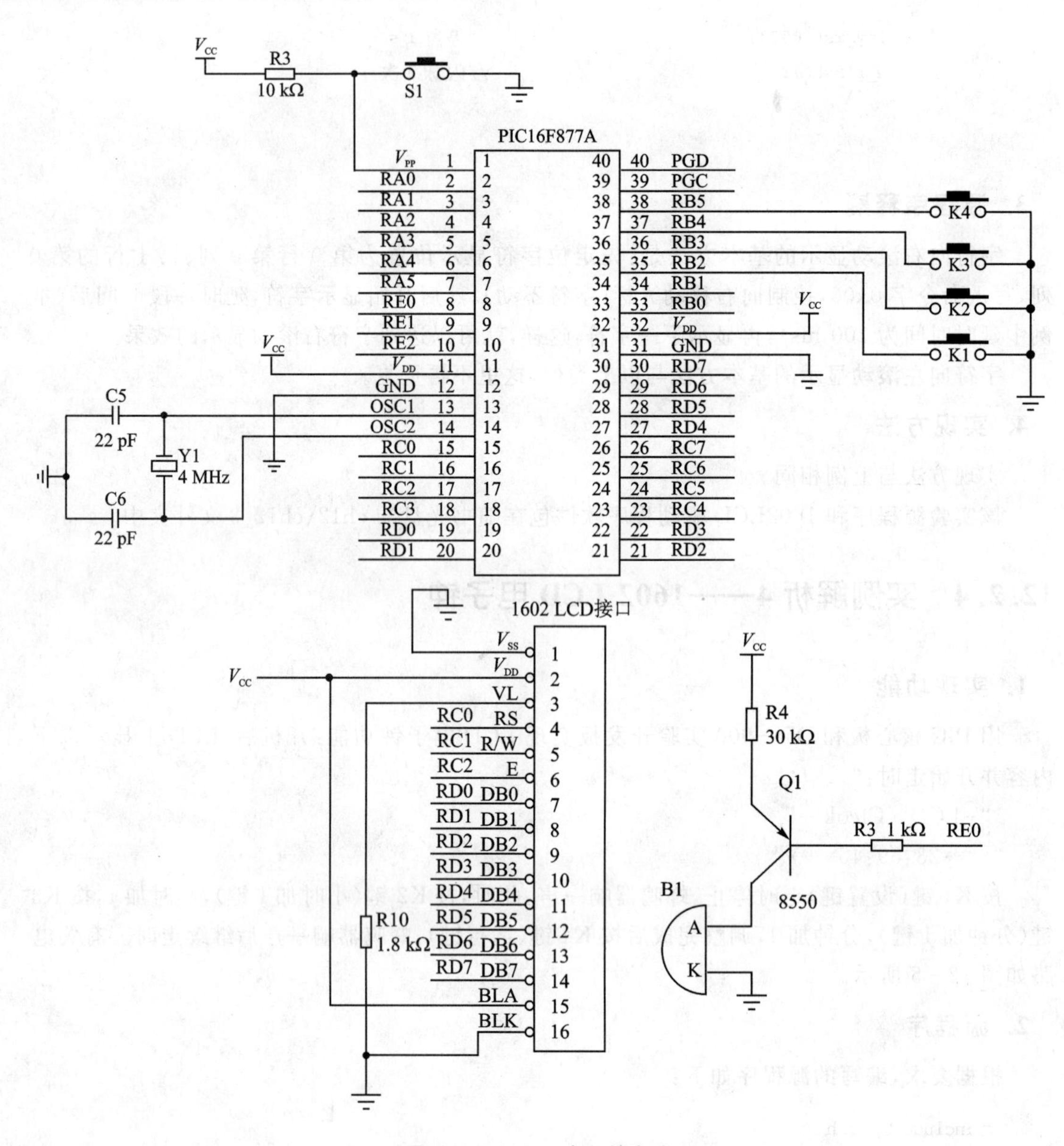

图 12－5　1602 电子钟电路

```
                                                   //未按下时，该位为 0。
uchar  line1_data[] = {"---LCD  Clcok---"};       //定义第 0 行显示的字符
uchar  line2_data[] = {"****"};                   //定义第 1 行显示的字符
uchar disp_buf[6] = {0x00, 0x00, 0x00, 0x00, 0x00, 0x00};    //定义显示缓冲单元
/********端口设置函数********/
void port_init(void)
{
    OPTION = 0x00;                                 //端口 B 弱上位使能
    TRISC  =  0x00;                                //端口 C 输出
    TRISD  =  0x00;                                //端口 D 输出
ADCON1 = 0x06;                                     //定义 RA、RE 为 I/O 端口
```

```
    TRISE = 0x00;                       //端口 E 为输出,蜂鸣器(RE0)
    PORTE = 0xff;
}
/*********蜂鸣器响一声函数********/
void beep()
{
  BEEP = 0;                             //蜂鸣器响
  Delay_ms(100);
  BEEP = 1;                             //关闭蜂鸣器
  Delay_ms(100);
}
/********转换函数,负责将走时数据转换为适合 LCD 显示的数据********/
void LCD_conv (uchar in1,uchar in2,uchar in3)  //形参 in1、in2、in3 接收实参 hour、min、sec 传来的
                                               //数据
{
    disp_buf[0] = in1/10 + 0x30;        //小时十位数据
    disp_buf[1] = in1 % 10 + 0x30;      //小时个位数据
    disp_buf[2] = in2/10 + 0x30;        //分钟十位数据
    disp_buf[3] = in2 % 10 + 0x30;      //分钟个位数据
    disp_buf[4] = in3/10 + 0x30;        //秒十位数据
    disp_buf[5] = in3 % 10 + 0x30;      //秒个位数据
}
/********LCD 显示函数,负责将函数 LCD_conv 转换后的数据显示在 LCD 上********/
void LCD_disp ()
{
    LocateXY(4,1) ;                     //从第 1 行第 4 列开始显示
    lcd_wdat(disp_buf[0]);              //显示小时十位
    lcd_wdat(disp_buf[1]);              //显示小时个位
    lcd_wdat(0x3a);                     //显示:
    lcd_wdat(disp_buf[2]);              //显示分钟十位
    lcd_wdat(disp_buf[3]);              //显示分钟个位
    lcd_wdat(0x3a);                     //显示:
    lcd_wdat(disp_buf[4]);              //显示秒十位
    lcd_wdat(disp_buf[5]);              //显示秒个位
}
/********定时器 1 初始化********/
void timer1_init()
{
    GIE = 1;                            //开总中断
    PEIE = 1;                           //开外围功能模块中断
    T1CKPS0 = 1;T1CKPS1 = 1;            //分频比为 1:8
    TMR1CS = 0;                         //设置为定时功能
    TMR1IE = 1;                         //使能 TMR1 中断
    TMR1ON = 1;                         //启动定时器 TMR1
    TMR1H = 0xfb;                       //置计数值高位,定时时间为 10 ms
```

```
    TMR1L = 0x1e;                               //置计数值低位
}
/********中断服务函数,用于产生秒、分钟和小时信号********/
void interrupt ISR(void)
{
    if (TMR1IF == 1)
    {
        TMR1IF = 0;                             //清 TMR1 溢出中断标志位
        TMR1H = 0xfb;                           //重置计数值,定时时间为 10 ms
        TMR1L = 0x1e;                           //重置计数值
        count_10ms ++ ;                         //10 ms 计数器加 1
        if(count_10ms> = 100)
        {
            count_10ms = 0;                     //计数 100 次后恰好为 1 s,此时 10 ms 计数器清零
            sec ++ ;                            //秒加 1
            if(sec == 60)
            {
                sec = 0;
                min ++ ;                        //若到 60 s,分钟加 1
                if(min == 60)
                {
                    min = 0;
                    hour ++ ;                   //若到 60 min,小时加 1
                    if(hour == 24)
                    {
                        hour = 0;min = 0;sec = 0;  //若到 24 h,小时、分钟和秒单元清零
                    }
                }
            }
        }
    }
}
/********按键处理函数,用来对按键进行处理********/
void KeyProcess()
{
    TMR1ON = 0;                                 //若按下 K1 键,则定时器 T1 关闭,时钟暂停
    if(K2 == 0)                                 //若按下 K2 键
    {
        Delay_ms(10);                           //延时去抖
        if(K2 == 0)
        {
            while(! K2);                        //等待 K2 键释放
            beep();
            hour ++ ;                           //小时调整
            if(hour == 24)
```

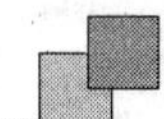

```
            {
                hour = 0;
            }
        }
    }
    if(K3 == 0)                         //若按下 K3 键
     {
        Delay_ms(10);
        if(K3 == 0)
        {
            while(! K3);                //等待 K3 键释放
            beep();
            min++;                      //分钟调整
            if(min == 60)
            {
                min = 0;
            }
        }
    }
    if(K4 == 0)                         //若按下 K4 键
     {
        Delay_ms(10);
        if(K4 == 0)
        {
            while(! K4);                //等待 K4 键释放
            beep();
            TMR1ON = 1;                 //调整完毕后,时钟恢复走时
            K1_FLAG = 0;                //将 K1 键按下标志位清零
        }
    }
}
/********主函数********/
void main(void)
{
    timer1_init();                      //调定时器 1 初始化函数
    port_init();                        //串口初始化函数
    lcd_init();                         //LCD 初始化函数(在 LCD 驱动程序软件包中)
    lcd_clr();                          //清屏函数(在 LCD 驱动程序软件包中)
    LCD_write_str(0,0,line1_data);      //设置显示位置为第 0 行第 0 列
    LCD_write_str(0,1,line2_data);      //设置显示位置为第 1 行第 0 列
    LCD_write_str(12,1,line2_data);     //设置显示位置为第 1 行第 12 列
    while(1)
    {
        if(K1 == 0)                     //若 K1 键按下
        {
```

```
            Delay_ms(10);                       //延时 10 ms 去抖
            if(K1 == 0)
            {
                while(! K1);                    //等待 K1 键释放
                beep();                         //蜂鸣器响一声
                K1_FLAG = 1;                    //K1 键标志位置 1,以便进行时钟调整
            }
        }
        if(K1_FLAG == 1)KeyProcess();           //若 K1_FLAG 为 1,则进行走时调整
        LCD_conv(hour,min,sec);                 //调走时转换函数
        LCD_disp();                             //调 LCD 显示函数,显示小时、分和秒
    }
}
```

3. 源程序释疑

该源程序主要由主函数、定时器 1 初始化函数、中断函数、按键处理函数、LCD 转换函数、显示函数和蜂鸣器响一声函数等组成。

LCD 电子钟与第 11 章介绍的数码管电子钟的很多功能函数是相同的,读者阅读本例源程序时,请熟悉一下第 11 章数码管电子钟中的有关内容。下面,对本例源程序简要进行说明。

(1) 主函数

主函数首先对定时器 1 和 LCD 进行初始化,并在 LCD 的第 0 行、第 1 行相应位置显示固定不动的字符串。然后,对按键进行判断,并调用按键处理函数,对按键进行处理,最后,调用 LCD 转换函数和 LCD 显示函数,将走时时间在 LCD 的第 1 行相应位置显示出来。

(2) 定时器 1 初始化函数

定时器 1 初始化函数的作用是设置定时器 1 的定时时间为 10ms(计数初值为 0xfb1e),并打开总中断、定时器 1 中断以及开启定时器 1。

(3) 中断函数

此部分与第 11 章数码管电子钟的中断函数完全相同,这里不再说明。

(4) LCD 转换函数

LCD 转换函数 LCD_conv 的作用是将中断函数中产生的小时(hour)、分(min)、秒(sec)数据,分离出十位和个位,然后,再将分离的数据加 0x30 后,转换为 ASCII 码,并写入 DDRAM 寄存器,从 LCD 上显示出来。

(5) 按键处理函数

此部分与第 11 章数码管电子钟的按键处理子程序 KeyProcess 完全相同,这里不再说明。

4. 实现方法

① 打开 MLAB IDE 软件,建立工程项目,再建立一个名为 ch12_4.c 的源程序文件,输入上面源程序。对源程序进行编译,产生 ch12_4.hex 目标文件。

② 将 DD—900 实验开发板 JP1 的 LCD、V_{CC}两插针短接,为 LCD 液晶屏供电。

③ 将 PIC 核心板 RD0～RD7、RC0～RC2、RB2～RB5、RE0、V_{DD}、GND 通过几根杜邦连到 DD—900 实验开发板 P00～P07、P20～P22、P32～P35、P37、V_{CC}、GND 上。这样,DD—900

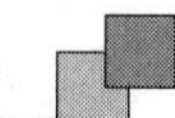

的1602液晶屏、4个独立按键、蜂鸣器就接到了PIC核心板上。

④ 将PICKIT2连接到PIC核心板的RJ12接口，同时，用5V电源适配器为PIC核心板供电，将其PICKIT2插接在PC的USB口上，DD—900实验开发板不用单独供电(由PIC核心板为其供电)。

⑤ 将程序下载到PIC16F877A单片机中，观察1602液晶屏显示的时钟是否正常，按压按键，检查是否可以调时。

该实验源程序和1602LCD驱动程序软件包在随书光盘的ch12\ch12_4文件夹中。

12.3　12864点阵型LCD介绍与实例解析

12.3.1　12864点阵型LCD介绍

1. 12864点阵型LCD的引脚功能

带字库12864 LCD显示分辨率为128×64，内置有8192个16×16点汉字和128个16×8点ASCII字符集，可构成全中文人机交互图形界面。带字库12864 LCD外形如图12-6所示，引脚功能如表12-3所列。

图12-6　12864液晶显示器外形

表12-3　12864点阵型LCD引脚功能

引脚号	符　号	功　能
1	V_{SS}	逻辑电源地
2	V_{DD}	+5 V逻辑电源
3	V0	对比度调整端
4	RS(CS)	数据\指令选择。高电平，表示数据DB0—DB7为显示数据；低电平，表示数据DB0—DB7为指令数据
5	R/W(SID)	在并口模式下，该引脚为读\写选择端 在串口模式下，该引脚为串行数据输入端

续表 12-3

引脚号	符　号	功　能
6	E(SCLK)	在并口模式下，该引脚为读写使能端，E 的下降沿锁定数据 在串口模式下，该引脚为串行时钟端
7～14	DB0～DB7	在并口模式下，为 8 位数据输入输出引脚 在串口模式下，未用
15	PSB	并口/串口选择端。高电平时为 8 位或 4 位并口模式；低电平时为串口模式
16	NC	空
17	REST	复位信号，低电平有效
18	V_{OUT}	LCD 驱动电压输出端
19	BLA	背光电源正极
20	BLK	背光电源负极

从表中可以看出，12864 LCD 可分为串口和并口两种数据传输方式，当 15 引脚为高电平时，为并口方式，数据通过 7～14 引脚与单片机进行并行传输；当 15 引脚为低电平时，为串口方式，数据通过 5、6 引脚与单片机进行串行传输。

2. 12864 点阵型 LCD 的内部结构

12864 点阵型 LCD 主要由 1 片行列驱动控制器 ST7920、3 个列驱动器 ST7921 和 12864 点阵液晶显示屏组成，其结构示意图如图 12-7 所示。

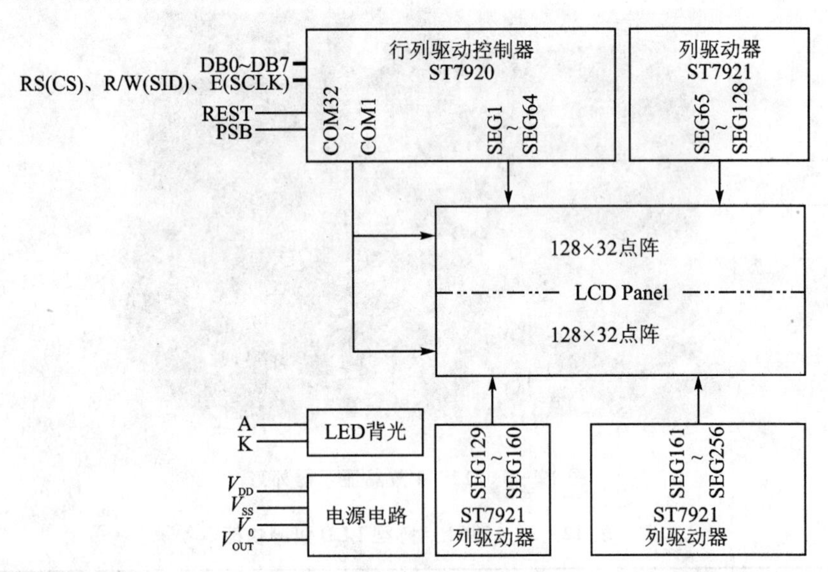

图 12-7　12864 点阵型 LCD 的结构示意图

行列驱动控制器 ST7920 主要含有以下功能器件，了解这些器件的功能，有利于 12864 LCD 模块的编程。

(1) 中文字型产生 ROM(CGROM)及半宽字型 ROM(HCGROM)

ST7920 的字型产生 ROM 通过 8192 个 16×16 点阵的中文字型，以及 126 个 16×8 点阵的西文字符，它用 2 字节来提供编码选择，将要显示的字符的编码写到 DDRAM 上，硬件将依照编码自动从 CGROM 中选择将要显示的字型显示再屏幕上。

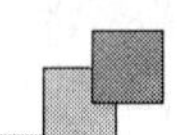

(2) 字型产生 RAM(CGRAM)

ST7920 的字型产生 RAM 提供用户自定义字符生成(造字)功能,可提供 4 组 16×16 点阵的空间,用户可以将 CGROM 中没有的字符定义到 CGRAM 中。

(3) 显示 RAM(DDRAM)

DDRAM 提供 64×2 字节的空间,最多可以控制 4 行 16 字的中文字型显示。当写入显示资料 RAM 时,可以分别显示 CGROM,HCGROM 及 CGRAM 的字型。

(4) 忙标志 BF

BF 标志提供内部工作情况,BF=1 表示模块在进行内部操作,此时模块不接受外部指令和数据;BF=0 时,模块为准备状态,随时可接受外部指令和数据。

(5) 地址计数器 AC

地址计数器是用来存储 DDRAM/CGRAM 之一的地址,它可由设定指令暂存器来改变,之后只要读取或是写入 DDRAM/CGRAM 的值时,地址计数器的值就会自动加 1。

3. 12864 点阵型 LCD 的指令

带字库 12864 点阵型 LCD 的指令稍多,主要分为基本指令集和扩展指令集两大类,如表 12-4 和表 12-5 所列。当"功能设置指令"的第 2 位 RE 为 0 时,可使用基本指令集,当 RE 为 1 时,可使用扩展指令集。

表 12-4　基本指令集

指　令	指令码										说　明	执行时间(540 kHz)
	RS	RW	DB7	DB6	DB5	DB4	DB3	DB2	DB1	DB0		
清除显示	0	0	0	0	0	0	0	0	0	1	将 DDRAM 填满"20H",并且设定 DDRAM 的地址计数器(AC)到"00H"	4.6 ms
地址归位	0	0	0	0	0	0	0	0	1	X	设定 DDRAM 的地址计数器(AC)到"00H",并且将鼠标指针移到开头原点位置;这个指令并不改变 DDRAM 的内容	4.6 ms
进入点设定	0	0	0	0	0	0	0	1	I/D	S	I/D=1 鼠标指针右移,I/D=0 鼠标指针左移; S=1 整体显示移动,S=0 整体显示不移动	72 μs
显示状态开/关	0	0	0	0	0	0	1	D	C	B	D=1:整体显示 ON C=1:游标 ON B=1:游标位置 ON	72 μs
游标或显示移位控制	0	0	0	0	0	1	S/C	R/L	X	X	10H/14H,鼠标指针左右移动 18H/1CH,整体显示左右移动	72 μs
功能设定	0	0	0	0	1	DL	X	0 RE	X	X	DL=1(必须设为 1) RE=1:扩充指令集动作 RE=0:基本指令集动作	72 μs
设定 CGRAM 地址	0	0	0	1	AC5	AC4	AC3	AC2	AC1	AC0	设定 CGRAM 地址到地址计数器(AC)	72 μs

续表 12-4

指　令	指令码										说　明	执行时间 (540 kHz)
	RS	RW	DB7	DB6	DB5	DB4	DB3	DB2	DB1	DB0		
设定 DDRAM 地址	0	0	1	AC6	AC5	AC4	AC3	AC2	AC1	AC0	设定 DDRAM 地址到地址计数器(AC)	72 μs
读取忙碌标志(BF)和地址	0	1	BF	AC6	AC5	AC4	AC3	AC2	AC1	AC0	读取忙碌标志(BF)可以确认内部动作是否完成，同时可以读出地址计数器(AC)的值	0 μs
写资料到 RAM	1	0	D7	D6	D5	D4	D3	D2	D1	D0	写入资料到内部的 RAM(DDRAM/CGRAM/IRAM/GDRAM)	72 μs
读出 RAM 的值	1	1	D7	D6	D5	D4	D3	D2	D1	D0	从内部的 RAM 读取资料(DDRAM/CGRAM/IRAM/GDRAM)	72 μs

表 12-5　扩展指令集

指　令	指令码										说　明	执行时间 (540 kHz)
	RS	RW	DB7	DB6	DB5	DB4	DB3	DB2	DB1	DB0		
待命模式	0	0	0	0	0	0	0	0	0	1	将 DDRAM 填满"20H"，并且设定 DDRAM 的地址计数器(AC)为"00H"	72 μs
卷动地址或 IRAM 地址选择	0	0	0	0	0	0	0	0	1	SR	SR=1：允许输入垂直卷动地址 SR=0：允许输入 IRAM 地址	72 μs
反白选择	0	0	0	0	0	0	0	1	R1	R0	选择 4 行中的任一行作反白显示，并可决定反白与否	72 μs
睡眠模式	0	0	0	0	0	0	1	SL	X	X	SL=1：脱离睡眠模式 SL=0：进入睡眠模式	72 μs
扩充功能设定	0	0	0	0	1	1	X	0 RE	G	0	RE=1：扩充指令集动作 RE=0：基本指令集动作 G=1：绘图显示 ON G=0：绘图显示 OFF	72 μs
设定 IRAM 地址或卷动地址	0	0	0	1	AC5	AC4	AC3	AC2	AC1	AC0	SR=1：AC5～AC0 为垂直卷动地址 SR=0：AC3～AC0 为 ICON IRAM 地址	72 μs
设定绘图 RAM 地址	0	0	1	AC6	AC5	AC4	AC3	AC2	AC1	AC0	设定 CGRAM 地址到地址计数器(AC)	72 μs

4. 12864 点阵型 LCD 的使用

用带字库 12864 LCD 时应注意以下几点：

① 欲在某一个位置显示中文字符时，应先设定显示字符位置，即先设定显示地址，再写入中文字符编码。

② 显示 ASCII 字符过程与显示中文字符过程相同。在显示连续字符时，只须设定一次显示地址即可，由模块自动对地址加 1，指向下一个字符位置。

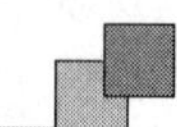

③ 当字符编码为2字节时(汉字的编码为2字节,ASCII字符的编码为1字节),应先写入高位字节,再写入低位字节。

④ 模块在接收指令前,必须先确认模块内部处于非忙状态,即读取BF标志时BF需为“0”,方可接受新的指令。如果在送出一个指令前不检查BF标志,则在前一个指令和这个指令中间必须延迟一段较长的时间,即等待前一个指令确定执行完成。指令执行的时间请参考指令表中的指令执行时间说明。

⑤ “RE”为基本指令集与扩充指令集的选择控制位。当变更“RE”后,以后的指令集将维持在最后的状态,除非再次变更“RE”位,否则使用相同指令集时,无须每次均重设“RE”位。

⑥ 12864 LCD可分为上下两屏,最多可实现32个中文字符或64个ASCII码字符的显示。12864 LCD内部提供64×2字节的RAM缓冲区(DDRAM)。字符显示是通过将字符编码写入DDRAM实现的。根据写入内容的不同,可分别在液晶屏上显示CGROM(中文字库)、HCGROM(ASCII码字库)及CGRAM(自定义字形)三种不同的字符和字形。

三种不同字符/字型的选择编码范围为:0000～0006H(其代码分别是0000、0002、0004、0006共4个)显示CGROM中的自定义字型;编码为02H～7FH显示HCGROM中的半宽ASCII码字符;编码为A1A0H～F7FFH显示CGROM中的8192个中文汉字字形。

模块DDRAM的地址与LCD屏幕上的32个显示区域有着一一对应的关系,其对应关系如表12-6所列。

表12-6　汉字显示时各行坐标对应的DDRAM地址值

行	X坐标							
LINE0	80H	81H	82H	83H	84H	85H	86H	87H
LINE1	90H	91H	92H	93H	94H	95H	96H	97H
LINE2	88H	89H	8AH	8BH	8CH	8DH	8EH	8FH
LINE3	98H	99H	9AH	9BH	9CH	9DH	9EH	9FH

12.3.2　实例解析5——12864 LCD显示汉字(并口方式)

1. 实现功能

用PIC核心板和DD—900实验开发板实现12864液晶显示:在12864 LCD(带字库)的第一行滚动显示“顶顶电子欢迎您!”;第二行滚动显示“DD—900实验开发板”;第三滚动显示“www.ddmcu.com”;第四行滚动显示“TEL: 15853209853”;闪烁三次后,再循环显示,要求12864LCD采用并口方式。有关电路如图12-8所示。

2. 源程序

源程序主要由两部分构成,一是12864液晶屏并口驱动程序软件包Drive_Parallel.h,二是主程序。

以下是主程序:

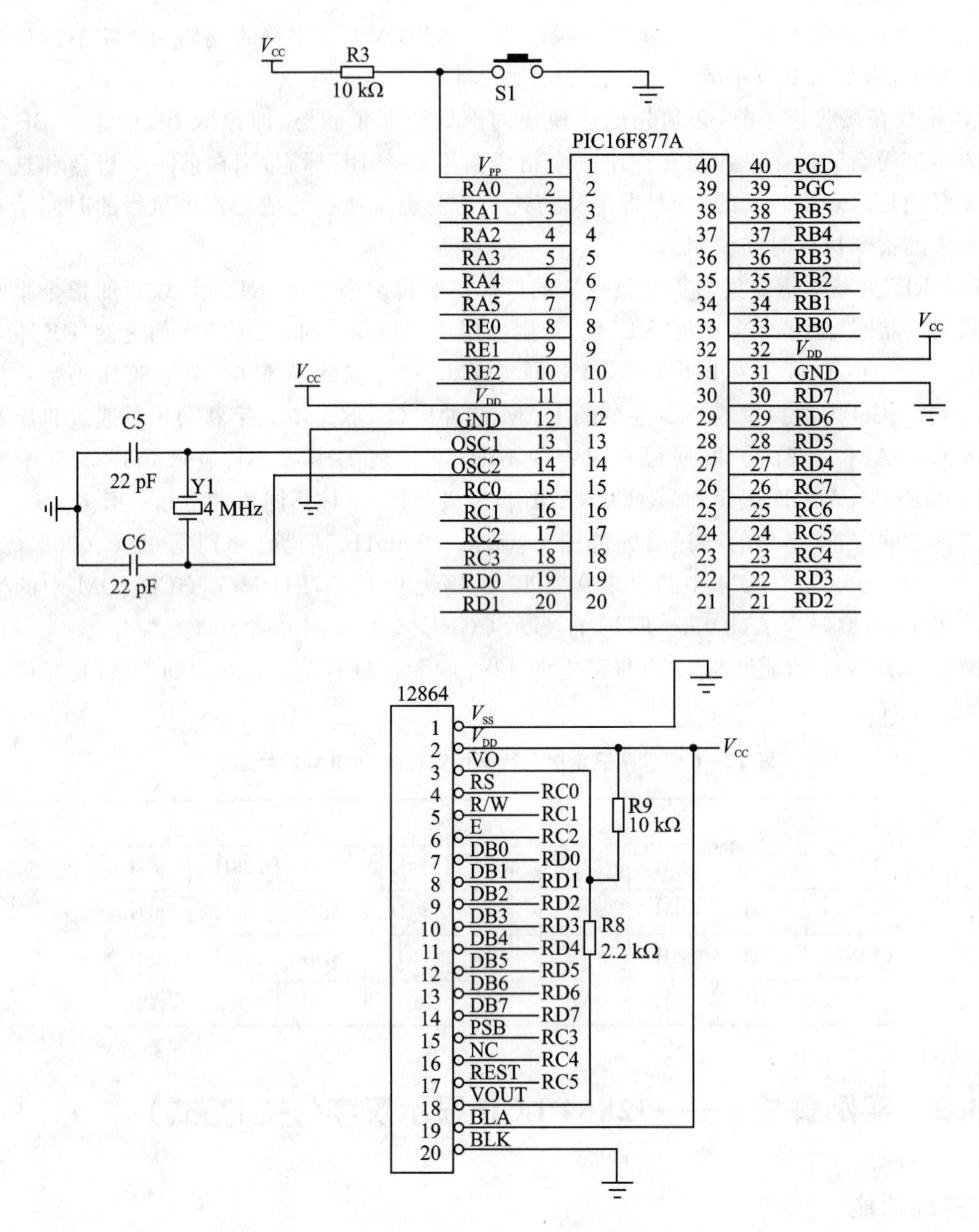

图 12-8　12864 LCD 显示汉字实验电路图(并口方式)

```
#include<pic.h>
#define uchar unsigned char
#define uint  unsigned int
__CONFIG(HS&WDTDIS);
#include "Drive_Parallel.h"
uchar   line1_data[] = {"顶顶电子欢迎您!"};
uchar   line2_data[] = {"  www.ddmcu.com   "};
uchar   line3_data[] = {"DD—900 实验开发板"};
uchar   line4_data[] = {"TEL: 15853209853   "};
/*********端口设置函数*********/
```

```
void port_init(void)
{
     TRISC = 0x00;
     TRISD = 0x00;
}
/********闪烁三次函数********/
void lcd_flash()
{
  Delay_ms(1000);                    //控制停留时间
  lcd_wcmd(0x08);                    //关闭显示
  Delay_ms(500);                     //延时 0.5 s
  lcd_wcmd(0x0c);                    //开显示
  Delay_ms(500);                     //延时 0.5 s
  lcd_wcmd(0x08);                    //关闭显示
  Delay_ms(500);                     //延时 0.5 s
  lcd_wcmd(0x0c);                    //开显示
  Delay_ms(500);                     //延时 0.5 s
  lcd_wcmd(0x08);                    //关闭显示
  Delay_ms(500);                     //延时 0.5 s
  lcd_wcmd(0x0c);                    //开显示
  Delay_ms(500);                     //延时 0.5 s
}
/********主函数********/
void main()
{
    uchar i;
    port_init();
    Delay_ms(100);                   //加电,等待稳定
    lcd_init();                      //初始化 LCD
    while(1)
    {
        LocateXY(0,0);               //设置显示位置为第 0 行,0 列
        for(i = 0;i<16;i ++ )
        {
            lcd_wdat(line1_data[i]);
            Delay_ms(100);           //每个字符停留的时间为 100 ms
        }
        LocateXY(0,1);               //设置显示位置为第 1 行第 0 列
        for(i = 0;i<16;i ++ )
        {
            lcd_wdat(line2_data[i]);
            Delay_ms(100);
        }
        LocateXY(0,2);               //设置显示位置为第 2 行第 0 列
        for(i = 0;i<16;i ++ )
```

```
        {
            lcd_wdat(line3_data[i]);
            Delay_ms(100);
        }
        LocateXY(0,3);                  //设置显示位置为第 3 行第 0 列
        for(i = 0;i<16;i ++ )
        {
            lcd_wdat(line4_data[i]);
            Delay_ms(100);
        }
        Delay_ms(1000);                 //停留 1 s
        lcd_flash();                    //闪烁 3 次
        lcd_clr();                      //清屏
        Delay_ms(2000);
    }
}
```

以下是 12864 液晶屏并口驱动软件包 Drive_Parallel. h：

```
#define uchar unsigned char
#define uint   unsigned int
/********12864LCD 引脚定义 ********/
#define  LCD_data  PORTD                //数据口
#define  LCD_RS   RC0                   //寄存器选择输入
#define  LCD_RW  RC1                    //液晶读/写控制
#define  LCD_EN   RC2                   //液晶使能控制
#define  LCD_PSB  RC3                   //串/并方式控制,高电平为并行方式,低电平为串行方式
#define  LCD_RST  RC5                   //液晶复位端口
 /********函数声明部分********/
void Delay_ms(uint xms);                //ms 延时函数
void delay();                           //μs 延时函数
void lcd_busy();                        //忙检查函数
void lcd_wcmd(uchar cmd);               //写命令函数
void lcd_wdat(uchar dat);               //写数据函数
void lcd_init();                        //液晶屏初始化函数
void lcd_clr();                         //清屏函数
/********ms 延时函数********/
void Delay_ms(uint xms)
{
     int i,j;
     for(i = 0;i<xms;i ++ )
         { for(j = 0;j<71;j ++ ) ; }
}
/********μs 延时函数********/
void delay()
{
```

```
    int i;
    for(i = 0;i<100;i ++ );
}
/********LCD 忙碌检查函数********/
void lcd_busy()
{
    uchar result;
    TRISD = 0x00;                    //RD 设为输出
    LCD_RS  =  0;
    LCD_RW  =  1;
    LCD_EN  =  1;
    delay();
    for(;;)
    {
        result  =  PORTD;
        result& = 0x80;
        if(result == 0);
        break;
    }
    LCD_EN = 0;
}
/********写指令寄存器 IR 函数********/
void lcd_wcmd(uchar cmd)
{
    TRISD = 0x00;                    //RD 设为输出
    lcd_busy();
    LCD_RS = 0;
    LCD_RW = 0;
    PORTD = cmd;                     //向 RD 口输出命令
    LCD_EN = 1;
    delay();
    LCD_EN = 0;
}
/********写寄存器 DR 函数********/
void lcd_wdat(uchar dat)
{
    TRISD = 0x00;                    //RD 设为输出
    lcd_busy();
    LCD_RS = 1;
    LCD_RW = 0;
    LCD_EN = 0;
    PORTD =  dat;                    //向 RD 口写入数据
    LCD_EN = 1;
    delay() ;
    LCD_EN = 0;
```

```
}
/********LCD 清屏函数********/
void lcd_clr()
{
    lcd_wcmd(0x01);                    //清除 LCD 的显示内容
    Delay_ms(5);
}
/********LCD 初始化函数********/
void lcd_init()
{
    LCD_PSB = 1;                       //设置为并口方式
    LCD_RST = 0;                       //液晶复位
    Delay_ms(3);
    LCD_RST = 1;
    Delay_ms(3);
    lcd_wcmd(0x34);                    //扩充指令操作
    Delay_ms(5);
    lcd_wcmd(0x30);                    //基本指令操作
    Delay_ms(5);
    lcd_wcmd(0x0C);                    //显示开,关光标
    Delay_ms(5);
    lcd_wcmd(0x01);                    //清除 LCD 的显示内容
    Delay_ms(5);
}
/********光标定位函数,x 为显示列,y 为显示行********/
void LocateXY(uchar x,uchar y)
{
    if (y == 0) {lcd_wcmd(0x80 + x);}           //第 0 行
    else if (y == 1) {lcd_wcmd(0x90 + x);}      //第 1 行
    else if(y == 2) {lcd_wcmd(0x88 + x);}       //第 2 行
    else if(y == 3) {lcd_wcmd(0x98 + x);}       //第 3 行
}
/********显示屏字符串写入函数,x 为显示列,y 为显示行********/
 void LCD_write_str(uchar x,uchar y,uchar * s)
 {
     LocateXY(x,y);                    //定位光标位置
     while ( * s)                      //如果没结束
     {
         lcd_wdat( * s);               //写字符
         s ++ ;                        //指向下一字符
     }
 }
```

3. 源程序释疑

源程序比较简单,在主函数中,首先对端口和 LCD 进行初始化,然后定位字符显示的位置,使

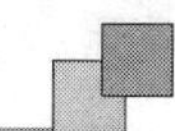

显示屏依次显示第 0 行、第 1 行、第 2 行、第 3 行的字符和汉字；最后，调用闪烁函数，使 LCD 闪烁三次后再重复显示第 0 行至第 3 行的内容。

12864 LCD 驱动程序 Drive_Parallel. h 是一个通用的并口软件包，在这个软件包中，包含了 12864 LCD 使用并口时所需的驱动函数，编程时，只需直接调用即可，因此，可大大提供编程效率。

4. 实现方法

① 打开 MLAB IDE 软件，建立工程项目，再建立一个名为 ch12_5. c 的源程序文件，输入上面源程序。对源程序进行编译，产生 ch12_5. hex 目标文件。

② 将 DD—900 实验开发板 JP1 的 LCD、V_{CC}两插针短接，为 LCD 液晶屏供电。

③ 将 PIC 核心板 RD0～RD7、RC0～RC5、V_{DD}、GND 通过几根杜邦连到 DD—900 实验开发板 P00～P07、P20～P25、V_{CC}、GND 上。这样，DD—900 的 12864 液晶屏就通过并口方式接到了 PIC 核心板上。

④ 将 PICKIT2 连接到 PIC 核心板的 RJ12 接口，同时，用 5 V 电源适配器为 PIC 核心板供电，将其 PICKIT2 插接在 PC 的 USB 口上，DD—900 实验开发板不用单独供电(由 PIC 核心板为其供电)。

⑤ 将程序下载到 PIC16F877A 单片机中，观察 12864 液晶屏的显示情况。

该实验源程序和 LCD 驱动程序软件包 Drive_Parallel. h 在随书光盘的 ch12\ch12_5 文件夹中。

12.3.3　实例解析 6——12864 LCD 显示汉字(串口方式)

1. 实现功能

用 PIC 核心板和 DD—900 实验开发板实现 12864 液晶显示：在 12864 LCD(带字库)的第 1 行滚动显示“顶顶电子欢迎您!”；第 2 行滚动显示“DD—900 实验开发板”；第 3 滚动显示“www. ddmcu. com”；第 4 行滚动显示“TEL：15853209853”；闪烁 3 次后，再循环显示，要求 12864LCD 采用串口方式。采用串口方式时，有关电路如图 12 - 9 所示(图中的 RD0～RD7 不用连接)。

2. 源程序

源程序主要由两部分构成，一是 12864 液晶屏串口驱动程序软件包 Drive_Serial. h，二是主程序。主程序与上例完全相同，下面给出串口驱动程序软件包 Drive_Serial. h：

```
#define uchar unsigned char
#define uint   unsigned int
/********12864LCD 引脚定义 ********/
#define  CS       RC0                    //片选高电平有效单片 LCD 使用时可固定高电平
#define  SID      RC1                    //数据
#define  SCLK     RC2                    //时钟
#define  PSB      RC3                    //低电平时表示用串口驱动,高电平用于并口驱动
#define  RESET    RC5                    //LCD 复位,LCD 模块自带复位电路。可不接
```

```
/********函数声明********/
void Delay_ms(uint xms);                      //延时函数声明
void delay_us(uint n) ;                       //短延时函数声明
void sendbyte(uchar bbyte);                   //发送 1 字节函数声明
void lcd_init();                              //LCD 串行初始化函数声明
void lcd_wcmd(uchar cmd);                     //写命令函数声明
void lcd_wdat(uchar dat);                     //写数据函数声明
void lcd_clr();                               //清屏函数声明
/********延时函数********/
void Delay_ms(uint xms)
{
    uint i,j;
    for(i = xms;i>0;i--)                      //i = xms 即延时约 xms 毫秒
        for(j = 110;j>0;j--);
}
/********μs 延时函数********/
void delay_us(uint n)
{
    if (n == 0)
    return;
    while (--n);
}
/********发送 1 字节函数********/
void sendbyte(uchar bbyte)
{
    uchar i;
    for(i = 0;i<8;i++)
    {
        if(bbyte&0x80)                        //判断应写入 1 或 0
        {SID = 1;}
        else
        {SID = 0;}
        SCLK = 1;
        SCLK = 0;
        bbyte <<= 1;                          //左移
    }
}
/********写命令函数********/
void lcd_wcmd(uchar cmd)
{
    uchar start_data,Hdata,Ldata;
    start_data = 0xf8;                        //写命令
    Hdata = cmd &0xf0;                        //取高 4 位
    Ldata = ( cmd << 4)&0xf0;                 //取低 4 位
    sendbyte(start_data);                     //发送起始信号
```

```
    delay_us(1);                        //延时
    sendbyte(Hdata);                    //发送高 4 位
    delay_us(1);                        //延时
    sendbyte(Ldata);                    //发送低 4 位
    delay_us(1);                        //延时
}

/********写数据函数********/
void lcd_wdat(uchar dat)
{
    uchar start_data,Hdata,Ldata;
    start_data = 0xfa;                  //写数据
    Hdata =  dat &0xf0;                 //取高 4 位
    Ldata = ( dat << 4)&0xf0;           //取低 4 位
    sendbyte(start_data);               //发送起始信号
    delay_us(1);                        //延时
    sendbyte(Hdata);                    //发送高 4 位
    delay_us(1);                        //延时
    sendbyte(Ldata);                    //发送低 4 位
    delay_us(1);                        //延时
}

/********LCD 串行初始化函数********/
void lcd_init()
{
    PSB = 0;                            //设置为串口方式
    RESET = 0;                          //液晶复位
    Delay_ms(3);
    RESET = 1;
    Delay_ms(3);
    CS = 1;                             //片选高电平有效
    lcd_wcmd(0x34);                     //扩充指令操作
    Delay_ms(5);
    lcd_wcmd(0x30);                     //基本指令操作
    Delay_ms(5);
    lcd_wcmd(0x0C);                     //显示开,关光标
    Delay_ms(5);
    lcd_wcmd(0x01);                     //清除 LCD 的显示内容
    Delay_ms(5);
}
/********LCD 清屏函数********/
void  lcd_clr()
{
    lcd_wcmd(0x01);                     //清除 LCD 的显示内容
    Delay_ms(5);
```

```
}
/********光标定位函数,x为显示列,y为显示行********/
void LocateXY(uchar x,uchar y)
{
    if (y == 0) {lcd_wcmd(0x80 + x);}  //第0行
    else if (y == 1) {lcd_wcmd(0x90 + x);} //第1行
    else if(y == 2) {lcd_wcmd(0x88 + x);}  //第2行
    else if(y == 3) {lcd_wcmd(0x98 + x);}  //第3行
}
/********显示屏字符串写入函数,x为显示列,y为显示行********/
 void LCD_write_str(uchar x,uchar y,uchar *s)
 {
     LocateXY(x,y);                    //定位光标位置
     while (*s)                        //如果没结束
     {
         lcd_wdat( *s);                //写字符
         s ++;                         //指向下一字符
     }
 }
```

3. 源程序释疑

从图 12-8 所示的电路中可以看出,12864 LCD 和单片机采用的并口连接方式,实际上,这种连接方式也同样可以进行串口编程和实验,编程时,只需在程序中将 15 引脚(PSB)设置为低电平即可。

4. 实现方法

① 打开 MLAB IDE 软件,建立工程项目,再建立一个名为 ch12_6.c 的源程序文件,输入上面源程序。对源程序进行编译,产生 ch12_6.hex 目标文件。

② 将 DD—900 实验开发板 JP1 的 LCD、V_{CC}两插针短接,为 LCD 液晶屏供电。

③ 将 PIC 核心板 RC0～RC5、V_{DD}、GND 通过几根杜邦线连到 DD—900 实验开发板 P20～P25、V_{CC}、GND 上。这样,DD—900 的 12864 液晶屏就通过串口方式接到了 PIC 核心板上。

④ 将 PICKIT2 连接到 PIC 核心板的 RJ12 接口,同时,用 5V 电源适配器为 PIC 核心板供电,将其 PICKIT2 插接在 PC 的 USB 口上,DD—900 实验开发板不用单独供电(由 PIC 核心板为其供电)。

⑤ 将程序下载到 PIC16F877A 单片机中,观察 12864 液晶屏的显示情况。

该实验源程序和 LCD 驱动程序软件包 Drive_Serial.h 在随书光盘的 ch12\ch12_6 文件夹中。

12.3.4 实例解析 7——12864 LCD 显示图形

1. 实现功能

用 PIC 核心板和 DD—900 实验开发板进行 12864 液晶显示图形实验:在 DD—900 实验

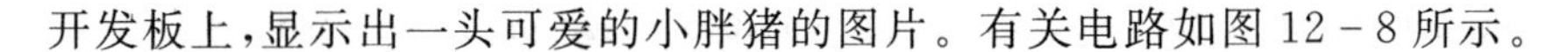

开发板上，显示出一头可爱的小胖猪的图片。有关电路如图12-8所示。

2. 源程序

源程序主要由两部分构成，一是12864液晶屏并口驱动程序软件包Drive_Parallel.h，二是主程序。下面给出主程序：

```
#include<pic.h>
#define uchar unsigned char
#define uint unsigned int
__CONFIG(HS&WDTDIS);
#include "Drive_Parallel.h"
/********端口设置函数********/
void port_init(void)
{
 TRISC = 0x00;
 TRISD = 0x00;
}
/********小猪的图片数据********/
 uchar const bmp_map[] ={
0x00,0x00,0x00,0x00,0x00,0x00,0x00,0x00,0x00,0x00,0x00,0x00,0x00,0x00,0x00,0x00,
0x00,0x00,0x00,0x00,0x00,0x00,0x00,0x00,0x00,0x00,0x00,0x00,0x00,0x00,0x00,0x00,
0x00,0x00,0x00,0x00,0x00,0x00,0x00,0x58,0x00,0x00,0x00,0x00,0x00,0x00,0x00,0x00,
0x00,0x00,0x00,0x00,0x00,0x00,0x03,0xFC,0x00,0x00,0x00,0x00,0x00,0x00,0x00,0x00,
0x00,0x00,0x00,0x00,0x00,0x00,0x1E,0x1C,0x00,0x00,0x00,0x00,0x00,0x00,0x00,0x00,
0x00,0x00,0x00,0x00,0x00,0x00,0x30,0x70,0x00,0x00,0x00,0x00,0x00,0x00,0x00,0x00,
0x00,0x00,0x00,0x00,0x00,0x00,0xE0,0xE8,0x00,0x00,0x00,0x00,0x00,0x00,0x00,0x00,
0x00,0x00,0x00,0x00,0x00,0x01,0x81,0xBC,0x00,0x00,0x00,0x00,0x00,0x00,0x00,0x00,
0x00,0x00,0x00,0x00,0x00,0x07,0x00,0xB8,0x00,0x00,0x00,0x00,0x00,0x00,0x00,0x00,
0x00,0x00,0x00,0x00,0x00,0x0C,0x03,0xC0,0x00,0x00,0x00,0x00,0x00,0x00,0x00,0x00,
0x00,0x00,0x00,0x00,0x00,0x0C,0x03,0x00,0x00,0x00,0x00,0x00,0x00,0x00,0x00,0x00,
0x00,0x00,0x00,0x00,0x00,0x30,0x06,0x00,0x00,0x00,0x00,0x00,0x00,0x00,0x00,0x00,
0x00,0x00,0x00,0x00,0x00,0x30,0x06,0x00,0x00,0x00,0x00,0x00,0x00,0x00,0x00,0x00,
0x00,0x00,0x00,0x00,0x00,0x60,0x06,0x00,0x00,0x00,0x00,0x00,0x00,0x00,0x00,0x00,
0x00,0x00,0x00,0x00,0x01,0xC0,0x03,0xC0,0x00,0x00,0x00,0x00,0x00,0x00,0x00,0x00,
0x00,0x00,0x00,0x00,0x7F,0x80,0x00,0x70,0x00,0x00,0x00,0x00,0x00,0x00,0x00,0x00,
0x00,0x00,0x00,0x03,0xF8,0x00,0x00,0x18,0x00,0x00,0x00,0x00,0x00,0x00,0x00,0x00,
0x00,0x00,0x00,0x0F,0x00,0x00,0x00,0x3E,0x00,0x00,0x00,0x00,0x00,0x00,0x00,0x00,
0x00,0x00,0x00,0x3C,0x00,0x00,0x00,0x7B,0x80,0x00,0x00,0x00,0x00,0x00,0x00,0x00,
0x00,0x00,0x00,0xF0,0x00,0x00,0x00,0x21,0xC0,0x00,0x00,0x00,0x00,0x00,0x00,0x00,
0x00,0x00,0x01,0x80,0x00,0x00,0x00,0x00,0x60,0x00,0x00,0x00,0x00,0x00,0x00,0x00,
0x00,0x00,0x03,0x00,0x00,0x00,0x00,0x00,0x30,0x00,0x00,0x00,0x00,0x00,0x00,0x00,
0x00,0x00,0x0E,0x00,0x00,0x00,0x00,0x00,0x18,0x00,0x00,0x00,0x00,0x00,0x00,0x00,
0x00,0x00,0x1C,0x00,0x00,0x00,0x00,0x00,0x19,0xC0,0x00,0x00,0x00,0x00,0x00,0x00,
0x00,0x00,0x18,0x00,0x00,0x00,0x00,0x00,0xF9,0xE0,0x00,0x00,0x00,0x00,0x00,0x00,
0x00,0x00,0x70,0x00,0x00,0x00,0x00,0x00,0xDF,0x30,0x00,0x00,0x00,0x00,0x00,0x00,
0x00,0x00,0x60,0x00,0x00,0x00,0x00,0x00,0xF0,0x38,0x00,0x00,0x00,0x00,0x00,0x00,
```

```
0x00,0x00,0xC0,0x00,0x00,0x00,0x00,0x00,0x00,0x18,0x00,0x00,0x00,0x00,0x00,0x00,
0x00,0x00,0xC0,0x00,0x00,0x00,0x00,0x00,0x00,0x0C,0x00,0x00,0x00,0x00,0x00,0x00,
0x00,0x01,0x80,0x00,0x00,0x00,0x00,0x00,0x00,0x18,0x00,0x00,0x00,0x00,0x00,0x00,
0x00,0x01,0x80,0x00,0x00,0x00,0x00,0x00,0x00,0x08,0x00,0x00,0x00,0x00,0x00,0x00,
0x01,0xE3,0x00,0x00,0x00,0x00,0x00,0x00,0x00,0x18,0x00,0x00,0x00,0x00,0x00,0x00,
0x01,0xE1,0x00,0x00,0x00,0x00,0x00,0x00,0x00,0x18,0x00,0x00,0x00,0x00,0x00,0x00,
0x06,0xA2,0x00,0x00,0x00,0x00,0x00,0x00,0x00,0x38,0x00,0x00,0x00,0x00,0x00,0x00,
0x03,0xFE,0x00,0x00,0x00,0x00,0x00,0x00,0x00,0x30,0x00,0x00,0x00,0x00,0x00,0x00,
0x00,0xBE,0x00,0x00,0x00,0x00,0x00,0x00,0x00,0x70,0x00,0x00,0x00,0x00,0x00,0x00,
0x00,0x06,0x00,0x00,0x00,0x00,0x00,0x00,0x01,0xC0,0x00,0x00,0x00,0x00,0x00,0x00,
0x00,0x06,0x00,0x00,0x00,0x00,0x00,0x00,0x0F,0x80,0x00,0x00,0x00,0x00,0x00,0x00,
0x00,0x02,0x00,0x00,0x00,0x00,0x00,0x00,0x1F,0xC0,0x00,0x00,0x00,0x00,0x00,0x00,
0x00,0x06,0x00,0x00,0x00,0x00,0x00,0x00,0x0C,0x80,0x00,0x00,0x00,0x00,0x00,0x00,
0x00,0x06,0x00,0x00,0x00,0x00,0x00,0x00,0x00,0xC0,0x00,0x00,0x00,0x00,0x00,0x00,
0x00,0x03,0x00,0x00,0x00,0x00,0x00,0x00,0x01,0x80,0x00,0x00,0x00,0x00,0x60,0x00,
0x00,0x03,0x00,0x00,0x00,0x00,0x00,0x00,0x07,0x00,0x00,0x06,0x00,0x4C,0x60,0x00,
0x00,0x03,0x80,0x00,0x00,0x00,0x00,0x00,0x1E,0x00,0x00,0x06,0x00,0x69,0xFE,0x00,
0x00,0x01,0x80,0x00,0x00,0x00,0x00,0x00,0x30,0x00,0x00,0x06,0x00,0x31,0xFC,0x00,
0x00,0x00,0xC0,0x00,0x00,0x00,0x00,0x00,0x10,0x00,0x00,0x06,0x00,0x70,0x6C,0x00,
0x00,0x00,0xE0,0x00,0x00,0x00,0x00,0x00,0x30,0x00,0x00,0x66,0x60,0xD0,0x78,0x00,
0x00,0x00,0x70,0x00,0x00,0x00,0x00,0x00,0x70,0x00,0x00,0x46,0x60,0x9F,0xFF,0x00,
0x00,0x01,0xC0,0x00,0x00,0x00,0x00,0x00,0x60,0x00,0x00,0xC6,0x30,0x18,0x30,0x00,
0x00,0x01,0xC0,0x00,0x00,0x00,0x00,0x00,0xC0,0x00,0x00,0xC6,0x30,0x18,0x60,0x00,
0x00,0x03,0xE0,0x00,0x00,0x00,0x00,0x01,0xC0,0x00,0x00,0x86,0x18,0x29,0xFE,0x00,
0x00,0x00,0xDE,0x00,0x00,0x00,0x00,0x01,0x40,0x00,0x01,0x86,0x18,0x49,0x82,0x00,
0x00,0x00,0x7F,0x00,0x00,0x00,0x00,0x00,0xE0,0x00,0x01,0x86,0x08,0xCF,0x82,0x00,
0x00,0x00,0x56,0x00,0x00,0x00,0x00,0x29,0xC0,0x00,0x01,0x06,0x00,0x09,0xFE,0x00,
0x00,0x00,0x0C,0x08,0x00,0x00,0x00,0xFD,0xC0,0x00,0x00,0x06,0x00,0x19,0x82,0x00,
0x00,0x00,0x0C,0xDC,0x00,0x00,0x00,0x7F,0x80,0x00,0x00,0x06,0x00,0x11,0xFE,0x00,
0x00,0x00,0x0D,0xFF,0x00,0x00,0x00,0x30,0x80,0x00,0x00,0x1E,0x00,0x71,0xFE,0x00,
0x00,0x00,0x1B,0xE7,0xF4,0x01,0x78,0x18,0x00,0x00,0x00,0x08,0x00,0x61,0x82,0x00,
0x00,0x00,0x0E,0x00,0xFF,0xFF,0xFC,0xB8,0x00,0x00,0x00,0x00,0x00,0x00,0x00,0x00,
0x00,0x00,0x04,0x00,0x0B,0xFE,0x8F,0xF0,0x00,0x00,0x00,0x00,0x00,0x00,0x00,0x00,
0x00,0x00,0x00,0x00,0x00,0x00,0x03,0x10,0x00,0x00,0x00,0x00,0x00,0x00,0x00,0x00,
0x00,0x00,0x00,0x00,0x00,0x00,0x00,0x00,0x00,0x00,0x00,0x00,0x00,0x00,0x00,0x00,
0x00,0x00,0x00,0x00,0x00,0x00,0x00,0x00,0x00,0x00,0x00,0x00,0x00,0x00,0x00,0x00,
0x00,0x00,0x00,0x00,0x00,0x00,0x00,0x00,0x00,0x00,0x00,0x00,0x00,0x00,0x00,0x00
};
/*********图片显示函数*********/
void DispMap(uchar const * bmp)
{
    uchar i,j;
    lcd_wcmd(0x34);              //写数据时,关闭图形显示
    for(i = 0;i<32;i++)          //每屏两行,共32个数据
    {
```

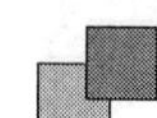

```
        lcd_wcmd(0x80 + i);         //先写入水平坐标值
        lcd_wcmd(0x80);             //写入第1行首地址(第一屏的首地址)
        for(j = 0;j<16;j ++ )       //再写入两个8位元的数据
        lcd_wdat( * bmp ++ );       //写入数据,并指向下一数据
        Delay_ms(1);                //延时1ms
    }
    for(i = 0;i<32;i ++ )           //每屏两行,共32个数据
    {
        lcd_wcmd(0x80 + i);         //写入水平坐标值
        lcd_wcmd(0x88);             //写入第3行的首地址(第二屏的首地址)
        for(j = 0;j<16;j ++ )
        lcd_wdat( * bmp ++ );
        Delay_ms(1);
    }
    lcd_wcmd(0x36);                 //写完数据,开图形显示
}
/********主函数********/
void main()
{
    port_init();
    Delay_ms(100);                  //上电,等待稳定
    lcd_init();                     //初始化LCD
    lcd_clr();                      //清屏
    DispMap(bmp_map);               //显示图片
    while(1);                       //等待
}
```

3. 源程序释疑

图形显示由图片显示函数DispMap完成,由于显示屏分为两屏,故写入图片数据时应分开进行写入。下面重点介绍一下图片数据的制作方法:

制作图片数据时,需要采用LCD字模软件,图12-9所示是LCD字模软件的运行界面。

单击软件软件工具栏上的"打开"铵钮,在出现的打开对话框图,选择事先制作好的"小猪"图片(注意,图片要做成bmp格式的位图,分辨率为128×64),此时,在软件预览区中出现小猪的预览图,如图12-10所示。

再单击软件工具栏上的"生成C51格式数据"按钮,在"图片和汉字数据生成区"就产生了小猪图片的数据,将此数据复制到源程序上即可。

另外,该软件还可以制作汉字数据,制作时,只需在"汉字输入区"输入汉字,按Ctrl+Enter,汉字将发送到预览区,再单击软件工具栏上的"生成C51格式数据"按钮,即可生成相应汉字的数据。随便说一下,该软件不但可制作LCD数据,而且还可制作LED点阵屏数据。

有关LCD字模制作软件较多,读者可到相关网站去下载。

4. 实现方法

实现方法与实例解析6相同。

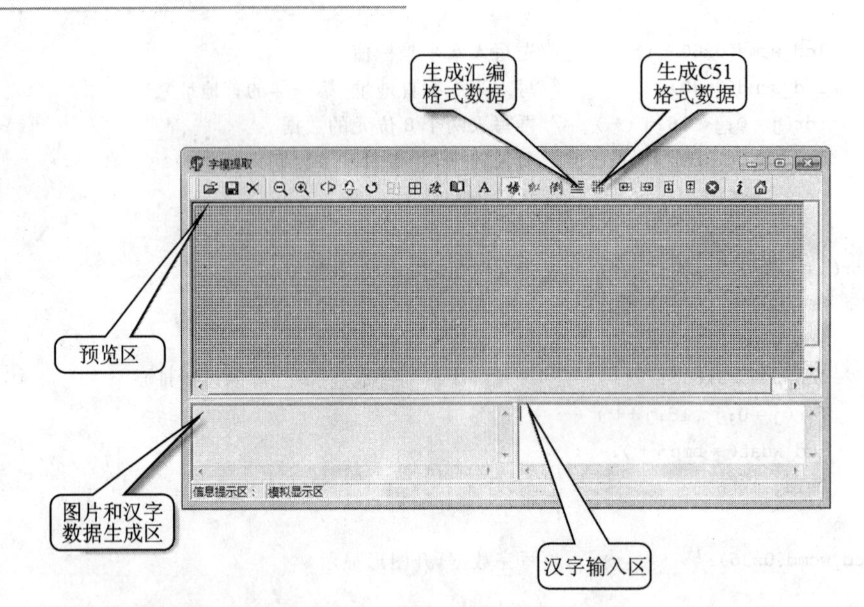

图 12-9 LCD 字模软件运行界面

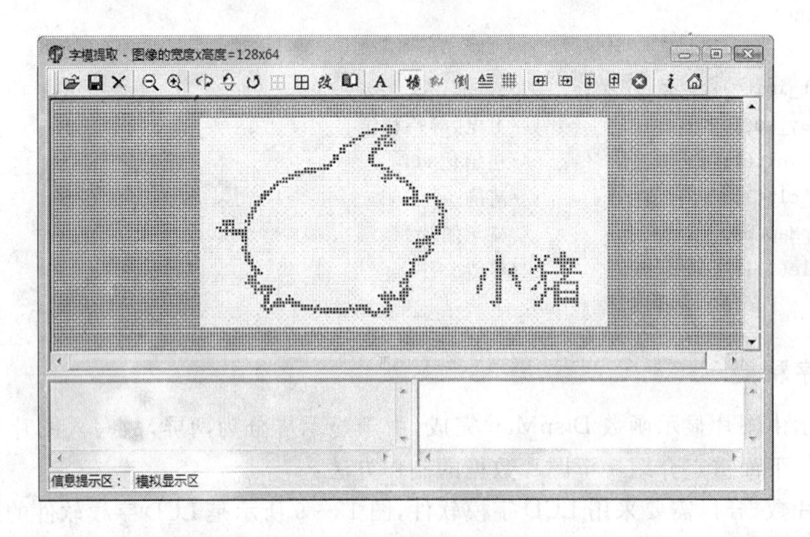

图 12-10 图片的预览图

该实验源程序和 LCD 驱动程序软件包 Drive_Parallel.h 在随书光盘的 ch12\ch12_7 文件夹中。

第13章

时钟芯片DS1302实例解析

时钟芯片的主要功能是完成年、月、周、日、时、分、秒的计时，通过外部接口为单片机系统提供时钟和日历。时钟芯片大都使用32.768Hz的晶振作为振荡源，本身误差很小；另外，很多时钟芯片还内置有温度补偿电路，因此，走时十分准确。目前，常用的时钟芯片主要有DS12887、DS1302、DS3231、PCF8563等，其中，DS1302应用最为广泛。

13.1 时钟芯片DS1302基本知识

13.1.1 DS1302介绍

DS1302是DALLAS公司推出的涓流充电时钟芯片，内含有一个实时时钟/日历和31字节静态RAM，通过简单的串行接口与单片机进行通信，DS1302电路提供秒、分、时、日、月、年的信息，每月的天数和闰年的天数可自动调整，时钟操作可通过AM/PM指示决定采用24或12小时格式，另外，DS1302内部有一个31×8的用于临时性存放数据的RAM寄存器。DS1302与单片机之间能简单地采用同步串行的方式进行通信，仅需用到三个口线，即RST复位端、I/O数据端、SCLK时钟端。DS1302工作时功耗很低，保持数据和时钟信息时功率小于1 mW。

DS1302为8引脚集成电路，其引脚功能如表13-1所列，DS1302应用电路如图13-1所示。

表13-1 DS1302引脚功能

引脚号	符 号	功 能	引脚号	符 号	功 能
1	V_{CC2}	主电源输入	5	RST	复位端，RST=1允许通信，RST=0禁止通信
2	X1	外接32.768 kHz晶振	6	I/O	数据输入/输出端
3	X2	外接32.768 kHz晶振	7	SCLK	串行时钟输入端
4	GND	地	8	V_{CC1}	备用电源输入

需要特别说明的是，备用电源可以用电池或者超级电容器(0.1 F 以上)。虽然 DS1302 在主电源掉电后的耗电很小，但是，如果要长时间保证时钟正常，最好选用小型充电电池。可以用老式计算机主板上的 3.6 V 充电电池。如果断电时间较短(几小时或几天)时，也可以用漏电较小的普通电解电容器代替。100 μF 就可以保证 1 小时的正常走时。

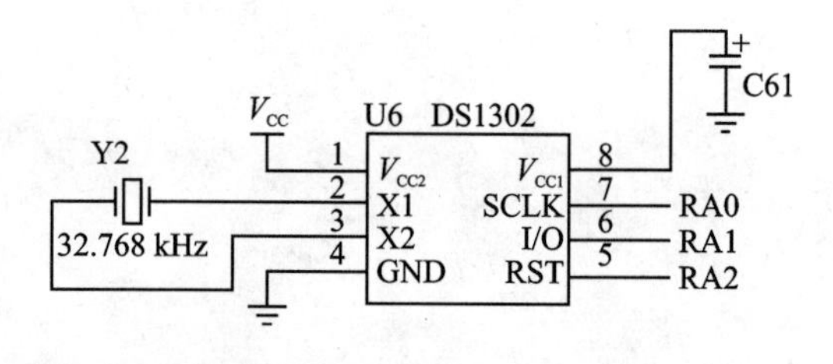

图 13-1 DS1302 应用电路

13.1.2 DS1302 的控制命令字

数据传送是以单片机为主控芯片进行的，每次传送时，由单片机向 DA1302 写入一个控制命令字开始，控制命令字的格式如下：

D7	D6	D5	D4	D3	D2	D1	D0
1	RAM/CK	A4	A3	A2	A1	A0	RD/W

控制命令字的最高位(D7)必须是 1，如果它为 0，则不能把数据写入 DS1302 中。

RAM/CK 位为 DS1302 片内 RAM/时钟选择位，RAM/CK＝1 时选择 RAM 操作，RAM/CK＝0 时选择时钟操作。

RD/W 是读写控制位，RD/W＝1 时为读操作，表示 DS1302 接收完命令字后，按指定的选择对象及寄存器(或 RAM)地址，读取数据，并通过 I/O 线传送给单片机；RD/W＝0 时为写操作，表示 DS1302 接收完命令字后，紧跟着再接受来自单片机的数据字节，并写入到 DS1302 的相应寄存器或 RAM 单元中。

A0～A4 为片内日历时钟寄存器或 RAM 地址选择位。

13.1.3 DS1302 的寄存器

DS1302 内部寄存器地址及寄存器内容如图 13-2 所示。

1. 寄存器的地址

寄存器的地址也就是前面所说的寄存器控制命令字。每个寄存器有两个地址，例如，对于秒寄存器，读操作时，RD/W＝1，读地址为 81H，写操作时，RD/W＝0，写地址为 80H。

DS1302 与 RAM 相关的寄存器分为两类：一类是单个 RAM 单元，共 31 个，每个单元组态为一个字节，其命令控制字为 C0H～FDH，其中奇数为读操作，偶数为写操作；另一类为突发方式下的 RAM 多字节寄存器，此方式下可一次性读写所有的 RAM 的 31 字节，命令控制字为 FEH(写)、FFH(读)。

2. 寄存器的内容

在 DS1302 内部的寄存器中，有 7 个寄存器与日历、时钟相关，存放的数据位为 BCD 码形式。

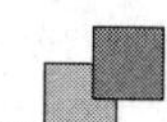

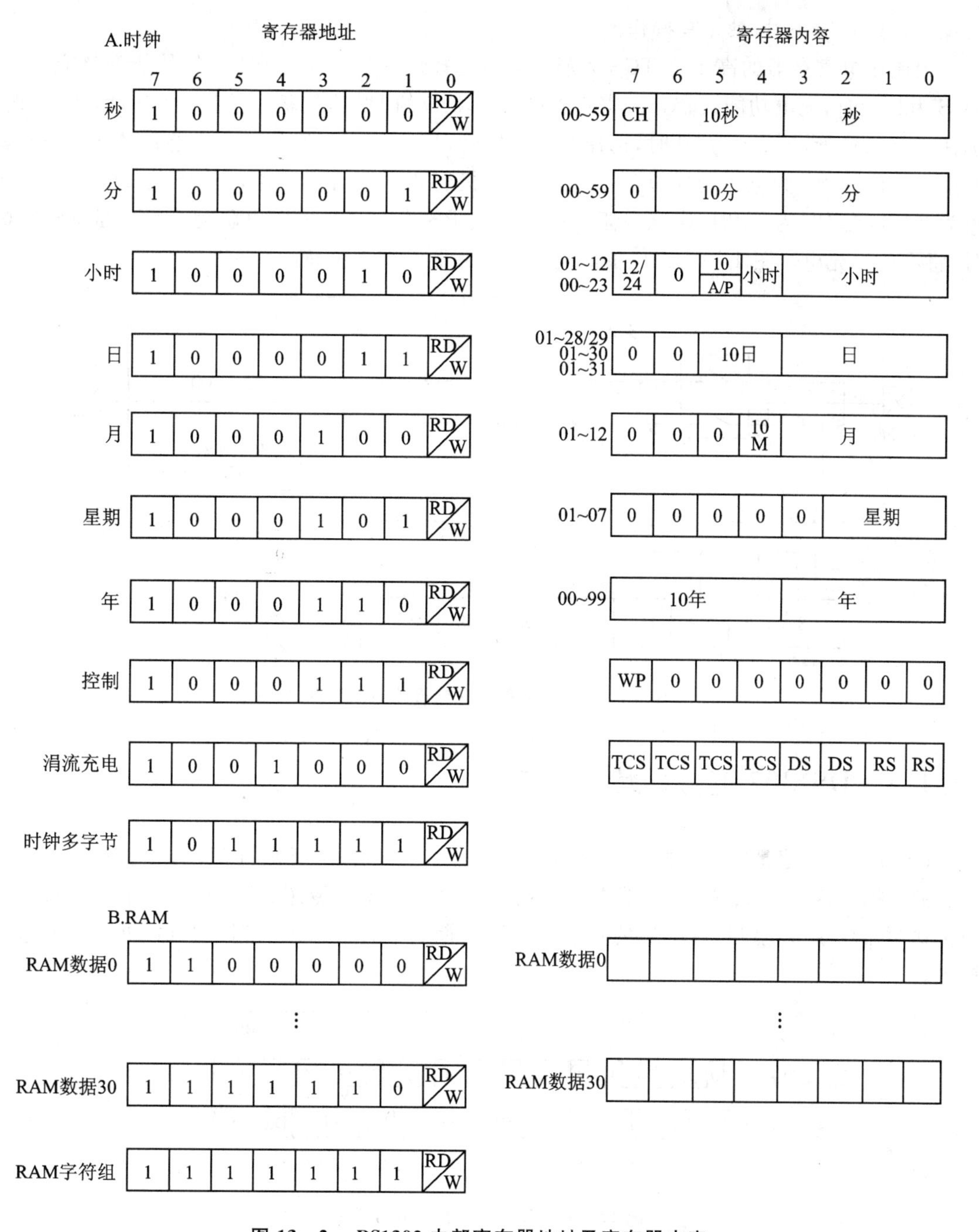

图 13－2　DS1302 内部寄存器地址及寄存器内容

秒寄存器存放的内容中，最高位 CH 位为时钟停止位，当 CH＝1 时，振荡器停止，CH＝0 时，振荡器工作。

小时寄存器存放的内容中，最高位 12/24 为 12/24 小时标志位，该位为 1，为 12 小时模式，该位为 0，为 24 小时模式。第 5 位 A/P 为上午/下午标志位，该位为 1，为下午模式，该位为 0 为上午模式。

控制寄存器的最高位 WP 为写保护位，WP＝0 时，能够对日历时钟寄存器或 RAM 进行写操作，当 WP=1 时，禁止写操作。

涓流充电寄存器的高 4 位 TCS 为涓流充电选择位，当 TCS 为 1010 时，使能涓流充电，当 TCS 为其他时，充电功能被禁止。寄存器的第 3、2 位的 DS 为二极管选择位，当 DS 为 01 时，选择 1 个二极管，当 DS 为 10 时，选择 2 个二极管，当 DS 为其他时，充电功能被禁止。寄存器的第 1、0 位的 RS 为电阻选择位，用来选择与二极管相串联的电阻值，当 RS 为 01 时，串联电阻为 2 kΩ，当 RS 为 10 时，串联电阻为 4 kΩ，当 RS 为 11 时，串联电阻为 8 kΩ，当 RS 为 00 时，将不允许充电。图 13-3 给出了涓流充电寄存器的控制示意图。

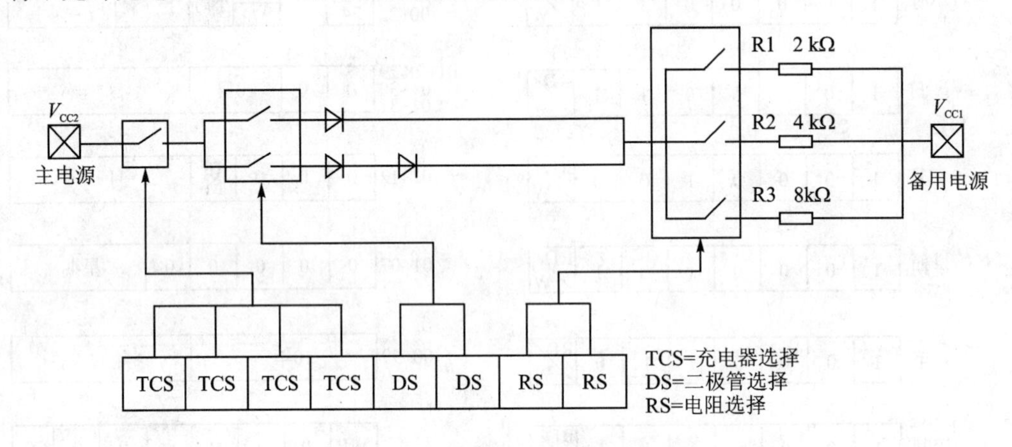

图 13-3 涓流充电寄存器控制示意图

13.1.4 DS1302 的数据传送方式

DS1302 有单字节传送方式和多字节传送方式。通过把 RST 复位线驱动至高电平，启动所有的数据传送。图 13-4 所示是单字节数据传送示意图。传送时，首先在 8 个 SCLK 周期内传送写命令字节，然后，在随后的 8 个 SCLK 周期的上升沿输入数据字节，数据从位 0 开始输入。

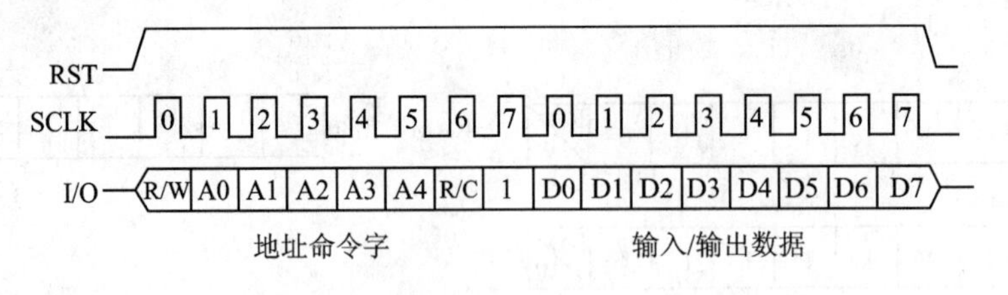

图 13-4 单字节数据传送示意图

数据输入时，时钟的上升沿数据必须有效，数据的输出在时钟的下降沿。如果 RST 为低电平，那么所有的数据传送将被中止，且 I/O 引脚变为高阻状态。

上电时，在电源电压大于 2.5 V 之前，RST 必须为逻辑 0。当把 RST 驱动至逻辑 1 状态时，SCLK 必须为逻辑 0。

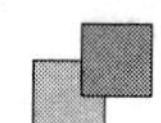

13.2　DS1302 读/写实例解析

13.2.1　实例解析 1——DS1302 数码管电子钟

1. 实现功能

用 PIC 核心板和 DD—900 实验开发板实现 DS1302 数码管电子钟功能：开机后，数码管开始走时，调整好时间后断电，开机仍能正常走时(断电时间不要太长)；按 K1 键(设置键)走时停止，蜂鸣器响一声，此时，按 K2 键(小时加 1 键)，小时加 1，按 K3 键(分钟加 1 键)，分钟加 1，调整完成后按 K4 键(运行键)，蜂鸣器响一声后继续走时。有关电路如图 13－5 所示。

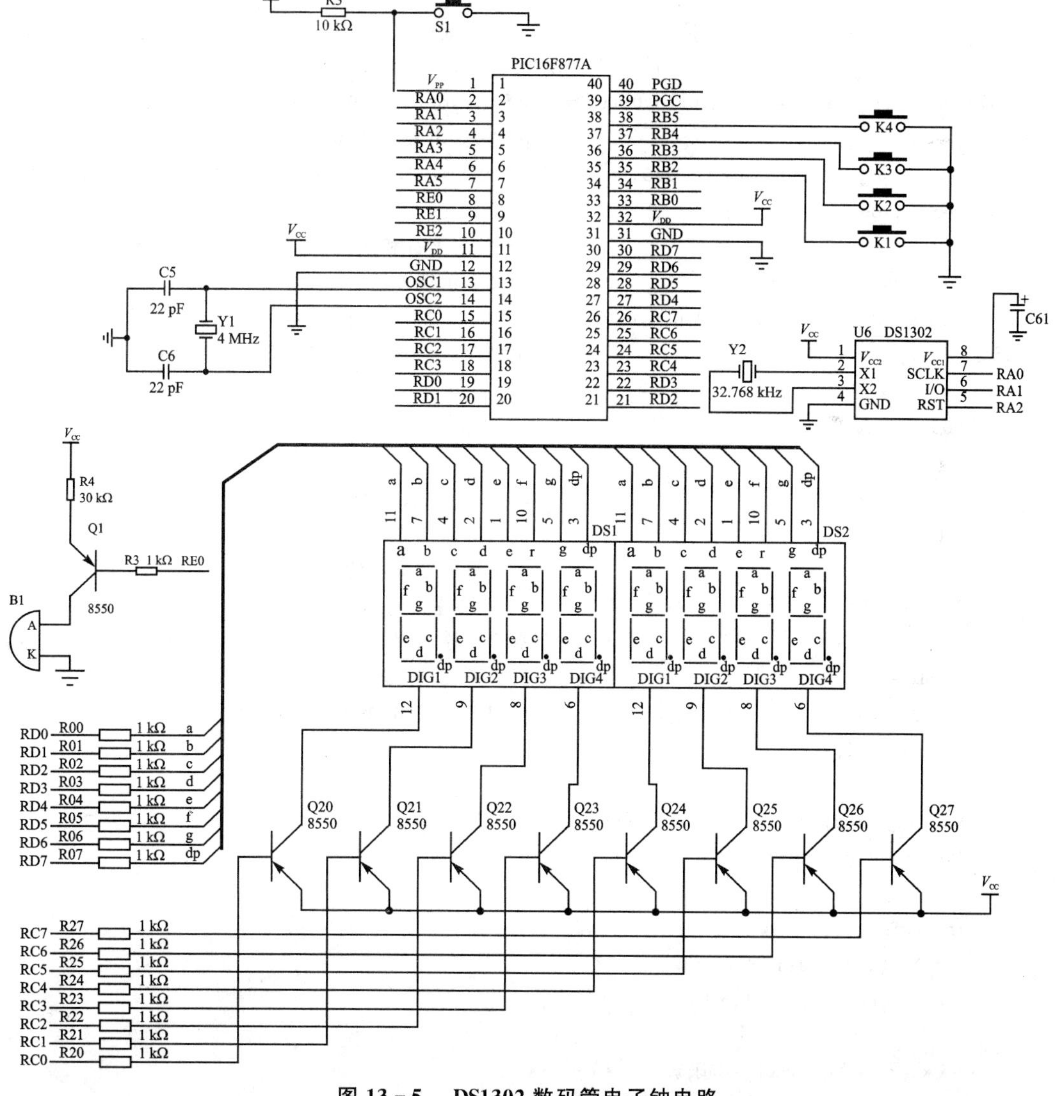

图 13－5　DS1302 数码管电子钟电路

2. 源程序

源程序主要由两部分构成，一是 DS1302 驱动程序软件包 DS1302_drive. h，二是主程序。以下是主程序：

```
#include<pic.h>
#define uchar unsigned char
#define uint   unsigned int
__CONFIG(HS&WDTDIS);
#include "DS1302_drive.h"
#define     K1   RB2                               //定义 K1 键
#define     K2   RB3                               //定义 K2 键
#define     K3   RB4                               //定义 K3 键
#define     K4   RB5                               //定义 K4 键
#define     BEEP  RE0                              //定义蜂鸣器
uchar  K1_FLAG = 0;                                //定义按键标志位，当按下 K1 键时，该位置 1，K1 键未
                                                   //按下时，该位为 0
uchar const bit_tab[] = {0xfe,0xfd,0xfb,0xf7,0xef,0xdf,0xbf,0x7f};
                                                   //位选表，用来选择哪一只数码管进行显示
uchar const seg_data[] = {0xc0,0xf9,0xa4,0xb0,0x99,0x92,0x82,0xf8,0x80,0x90,0x88,0x83,0xc6,
0xa1,0x86,0x8e,0xff,0xbf};
                                                   //0～F、熄灭符和字符"-"的显示码(字形码)
uchar disp_buf[8] = {0x00};                        //定义显示缓冲区
uchar time_buf[7] = {0,0,0x12,0,0,0,0};            //DS1302 时间缓冲区，存放秒、分、时、日、月、星期、年
uchar  temp [2] = {0};                             //用来存放设置时的小时、分钟的中间值
/******** 端口设置函数 ********/
void port_init()
{
    ADCON1 = 0x06;                                 //RA/RE 口设置为普通 I/O 口
    TRISA = 0x00;                                  //端口 A 设置为输出
    OPTION = 0x00;                                 //端口 B 弱上位使能
    TRISB = 0xff;                                  //RB 口设置为输入
    TRISC  =  0x00;                                //端口 C 输出，位选
    TRISD  =  0x00;                                //端口 D 输出，段选
    TRISE = 0x00;                                  //端口 E 为输出，蜂鸣器(RE0)
    PORTE = 0xff;
}
/******** 延时函数 ********/
void Delay_ms(uint xms)
{
    int i,j;
    for(i = 0;i<xms;i++)
        { for(j = 0;j<71;j++) ; }
}
/********* 蜂鸣器响一声函数 ********/
void beep()
```

```
{
    BEEP = 0;                              //蜂鸣器响
    Delay_ms(100);
    BEEP = 1;                              //关闭蜂鸣器
    Delay_ms(100);
}
/********* 走时转换函数,负责将走时数据转换为适合数码管显示的数据 *********/
void conv(uchar in1,uchar in2,uchar in3)  //形参 in1、in2、in3 接收实参传来的时/分/秒数据
{
    disp_buf[0] = in1/10;                  //小时十位
    disp_buf[1] = in1 % 10;                //小时个位
    disp_buf[3] = in2/10;                  //分钟十位
    disp_buf[4] = in2 % 10;                //分钟个位
    disp_buf[6] = in3/10;                  //秒十位
    disp_buf[7] = in3 % 10;                //秒个位
    disp_buf[2] = 17;                      //第 3 只数码管显示"-"(在 seg_data 表的第 17 位)
    disp_buf[5] = 17;                      //第 6 只数码管显示"-"
}
/********* 显示函数 *********/
void Display()
{
    uchar tmp;                             //定义显示暂存
    static uchar disp_sel = 0;             //显示位选计数器,显示程序通过它得知现正显示
                                           //哪个数码管,初始值为 0
    tmp = bit_tab[disp_sel];               //根据当前的位选计数值决定显示哪只数码管
    PORTC = tmp;                           //送 P2 控制被选取的数码管点亮
    tmp = disp_buf[disp_sel];              //根据当前的位选计数值查的数字的显示码
    tmp = seg_data[tmp];                   //取显示码
    PORTD = tmp;                           //送到 P0 口显示出相应的数字
    disp_sel ++ ;                          //位选计数值加 1,指向下一个数码管
    if(disp_sel == 8)
    disp_sel = 0;                          //如果 8 个数码管显示了一遍,则让其返回 0,重新
                                           //再扫描
}
/********** 定时器 0 初始化函数 *********/
void timer0_init()
{
    GIE = 1;                               //开总中断
    //PEIE = 1;                            //开外围功能模块中断
    T0CS = 0;                              //定时器 0 对内部时钟计数
    PSA = 0;                               //分频器分配给 TRM0
    PS0 = 1;
    PS1 = 1;
    PS2 = 1;                               //定时器 0 分频比为 1:256
    T0IE = 1;                              //允许 TMR0 溢出中断
```

```
    TMR0 = 248;                              //TMR0 赋初值,定时 2ms
}
/ ******** 中断服务程序 ********/
void interrupt ISR(void)
{
    if (TMR0IF == 1)
    {
        TMR0IF = 0;                          //清 TMR1 溢出中断标志位
        TMR0 = 248;                          //TMR0 赋初值,定时 2ms
        Display();                           //调显示函数
    }
}

/ ******** 按键处理函数 ********/
void KeyProcess()
{
    uchar min16,hour16;                      //定义十六进制的分钟和小时变量
    write_ds1302(0x8e,0x00);                 //DS1302 写保护控制字,允许写
    write_ds1302(0x80,0x80);                 //时钟停止运行
    if(K2 == 0)                              //K2 键用来对小时进行加 1 调整
    {
        Delay_ms(10);                        //延时去抖
        if(K2 == 0)
        {
            while(!K2);                      //等待 K2 键释放
            beep();
            time_buf[2] = time_buf[2] + 1; //小时加 1
            if(time_buf[2] == 24) time_buf[2] = 0;   //当变成 24 时初始化为 0
            hour16 = time_buf[2]/10 * 16 + time_buf[2] % 10;   //将所得的小时数据转变成十六
                                                                //进制数据
            write_ds1302(0x84,hour16);   //将调整后的小时数据写入 DS1302
        }
    }
    if(K3 == 0)                              // K3 键用来对分钟进行加 1 调整
    {
        Delay_ms(10);                        //延时去抖
        if(K3 == 0)
        {
            while(!K3);                      //等待 K3 键释放
            beep();
            time_buf[1] = time_buf[1] + 1; //分钟加 1
            if(time_buf[1] == 60) time_buf[1] = 0;   //当分钟加到 60 时初始化为 0
            min16 = time_buf[1]/10 * 16 + time_buf[1] % 10;   //将所得的分钟数据转变成十六
                                                              //进制数据
            write_ds1302(0x82,min16);    //将调整后的分钟数据写入 DS1302
```

```
        }
    }
    if(K4 == 0)                          //K4 键是确认键
    {
        Delay_ms(10);                    //延时去抖
        if(K4 == 0)
        {
            while(! K4);                 //等待 K4 键释放
            beep();
            write_ds1302(0x80,0x00);     //调整完毕后,启动时钟运行
            write_ds1302(0x8e,0x80);     //写保护控制字,禁止写
            K1_FLAG = 0;                 //将 K1 键按下标志位清 0
        }
    }
}
/******** 读取时间函数,负责读取当前的时间,并将读取到的时间转换为十进制数 ********/
void get_time()
{
    uchar sec,min,hour;                  //定义秒、分和小时变量
    write_ds1302(0x8e,0x00);             //控制命令,WP = 0,允许写操作
    write_ds1302(0x90,0xab);             //涓流充电控制
    sec = read_ds1302(0x81);             //读取秒
    min = read_ds1302(0x83);             //读取分
    hour = read_ds1302(0x85);            //读取时
    time_buf[0] = sec/16 * 10 + sec % 16;    //将读取到的十六进制数转化为十进制
    time_buf[1] = min/16 * 10 + min % 16;    //将读取到的十六进制数转化为十进制
    time_buf[2] = hour/16 * 10 + hour % 16;  //将读取到的十六进制数转化为十进制
}
/******** 主函数 ********/
void main(void)
{
    port_init();
    timer0_init();                       //调定时器 0 初始化函数
    init_ds1302();                       //DS1302 初始化
    while(1)
    {
        get_time();                      //读取当前时间
        if(K1 == 0)                      //若 K1 键按下
        {
            Delay_ms(10);                //延时 10 ms 去抖
            if(K1 == 0)
            {
                while(!K1);              //等待 K1 键释放
                beep();                  //蜂鸣器响一声
                K1_FLAG = 1;             //K1 键标志位置 1,以便进行时钟调整
```

```
            }
        }
        if(K1_FLAG == 1)KeyProcess();                   //若 K1_FLAG 为 1,则进行走时调整
        conv(time_buf[2],time_buf[1],time_buf[0]); //将 DS1302 的小时/分/秒传送到转换函数
    }
}
```

以下是 DS1302 的驱动程序软件包,软件包文件名为 DS1302_drive.h,具体内容如下:

```
#define  uchar unsigned char
#define  uint  unsigned int
#define  sclk    RA0
#define  io     RA1
#define  reset  RA2
#define reset_IO  TRISA2
#define sclk_IO   TRISA0
#define io_IO     TRISA1
/*复位脚*/
#define RST_CLR     reset = 0     /*电平置低*/
#define RST_SET     reset = 1     /*电平置高*/
#define RST_IN      reset_IO = 1  /*方向输入*/
#define RST_OUT     reset_IO = 0  /*方向输出*/
/*双向数据*/
#define IO_CLR      io = 0        /*电平置低*/
#define IO_SET      io = 1        /*电平置高*/
#define IO_IN       io_IO = 1     /*方向输入*/
#define IO_OUT      io_IO = 0     /*方向输出*/
/*时钟信号*/
#define SCK_CLR     sclk = 0      /*电平置低*/
#define SCK_SET     sclk = 1      /*电平置高*/
#define SCK_IN      sclk_IO = 1   /*方向输入*/
#define SCK_OUT     sclk_IO = 0   /*方向输出*/
/******** 函数声明 ********/
void delay1()     ;
void  write_byte(uchar inbyte);                    //写 1 字节数据函数声明
uchar  read_byte(void);                            //读 1 字节数据函数声明
void  write_ds1302(uchar cmd,uchar indata);        //写 DS1302 函数声明
uchar  read_ds1302(uchar addr);                    //读 DS1302 函数声明
void  set_ds1302(uchar addr,uchar *p,uchar n);     //设置 DS1302 初始时间函数声明
void  init_ds1302(void);                           //DS1302 初始化函数声明
void  delay1()                                     //延时程序
{
    int i;                                         //定义整形变量
    for(i = 100;i -- ;);                           //延时
}
/******** 从 DS1302 读一个字节数据 ********/
```

```
uchar read_byte(void)
{
    uchar i,dat = 0;                        //dat 存放读出的数据,初始化为 0
    IO_IN;                                  //置为输入
    IO_CLR;                                 //不带上位电阻
    for(i = 0;i< 7;i++)                     //读 7 位(注意,不是 8 位
    {
        SCK_CLR;
        if(io)                              //读数据端口状态
        {dat = dat|0x80;}
        else
            {dat = dat&0x7f;}
        SCK_SET;                            //产生下跳沿
        dat = dat >> 1;
    }
    IO_OUT;                                 //恢复为输出
    SCK_CLR;
    return dat;                             //返回读出的数据
}
/******** 向 DS1302 写一个字节数据 ********/
void write_byte(uchar dat)
{
    uchar i;
    for(i = 0;i < 8;i++)                    //写 8 位,低位在前
    {
        IO_CLR;
        SCK_CLR;
        if(dat & 0x01)                      //写数据位
        {
            IO_SET;
        }
        else
        {
            IO_CLR;
        }
        SCK_SET;
        dat >> = 1;                         //数据右移 1 位
    }
    SCK_CLR;
}
/******** 从 DS1302 的指定地址读一个字节数据 ********/
uchar read_ds1302(uchar addr)
{
    char data;
    RST_CLR;
```

```
    SCK_CLR;
    delay1();
    RST_SET;
    delay1();
    write_byte(addr);                       //写入操作命令(地址)
    //delay1();
    data = read_byte();                     //读出数据
    //delay1();
    SCK_CLR;
    RST_CLR;
    return data;
}
void write_ds1302(uchar addr,uchar data)
{
    RST_CLR;
    SCK_CLR;
    delay1();
    RST_SET;
    delay1();
    write_byte(addr);                       //写入操作命令(地址)
    //delay1();
    SCK_CLR;
    //delay1();
    write_byte(data);                       //写入数据
    SCK_CLR;
    //delay1();
    RST_CLR;
}
/********设置初始时间函数 ********/
void set_ds1302(uchar addr,uchar *p,uchar n)
{
    write_ds1302(0x8e,0x00);                //写控制字,允许写操作
    for(;n>0;n--)
    {
    write_ds1302(addr,*p);
    p++;
    addr = addr + 2;
    }
    write_ds1302(0x8e,0x80);                //写保护,不允许写
}
/********初始化 DS1302 函数********/
void init_ds1302()
{
    RST_CLR;                                //RST 引脚置低
    SCK_CLR;                                //SCK 引脚置低
```

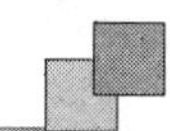

```
    RST_OUT;                                //RST 引脚设置为输出
    SCK_OUT;                                //SCK 引脚设置为输出
    write_ds1302(0x80,0x00);                //写秒寄存器
    write_ds1302(0x90,0xab);                //写充电器
    write_ds1302(0x8e,0x80);                //写保护控制字,禁止写
}
```

3. 源程序释疑

该源程序与第 11 章实例解析 3 介绍的简易数码管电子钟的源程序有很多相同和相似的地方，主要区别有以下几点：

① 第 11 章简易数码管电子钟的走时功能由定时器 T1 完成，而本例源程序的走时功能由 DS1302 完成。

② 二者的按键处理函数 KeyProcess 有所不同，本例的 KeyProcess 函数增加了对 DS1302 的控制功能（如振荡器的关闭与启动，调整数据的写入等）。

另外需要说明的是，本例中 DS1302 不但可以显示时间，而且还可以显示年、月、日和星期等数据，读者可在本例的基础上进行功能扩充。

4. 实现方法

① 打开 MLAB IDE 软件，建立工程项目，再建立一个名为 ch13_1. c 的源程序文件，输入上面源程序。对源程序进行编译，产生 ch13_1. hex 目标文件。

② 将 DD—900 实验开发板 JP1 的 DS、V_{CC}两插针短接，为 LED 数码管供电。

③ 将 PIC 核心板 RD0～RD7、RC0～RC7、RB2～RB5、RA0～RA2、RE0、V_{DD}、GND 通过几根杜邦连到 DD—900 实验开发板 P00～P07、P20～P27、P32～P35、P10～P12、P37、V_{CC}、GND 上。同时将 JP5 的三组插针（P10～P12 插针与 3 个 1302 插针）用短接帽短接，这样，DD—900 的数码管、4 个独立按键、DS1302、蜂鸣器就接到了 PIC 核心板上。

④ 将 PICKIT2 连接到 PIC 核心板的 RJ12 接口，同时，用 5V 电源适配器为 PIC 核心板供电，将其 PICKIT2 插接在 PC 的 USB 口上，DD—900 实验开发板不用单独供电（由 PIC 核心板为其供电）。

⑤ 将程序下载到 PIC16F877A 单片机中，观察 LED 数码管的走时情况是否正常，按压按键，观察按键的时间调整功能是否正常。

该实验源程序和 D1302 驱动程序软件包 DS1302_drive. h 在随书光盘的 ch13\ch13_1 文件夹中。

13.2.2　实例解析 2——DS1302 LCD 电子钟

1. 实现功能

用 PIC 核心板和 DD—900 实验开发板实现 DS1302 LCD 电子钟功能：开机后，LCD 上显示以下内容并开始走时，并且断电后再开机走时依然准确：

　　" ---LCD　Clcok---"

"****XX:XX:XX****"

按 K1 键(设置键)走时停止,蜂鸣器响一声,此时,按 K2 键(小时加 1 键),小时加 1,按 K3 键(分钟加 1 键),分钟加 1,调整完成后按 K4 键(运行键),蜂鸣器响一声后继续走时。

有关电路如图 13-6 所示。

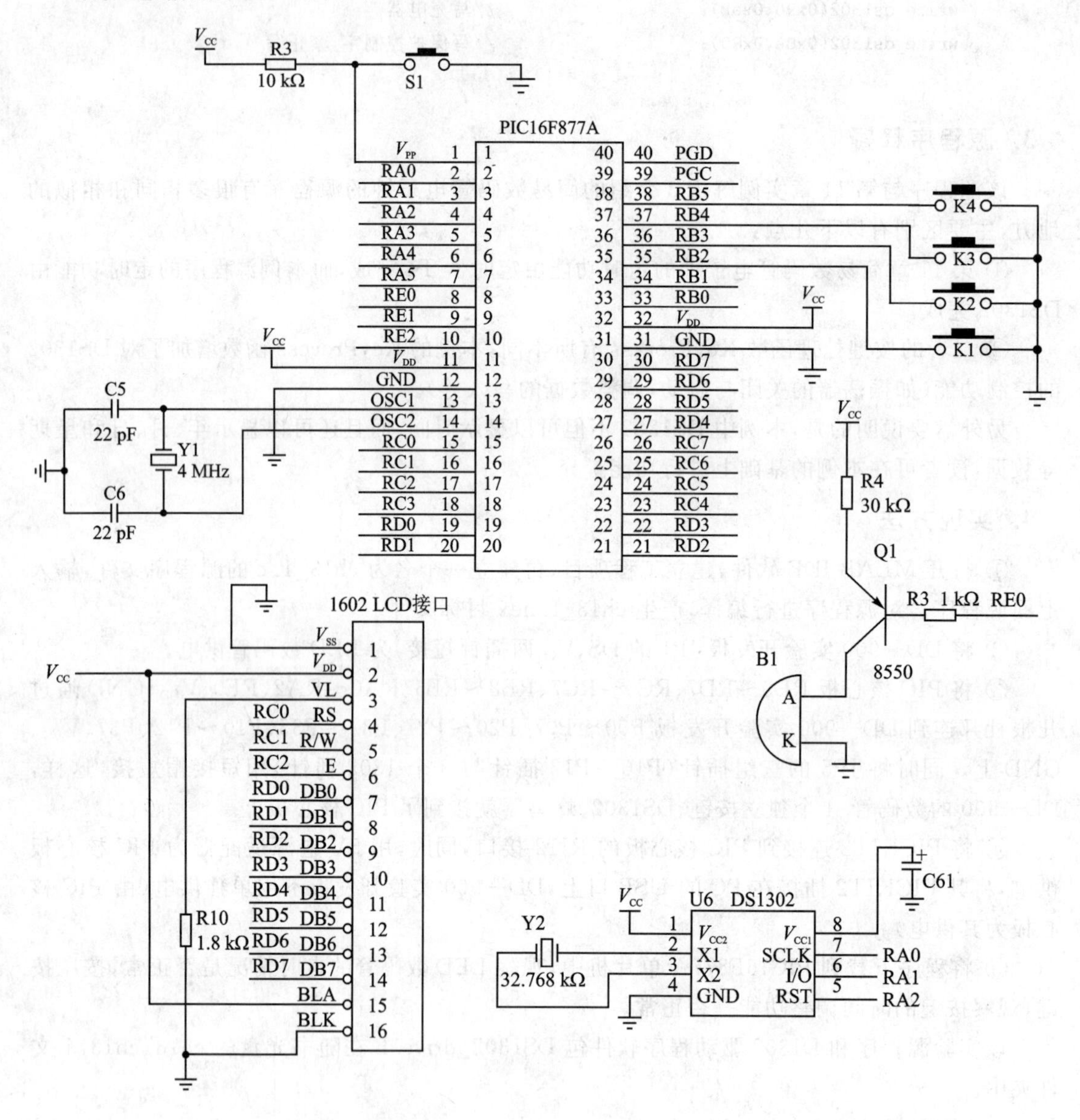

图 13-6 DS1302 LCD 电子钟电路

2. 源程序

源程序主要由三部分构成:一是 DS1302 驱动程序软件包 DS1302_drive.h,二是 1602 液晶屏驱动程序 1602LCD_drive.h,三是是主程序。其中,前两个程序是通用驱动程序,在前面章节中已制作好,下面只给出主程序:

```
#include<pic.h>
#define uchar unsigned char
```

```
#define uint  unsigned int
__CONFIG(HS&WDTDIS);
#include "1602LCD_drive.h"
#include "DS1302_drive.h"
#define    K1   RB2                           //定义 K1 键
#define    K2   RB3                           //定义 K2 键
#define    K3   RB4                           //定义 K3 键
#define    K4   RB5                           //定义 K4 键
#define    BEEP  RE0                          //定义蜂鸣器
uchar count_10ms;                             //定义 10 ms 计数器
uchar K1_FLAG = 0;                            //定义按键标志位,当按下 K1 键时,该位置 1,K1 键
                                              //未按下时,该位为 0
uchar  line1_data[] = {"---LCD  Clcok---"};  //定义第 1 行显示的字符
uchar  line2_data[] = {"****"};              //定义第 2 行显示的字符
uchar disp_buf[8] = {0x00};                   //定义显示缓冲区
uchar time_buf[7] = {0,0,0x12,0,0,0,0};       //DS1302 时间缓冲区,存放秒、分、时、日、月、星期、年
uchar  temp [2] = {0};                        //用来存放设置时的小时、分钟的中间值
/********* 端口设置函数 ********/
void port_init()
{
    ADCON1 = 0x06;                            //RA 口设置为普通 I/O 口
    TRISA = 0x00;                             //端口 A 设置为输出
    OPTION = 0x00;                            //端口 B 弱上位使能
    TRISB = 0xff;                             //RB 口设置为输入
    TRISC  =  0x00;                           //端口 C 输出,位选
    TRISD  =  0x00;                           //端口 D 输出,段选
    TRISE = 0x00;                             //端口 E 为输出,蜂鸣器(RE0)
    PORTE = 0xff;
}
/********** 蜂鸣器响一声函数 ********/
void  beep()
{
    BEEP = 0;                                 //蜂鸣器响
    Delay_ms(100);
    BEEP = 1;                                 //关闭蜂鸣器
    Delay_ms(100);
}
/********* 转换函数,负责将走时数据转换为适合 LCD 显示的数据 ********/
void  LCD_conv (uchar  in1,uchar in2,uchar in3 )
//形参 in1、in2、in3 接收实参 time_buf[2]、time_buf[1]、time_buf[0]传来的小时、分钟、秒数据
{
    disp_buf[0] = in1/10 + 0x30;              //小时十位数据
    disp_buf[1] = in1 % 10 + 0x30;            //小时个位数据
    disp_buf[2] = in2/10 + 0x30;              //分钟十位数据
    disp_buf[3] = in2 % 10 + 0x30;            //分钟个位数据
```

```
    disp_buf[4] = in3/10 + 0x30;               //秒十位数据
    disp_buf[5] = in3 % 10 + 0x30;             //秒个位数据
}
/******** LCD 显示函数,负责将函数 LCD_conv 转换后的数据显示在 LCD 上 ********/
void  LCD_disp ()
{
    LocateXY(4,1);                             //从第 1 行第 4 列开始显示时间数据
    lcd_wdat(disp_buf[0]);                     //显示小时十位
    lcd_wdat(disp_buf[1]);                     //显示小时个位
    lcd_wdat(0x3a);                            //显示:
    lcd_wdat(disp_buf[2]);                     //显示分钟十位
    lcd_wdat(disp_buf[3]);                     //显示分钟个位
    lcd_wdat(0x3a);                            //显示:
    lcd_wdat(disp_buf[4]);                     //显示秒十位
    lcd_wdat(disp_buf[5]);                     //显示秒个位
}

/******** 按键处理函数 ********/
void KeyProcess()
{
    uchar min16,hour16;                        //定义十六进制的分钟和小时变量
    write_ds1302(0x8e,0x00);                   //DS1302 写保护控制字,允许写
    write_ds1302(0x80,0x80);                   //时钟停止运行
    if(K2 == 0)                                //K2 键用来对小时进行加 1 调整
    {
        Delay_ms(10);                          //延时去抖
        if(K2 == 0)
        {
            while(! K2);                       //等待 K2 键释放
            beep();
            time_buf[2] = time_buf[2] + 1;     //小时加 1
            if(time_buf[2] == 24) time_buf[2] = 0;      //当变成 24 时初始化为 0
            hour16 = time_buf[2]/10 * 16 + time_buf[2] % 10;  //将所得的小时数据转变成十六
                                                              //进制数据
            write_ds1302(0x84,hour16);         //将调整后的小时数据写入 DS1302
        }
    }
    if(K3 == 0)                                // K3 键用来对分钟进行加 1 调整
    {
        Delay_ms(10);                          //延时去抖
        if(K3 == 0)
        {
            while(! K3);                       //等待 K3 键释放
            beep();
            time_buf[1] = time_buf[1] + 1;     //分钟加 1
```

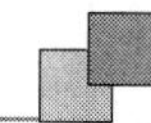

```
            if(time_buf[1] == 60) time_buf[1] = 0;      //当分钟加到 60 时初始化为 0
            min16 = time_buf[1]/10 * 16 + time_buf[1] % 10;  //将所得的分钟数据转变成十六
                                                          //进制数据
            write_ds1302(0x82,min16);       //将调整后的分钟数据写入 DS1302
        }
    }
    if(K4 == 0)                             //K4 键是确认键
    {
        Delay_ms(10);                       //延时去抖
        if(K4 == 0)
        {
            while(! K4);                    //等待 K4 键释放
            beep();
            write_ds1302(0x80,0x00);        //调整完毕后,启动时钟运行
            write_ds1302(0x8e,0x80);        //写保护控制字,禁止写
            K1_FLAG = 0;                    //将 K1 键按下标志位清 0
        }
    }
}
/******** 读取时间函数,负责读取当前的时间,并将读取到的时间转换为十进制数 ********/
void get_time()
{
    uchar sec,min,hour;                     //定义秒、分和小时变量
    write_ds1302(0x8e,0x00);                //控制命令,WP = 0,允许写操作
    write_ds1302(0x90,0xab);                //涓流充电控制
    sec = read_ds1302(0x81);                //读取秒
    min = read_ds1302(0x83);                //读取分
    hour = read_ds1302(0x85);               //读取时
    time_buf[0] = sec/16 * 10 + sec % 16;   //将读取到的十六进制数转化为十进制
    time_buf[1] = min/16 * 10 + min % 16;   //将读取到的十六进制数转化为十进制
  time_buf[2] = hour/16 * 10 + hour % 16;   //将读取到的十六进制数转化为十进制
}
/******** 主函数 ********/
void main(void)
{
    uchar i;
    port_init();
    init_ds1302();                          //DS1302 初始化
    lcd_init();                             //LCD 初始化函数(在 LCD 驱动程序软件包中)
    lcd_clr();                              //清屏函数(在 LCD 驱动程序软件包中)
    LCD_write_str(0,0,line1_data);          //在第 0 行显示"---LCD   Clcok---"
  LCD_write_str(0,1,line2_data);            //在第 1 行 0~3 列显示"****"
    LCD_write_str(12,1,line2_data);         //在第 1 行 12 列之后显示"****"
    while(1)
    {
```

```
        get_time();                       //读取当前时间
        if(K1 == 0)                       //若 K1 键按下
        {
            Delay_ms(10);                 //延时 10ms 去抖
            if(K1 == 0)
            {
                while(! K1);              //等待 K1 键释放
                beep();                   //蜂鸣器响一声
                K1_FLAG = 1;              //K1 键标志位置 1,以便进行时钟调整
            }
        }
        if(K1_FLAG == 1)KeyProcess();     //若 K1_FLAG 为 1,则进行走时调整
        LCD_conv(time_buf[2],time_buf[1],time_buf[0]);  //将 DS1302 的小时/分/秒传送到
                                                        //转换函数
        LCD_disp();                       //调 LCD 显示函数,显示小时、分和秒
    }
}
```

3. 源程序释疑

该源程序与上例有许多相同或相似的地方,主要区别是将 LED 显示改为 LCD 显示,在源程序中已进行了详细的说明,这里不再分析。

4. 实现方法

① 打开 MLAB IDE 软件,建立工程项目,再建立一个名为 ch12_4.c 的源程序文件,输入上面源程序。对源程序进行编译,产生 ch12_4.hex 目标文件。

② 将 DD—900 实验开发板 JP1 的 LCD、V_{CC}两插针短接,为 LCD 液晶屏供电。

③ 将 PIC 核心板 RD0～RD7、RC0～RC2、RB2～RB5、RA0～RA2、RE0、V_{DD}、GND 通过几根杜邦连到 DD—900 实验开发板 P00～P07、P20～P22、P32～P35、P10～P12、P37、V_{CC}、GND 上。同时将 JP5 的三组插针(P10～P12 插针与 3 个 1302 插针)用短接帽短接,这样,DD—900 的 1602 液晶屏、4 个独立按键、DS1302、蜂鸣器就接到了 PIC 核心板上。

④ 将 PICKIT2 连接到 PIC 核心板的 RJ12 接口,同时,用 5 V 电源适配器为 PIC 核心板供电,将其 PICKIT2 插接在 PC 的 USB 口上,DD—900 实验开发板不用单独供电(由 PIC 核心板为其供电)。

⑤ 将程序下载到 PIC16F877A 单片机中,观察 1602 液晶屏显示的时钟是否正常,按压按键,检查是否可以调时。

该实验源程序和 D1302 驱动程序软件包 DS1302_drive.h、LCD 驱动程序软件包 1602LCD_drive.h 在随书光盘的 ch13\ch13_2 文件夹中。

第 14 章

EEPROM 存储器实例解析

一个单片机系统中,存储器起着非常重要的作用。单片机内部的存储器主要分为数据存储器 RAM 和程序存储器 Flash ROM,我们所编写的程序一般写入到 Flash ROM 中,程序运行时产生的中间数据一般存放在 RAM 中。RAM 虽然使用比较方便,但也有自身的缺陷,即系统掉电后保存在数据存储区 RAM 内部的数据会丢失,对于某些对数据要求严格的系统而言,这个问题往往是致命的。为了解决这一问题,近年来出现了 EEPROM(电可编程只读存储器)数据存储芯片,比较典型的有基于 I^2C 总线的 24CXX 系列以及基于 Microwire 总线(兼容 SPI)的 93CXX 系列等。这些芯片的共同特点是:芯片掉电后数据不会丢失,数据往往可以保存几年甚至几十年,并且数据可以反复擦写;芯片与单片机接口简单,功耗较低,并且价格便宜。本章主要介绍 24CXX、93CXX 这两种数据存储器的编程方法,并对 PIC16F877A 内部 EEPROM 进行简要说明。

14.1 主控同步串行端口 MSSP 介绍

在 PIC16F877A 单片机内部,带有主控同步串行通信端口 MSSP 模块。MSSP 模块主要用来和带串行接口的外围器件或者其他带有同类接口的单片机进行通信。这些外围器件可以是串行的 RAM、EEPROM、Flash、LCD 驱动器等。

PIC16F877A 单片机内部的 MSSP 模块可以兼容,即可以工作于以下两种工作模式:一是 I^2C 总线串行接口,二是 SPI 串行接口。

14.1.1 I^2C 串行接口

1. 与 I^2C 接口相关的寄存器

与 I^2C 相关的寄存器中,有些与 SPI 是共用的,如 SSPCON、SSPSTAT 等,在此仅介绍它们与 I^2C 接口有关的位及功能。

与 I^2C 接口相关的寄存器主要有以下几个:

(1) 同步串口控制寄存器——SSPCON

SSPCON 各个数据位定义如下:

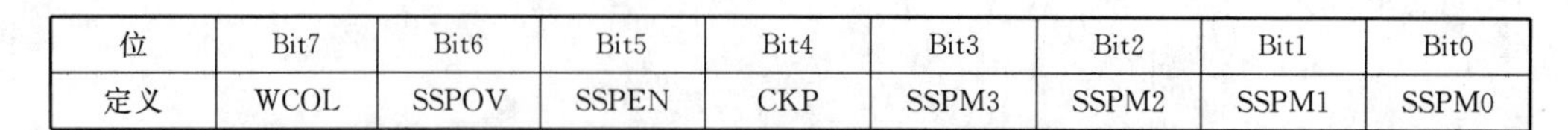

位	Bit7	Bit6	Bit5	Bit4	Bit3	Bit2	Bit1	Bit0
定义	WCOL	SSPOV	SSPEN	CKP	SSPM3	SSPM2	SSPM1	SSPM0

与 I^2C 接口相关的位及功能如下：

WCOL：写操作冲突检测位。若为 1，表示在 I^2C 总线的状态还未准备好时，试图向 SSPBUF 缓冲器写入数据（必须用软件清零）；若为 0，表示未发行冲突。

SSPOV：接收溢出标志位。或为 1，表示缓冲器 SSPBUF 中前一个数据还没有被取走又收到新的数据，在发送方式下此位无效（必须用软件清零）；若为 0，表示未发生接收溢出。

SSPEN：同步串口 MSSP 使能位。若为 1，表示允许串行端口工作，并且设定 SDA 和 SCL 为 I^2C 总线专用引脚；若为 0，关闭串行端口功能，并且设定 SDA 和 SCL 为普通数字 I/O 口。

CKP：在 I^2C 被控方式下，SCL 时钟使能位。若为 1，表示时钟正常工作；若为 0，将时钟线拉低并保持，以延长时钟周期来确保数据建立时间。在 I^2C 主控方式下，未用。

SSPM3～SSPM0：同步串口 MSSP 方式选择位。

0110 表示 I^2C 被控器方式，7 位寻址；

0111 表示 I^2C 被控器方式，10 位寻址；

1000 表示 I^2C 主控器方式，时钟＝fosc/[4×(SSPADD＋1]]；

1011 表示 I^2C 由硬件控制的主控器方式；

1110 表示 I^2C 由软件控制的主控器方式，启动位和停止位被允许中断，7 位寻址；

1111 表示 I^2C 由软件控制的主控器方式，启动位和停止位被允许中断，10 位寻址。

1001、1010、1100 和 1101 保留未用。

(2) 同步串口控制寄存器 2——SSPCON2

SSPCON2 各个数据位定义如下：

位	Bit7	Bit6	Bit5	Bit4	Bit3	Bit2	Bit1	Bit0
定义	GCEN	ACKSTAT	ACKDT	ACKEN	RCEN	PEN	RSEN	SEN

该寄存器主要是为了增强 MSSP 模块 I^2C 总线模式的主控器功能而设置的，也是一个可以读/写的寄存器，其中 1 位 GCEN 仅使用于 I^2C 被控器方式，其他 7 位仅用于 I^2C 主控器方式。

GCEN：通用呼叫地址寻址使能位。若为 1，表示当 SSPSR 中收到通用呼叫地址(00H)时允许中断；若为 0，表示禁止以通用呼叫地址寻址。

ACKSTAT：应答状态位。在 I^2C 主控发送方式下，硬件自动接收来自被控接收器的应答信号。若为 1，表示未收到来自被控接收器的有效应答位（或表示为 NACK）；若为 0，表示收到来自被控接收器的有效应答位（或表示为 ACK）。

ACKDT：应答信息位。在 I^2C 主控方式下，一个字节收完之后，主控器软件应反送一个应答信号。该位就是用户软件写入的将被反送的值。若为 1，表示将发送非应答位（NACK）；若为 0，表示将发送有效应答位（ACK）。

ACKEN：应答信号时序发送使能位。在 I^2C 主控接收方式下，若为 1，表示在 SDA 和 SCL 引脚上建立并发送一个携带着应答位 ACKDT 的应答信号时序；若为 0，表示不在 SDA 和 SCL 引脚上建立和发送应答信号时序。

RCEN：接收使能位。若为 1，使能接收模式，以接收来自 I^2C 上的信息；若为 0，禁止接收模式工作。

PEN：停止信号时序发送使能位。若为 1，在 SDA 和 SCL 引脚上建立并发送一个停止信号时序；若为 0，不在 SDA 和 SCL 引脚上建立和发送停止信号时序。

RSEN：停止信号时序发送使能位。若为 1，在 SDA 和 SCL 引脚上建立并发送一个重启动信号时序；若为 0，不在 SDA 和 SCL 引脚上建立和发送重启动信号时序。

SEN：启动信号时序发送使能位。若为 1，在 SDA 和 SCL 引脚上建立并发送一个启动信号时序；若为 0，不在 SDA 和 SCL 引脚上建立和发送启动信号时序。

(3) 从地址/波特率寄存器——SSPADD

SSPADD 各个数据位定义如下：

位	Bit7	Bit6	Bit5	Bit4	Bit3	Bit2	Bit1	Bit0
定义	I^2C 被控方式存放器件地址，I^2C 主控方式存放波特率值							

在 I^2C 主控器工作方式下，该寄存器被用作波特率发生器的定时参数装载寄存器。在 I^2C 被控器工作方式下，该寄存器用作为地址寄存器，来存放从器件地址。

(4) 同步串口状态寄存器——SSPSTAT

SSPSTAT 各个数据位定义如下：

位	Bit7	Bit6	Bit5	Bit4	Bit3	Bit2	Bit1	Bit0
定义	STAT_SMP	STAT_CKE	STAT_DA	STAT_P	STAT_S	STAT_RW	STAT_UA	STAT_BF

SSPSTAT 用来记录 MSSP 模块的各种工作状态。最高两位可读/写，低 6 位为只读。与 I^2C 相关的位及功能如下：

STAT_SMP：SPI 采样控制位兼 I^2C 总线转换率控制位。在 I^2C 主控和被控方式下，若为 1，表示转换率控制被关闭，以便适应标准频率模式(100 kHz)；若为 0，表示转换率控制被打开，以便适应快速频率模式(400 kHz)。

STAT_CKE：SPI 时钟沿选择兼 I^2C 总线输入电平规范选择位。在 I^2C 主控和被控方式下，若为 1，表示输入电平遵循 SMBus 总线规范；若为 0，表示输入电平遵循 I^2C 总线规范。

STAT_DA：数据/地址标志位(仅用于 I^2C 总线方式)。若为 1，表示最近一次接收或发送的字节是数据；若为 0，表示最近一次接收或发送的字节是地址。

STAT_P：停止位(仅用于 I^2C 总线方式，当 SSPEN＝0、MSSP 被关闭时，该位被自动清零)。若为 1，表示最近检测到了停止位(单片机复位时该位为 0)；若为 0，表示最近没有检测到停止位。

STAT_S：启动位(仅用于 I^2C 总线方式，当 SSPEN＝0，MSSP 被关闭时，该位被自动清零)。若为 1，表示最近检测到了启动位(单片机复位时该位为 0)；若为 0，表示最近没有检测到启动位。

STAT_RW：读/写信息位(仅用于 I^2C 总线方式)。在 I^2C 被控方式下，若为 1，表示读操作；若为 0，表示写操作；在 I^2C 主控方式下，若为 1，表示正在进行发送；若为 0，表示不在进行发送。

STAT_UA：地址更新标志位(仅用于 I^2C 总线的 10 位地址寻址方式)。若为 1，表示需要用户更新 SSPADD 寄存器中的地址(该位由硬件自动置 1);若为 0,表示不需要用户更新 SSPADD 寄存器中的地址。

STAT_BF:缓冲器已满标志位。在 I^2C 总线方式下接收时,若为 1,表示接收成功,缓冲器 SSPBUF 已经满;若为 0,表示接收未完成,缓冲器 SSPBUF 还为空。在 I^2C 总线方式下发送时,若为 1,表示数据发送正在进行之中(不包含应答位和停止位),缓冲器 SSPBUF 还是满的;若为 0,表示数据发送已经完成(不包含应答位和停止位)缓冲器 SSPBUF 已空。

2. I^2C 总线接口的操作

MSSP 模块作为 I^2C 总线接口时,在选择任何一种 I^2C 方式之前(主控器或被控器),都必须设置相应的方式寄存器 TRISC,通过该寄存器的 TRISC[4:3]把 RC4/SDA 和 RC3/SCL 引脚设置为输入,以避免 RC 端口模块对于 I^2C 总线结构的影响。通过将控制寄存器 SSPCON 中的 MSSP 模块使能控制位 SSPEN 置 1,就可以启用 I^2C 工作方式。一旦进入 I^2C 工作方式后,SCL 和 SDA 引脚就自动被分配给 I^2C 总线,分别作为串行时钟线和串行数据线。

14.1.2 SPI 串行接口

1. 与 SPI 接口相关的寄存器

与 SPI 接口相关的寄存器主要有以下几个:

(1) 收/发数据缓冲器——SSPBUF

SSPBUF 各个数据位定义如下:

位	Bit7	Bit6	Bit5	Bit4	Bit3	Bit2	Bit1	Bit0
定义	MSSP 接收/发送数据缓冲器							

SSPBUF 与内部总线直接相连,是一个可读/写的寄存器。发送时用户将欲发送的数据写入其中,接收时用户从其中读出已经接收到的数据。

(2) 同步串口控制寄存器——SSPCON

SSPCON 各个数据位定义如下:

位	Bit7	Bit6	Bit5	Bit4	Bit3	Bit2	Bit1	Bit0
定义	WCOL	SSPOV	SSPEN	CKP	SSPM3	SSPM2	SSPM1	SSPM0

同步串口控制寄存器 SSPCON 用来对 MSSP 模块的多种功能和指标进行控制,是一个可读/写的寄存器,与 SPI 相关的位的功能描述如下:

WCOL:写操作冲突检测位。在 SPI 从动方式下,若为 1,说明正在发送前一个数据字节时,又有数据写入 SSPBUF 缓冲器(必须用软件清零);若为 0,未发行冲突。

SSPOV:接收溢出标志位。若为 1,表示缓冲器 SSPBUF 中仍然保持前一个数据时,移位寄存器 SSPSR 又收到新的数据,在溢出时,SSPSR 中的数据将丢失。若为 0,表示未发生接收溢出。

SSPEN:同步串口 MSSP 使能位。当 SPI 模式被使能时,相关引脚必须正确地设定为输入或输出状态。若为 1,允许串行端口工作,并且设定 SCK、SDO、SDI 和 SS 为 SPI 接口专用;

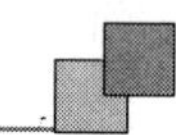

若为 0,关闭串行端口功能,并且设定 SCK、SDO、SDI 和 SS 为普通数字 I/O 口。

CKP:时钟极性选择位。若为 1,空闲时时钟停留在高电平;若为 0,空闲时时钟停留在低电平。

SSPM3～SSPM0:同步串口 MSSP 方式选择位。

0000 表示 SPI 主控工作方式,时钟 $=f_{osc}/4$;

0001 表示 SPI 主控工作方式,时钟 $=f_{osc}/16$;

0010 表示 SPI 主控工作方式,时钟 $=f_{osc}/64$;

0011 表示 SPI 主控工作方式,时钟＝TMR2 输出/2;

0100 表示 SPI 从动工作方式,时钟＝SCK 脚输入,使能 SS 引脚功能;

0101 表示 SPI 从动工作方式,时钟＝SCK 脚输入,关闭 SS 引脚功能,SS 被用作普通数字 I/O 口。

(3) 同步串口状态寄存器——SSPSTAT

SSPSTAT 各个数据位定义如下:

位	Bit7	Bit6	Bit5	Bit4	Bit3	Bit2	Bit1	Bit0
定义	STAT_SMP	STAT_CKE	STAT_DA	STAT_P	STAT_S	STAT_RW	STAT_UA	STAT_BF

SSPSTAT 用来对 MSSP 模块的各种工作状态进行记录,最高 2 位可读/写,低 6 位只能读出。在此只介绍与 SPI 相关的位和功能。

STAT_SMP:SPI 采样控制位兼 I^2C 总线转换率控制位。在 SPI 主控方式下,若为 1,在输出数据的末尾采样输入数据;若为 0,在输出数据的中间采样输入数据。在 SPI 从动方式下, SMP 位必须清零。

STAT_CKE:SPI 时钟沿选择兼 I^2C 总线输入电平规范选择位。若为 CKE ＝1,分两种情况,在 CKP＝1 时,下降沿发送数据,在 CKP＝0 时,上升沿发送数据。若 CKE＝0,分两种情况,在 CKP＝1 时,上升沿发送数据,在 CKP＝0 时,下降沿发送数据。

STAT_BF:缓冲器已满标志位。若为 1,接收完成,缓冲器已满;若为 0,接收未完成,缓冲器仍为空。

(4) 移位寄存器——SSPSR

SSPSR 各个数据位定义如下:

位	Bit7	Bit6	Bit5	Bit4	Bit3	Bit2	Bit1	Bit0
定义	MSSP 接收/发送数据移位寄存器							

将已经成功接收到的数据卸载到缓冲器 SSPBUF 中,或者从缓冲器 SSPBUF 装载即将发送的数据。

2. SPI 接口的操作

要让 SPI 串行端口工作,必须把 MSSP 模块的使能位 SSPEN 置 1。要复位或者重新定义 SPI 接口方式,就要对 SSPEN 位清零,再对 SSPCON 寄存器重新初始化,然后把 SSPEN 位置 1。这样就可以把引脚 SDI、SDO、SCK 和 SS 作为 SPI 接口的专用引脚。为了使这些引脚具有串行接口的功能,还必须对其方向控制位进行相应的定义:

① SDI 引脚的 I/O 方向由 SPI 接口自动控制,应设定 TRISC4＝1。

② SDO 引脚定义为输出，即 TRISC5＝0。

③ 在主控方式下，SCK 引脚定义为输出，即 TRISC3＝0；在从动方式下，SCK 引脚定义为输入，即 TRISC3＝1。

④ 在从动方式下如果用到 SS 引脚，则定义为输入，即 TRISA5＝1，并且在 ADCON1 控制寄存器里必须设置该引脚为普通数字 I/O 引脚。

当 SPI 接口收到一个 8 位数据时，就将其装载到缓冲器 SSPBUF，并且置位缓冲器满标志位 BF＝1、中断请求位 SSPIF＝1。由于 SSPBUF 起到二级缓冲器的作用，当在第一个接收到的数据还没有被 CPU 读取时，SSPSR 寄存器即可进行第二个数据的接收。在进行数据的发送或接收期间，任何试图写 SSPBUF 的操作都无效，并且将造成写冲突检测位 WCOL＝1。此时用户必须用软件将 WCOL 位清零，以使其能表示后面的 SSPBUF 写入操作是否成功。在 SSPBUF 中存放的接收到的数据必须及时取走，否则可能会被后来的数据覆盖掉。如果发生数据覆盖，则溢出标志位 SSPOV 会被置 1。BF 位用来标志 SSPBUF 是否已经载入了接收数据，当 SSPBUF 中的数据被读取后，BF 位即自动被清零。MSSP 模块的中断请求会通知 CPU 数据的传输已经完成。如果用户不愿意用中断方式，可用软件查询方式来读取和写入 SSPBUF。

14.2 I²C 串行存储器 24CXX 介绍与实例解析

14.2.1 24CXX 数据存储器介绍

1. 24CXX 概述

24CXX 系列是最为常见的 I²C 总线串行 EEPROM 数据存储器，该系列芯片除具有一般串行 EEPROM 的体积小、功耗低、工作电压允许范围宽等特点外，还具有型号多、容量大、读写操作简单等特点。

目前，24CXX 串行 E2PROM 有 24C01/02/04/08/16 以及 24C32/64/128/256 等几种，其存储容量分别为 1 Kbit(128×8 bit，128 B)、2 Kbit(256×8 bit，256 B)、4 Kbit(512×8 bit，512 B)、8 Kbit(1 024×8 bit，1 KB)、16 Kbit(2 048×8 bit，2 KB)以及 32 Kbit(4 096×8 bit，4 KB)、64 Kbit(8 192×8 bit，8 KB)、128 Kbit(16 384×8 bit，16 KB)、256 Kbit(32 768×8 bit，32 KB)，这些芯片主要由 ATMEL、Microchip、XICOR 等几家公司提供。图 14－1 所示为 24CXX 系列芯片引脚排列图。

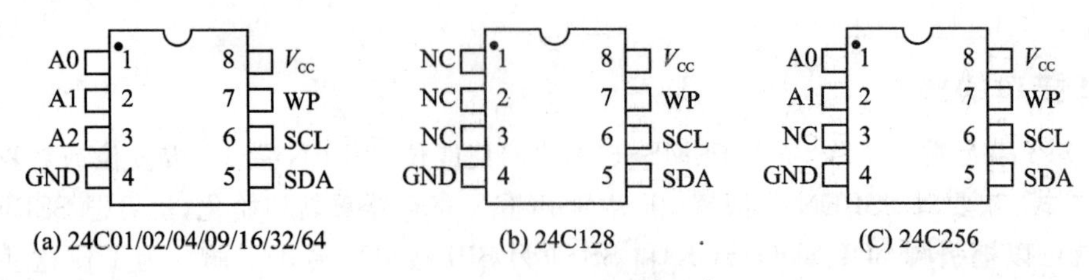

图 14－1　24CXX 芯片引脚排列图

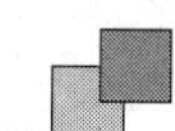

图中，A0、A1、A2 为器件地址选择线，SDA 为 I^2C 串行数据线，SCL 为 I^2C 钟线，WP 为写保护端，当该端为低电平时，可对存储器写操作，当该端为高电平时，不能对存储器写操作；V_{CC} 为 1.8～5.5 V 正电压，GND 为地。

24CXX 串行存储器一般具有 2 种写入方式：一种是字节写入方式，另一种是页写入方式。24CXX 芯片允许在一个写周期内同时对 1 字节到 1 页的若干字节的编程写入，1 页的大小取决于芯片内页寄存器的大小，其中，24C01 具有 8 字节数据的页面写能力，24C02/04/08/16 具有 16 字节数据的页面写能力，24C32/64 具有 32 字节数据的页面写能力，24Cl28/256 具有 64 字节数据的页面写能力。

3. 24CXX 芯片的器件地址

24CXX 器件地址设置如图 14－2 所示。

从图中可以看出，24CXX 的器件地址由 7 位地址和 1 位方向位组成，其中，高 4 位器件地址 1010 由 I^2C 委员会分配，最低 1 位 $R/\overline{W}$ 为方向位，当 $R/\overline{W}=0$ 时，对存储器进行写操作，当 $R/\overline{W}=1$ 时，对存储器进行读操作。其他三位为硬地址位，可选择接地、接 V_{CC} 或悬空。

芯片								
AT24C01　AT24C02	1	0	1	0	A_2	A_1	A_0	R/W
AT24C04	1	0	1	0	A_2	A_1	P_0	R/W
AT24C08	1	0	1	0	A_2	A_1	P_0	R/W
AT24C16	1	0	1	0	P_2	P_1	P_0	R/W
AT24C32　AT24C64	1	0	1	0	A_2	A_1	A_0	R/W
AT24C128	1	0	1	0	X	X	X	R/W
AT24C256	1	0	1	0	X	A_1	A_0	R/W

图 14－2　24CXX 器件地址设置

对于容量只有 128 字节/256 字节的 24C01/24C02 而言，A2、A1、A0 为硬地址，可选择接地或 V_{CC}，当选择接地时，则该存储器的写器件地址为 101000000（十六进制为 0xa0），读器件地址为 10100001（十六进制为 0xa1）。

对于容量具有 512 字节的 24C04 而言，硬地址是 A2、A1，其中 A0 悬空，划规页地址 P0 使用，读/写第 0 页的 256 字节子地址时，其器件地址应赋于 P0＝0，读/写第 1 页的 256 字节子地址时，其器件地址应赋于 P0＝1，因为 8 位子地址只能寻址 256 字节，可见，当 A0 悬空时，可对 512 字节进行寻址。若 A0 接地，其子地址只能在第 0 页（256 字节）中寻址，这说明，尽管 24C04 的字节容量有 512 个，但第 1 页的存储容量被放弃。

对于 24C08，A1，A0 应选择悬空，对于 24C16，A0、A1、A2 应选择悬空，只有这样，才能充分利用其内部地址单元。

对于 24C32/64，A2、A1、A0 为硬地址，可选择接地或 V_{CC}。

对于 24C128，A0、A1、A2 应选择悬空。

对于 24C256，A0、A1 为硬地址，A2 应选择悬空。

需要说明的是，若 A2、A1、A0 未悬空，可以任选接地或接 V_{CC}，这样，A2、A1、A0 就有 8 种不同的选择，说明一对总线系统最多可以同时连接 8 个 24C01/02、4 个 24C04、2 个 24C08、8 个 24C32/64、4 个 24C256 而不发生地址冲突，不过这种使用多块存储器的方法在单片机设计中很少采用。

4. 24CXX 芯片的数据地址

24CXX 系列芯片数据地址如表 14－1 所列。

从表中可以看出，对于 24C01/02/04/08/16 来说，只有 A0～A7 是有效位，8 位地址的最大寻址空间是 256 kbit，这对于 24C01/02 正好合适，但对于 24C04/08/16 来说，则不能完全寻址，因此，需要借助页面地址选择位 P0、P1、P2 进行相应的配合。

表 14-1　24CXX 系列芯片数据地址

型　号	A15	A14	A13	A12	A11	A10	A9	A8	A7	A6	A5	A4	A3	A2	A1	A0
24C01	X	X	X	X	X	X	X	X	I/O	I/O	I/O	I/O	I/O	I/O	I/O	I/O
24C02	X	X	X	X	X	X	X	X	I/O	I/O	I/O	I/O	I/O	I/O	I/O	I/O
24C04	X	X	X	X	X	X	X	X	I/O	I/O	I/O	I/O	I/O	I/O	I/O	I/O
24C08	X	X	X	X	X	X	X	X	I/O	I/O	I/O	I/O	I/O	I/O	I/O	I/O
24C16	X	X	X	X	X	X	X	X	I/O	I/O	I/O	I/O	I/O	I/O	I/O	I/O
24C32	X	X	X	I/O	I/O	I/O	I/O	I/O	I/O	I/O	I/O	I/O	I/O	I/O	I/O	I/O
24C64	X	X	X	I/O	I/O	I/O	I/O	I/O	I/O	I/O	I/O	I/O	I/O	I/O	I/O	I/O
24C128	X	X	I/O	I/O	I/O	I/O	I/O	I/O	I/O	I/O	I/O	I/O	I/O	I/O	I/O	I/O
24C256	X	I/O	I/O	I/O	I/O	I/O	I/O	I/O	I/O	I/O	I/O	I/O	I/O	I/O	I/O	I/O

注：表中，X 表示无效位，I/O 表示有效位。

14.2.2　实例解析 1——具有记忆功能的记数器

1. 实现功能

用 PIC 核心板和 DD—900 实验开发板实现具有记忆功能的记数器：按压 K1 键一次，第 7、8 位数码管显示加 1，最高记数为 99，关机后开机，数码管显示上次关机时的记数值。有关电路如图 14-3 所示。

2. 源程序

源程序主要由两部分构成，一是 24CXX 存储器驱动程序软件包 24cxx_drive.h，二是主程序。下面给出主程序：

```
#include<pic.h>
#include "24cxx_drive.h"
#define uchar unsigned char
#define uint   unsigned int
__CONFIG(HS&WDTDIS);
#define  BEEP  RE0
#define     K1   RB2                           //定义 K1 键
uchar const  seg_data[] = {0xC0,0xF9,0xA4,0xB0,0x99,0x92,0x82,0xF8,0x80,0x90,0xff};
                                               //0～9 和熄灭符的段码表
uchar const bit_tab[] = {0xbf,0x7f};          //第 7、8 只数码管位选表
uchar disp_buf[2] = {0,0};                     //定义 2 个显示缓冲单元
uchar val;                                     //用来存放计数值
/******** 延时函数 ********/
void Delay_ms(uint xms)
{
    int i,j;
```

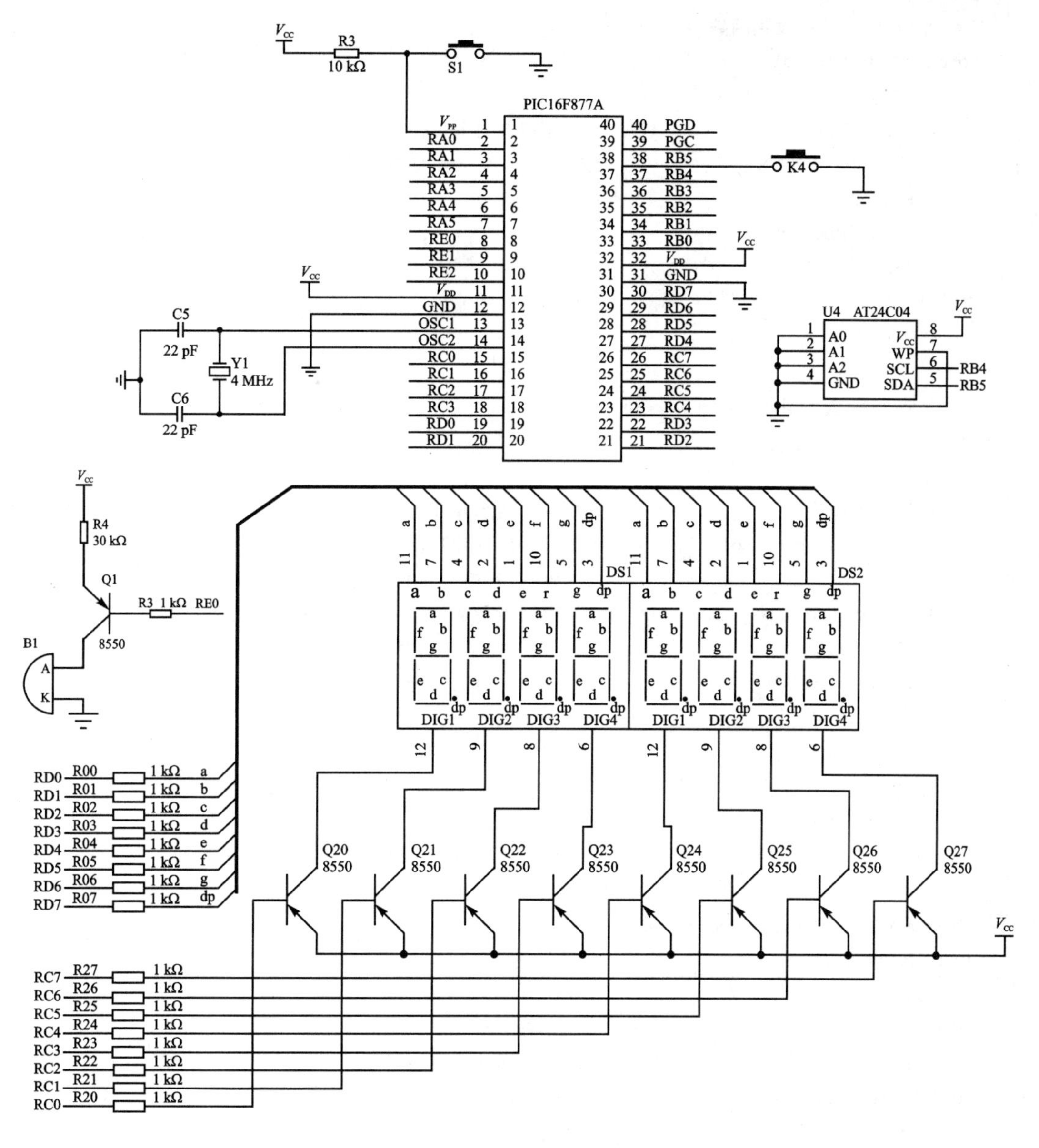

图 14－3　记数器电路

```
    for(i = 0;i<xms;i ++ )
        { for(j = 0;j<71;j ++ ) ; }
}
/ ********** 蜂鸣器响一声函数 ********/
void beep()
{
    BEEP = 0;                           //蜂鸣器响
    Delay_ms(100);
    BEEP = 1;                           //关闭蜂鸣器
    Delay_ms(100);
}
```

```
/******** 端口设置函数 ********/
void port_init(void)
{
    OPTION = 0x00;                    //端口 B 弱上位使能
    TRISB = 0b00000100;               //RB2 设置为输入,接按键
    PORTB = 0X00;
    TRISC  =  0b00000000;             //位选
    TRISD  =  0x00;                   //段选
    TRISE = 0x00;                     //端口 E 为输出,蜂鸣器(RE0)
    PORTE = 0xff;
}
/******** 显示函数 ********/
void Display()
{
    uchar tmp;                        //定义显示暂存
    static uchar disp_sel = 0;        //显示位选计数器,显示程序通过它得知现在正显示哪个数
                                      //码管,初始值为 0
    tmp = bit_tab[disp_sel];          //根据当前的位选计数值决定显示哪只数码管
    PORTC = tmp;                      //送 P2 控制被选取的数码管点亮
    tmp = disp_buf[disp_sel];         //根据当前的位选计数值查的数字的显示码
    tmp = seg_data[tmp];              //取显示码
    PORTD = tmp;                      //送到 P0 口显示出相应的数字
    disp_sel ++ ;                     //位选计数值加 1,指向下一个数码管
    if(disp_sel == 2)
    disp_sel = 0;                     //如果 2 个数码管显示了一遍,则让其返回 0,重新再扫描
}
/******** 定时器 1 初始化函数 ********/
void timer1_init()
{
GIE = 1;                              //开总中断
PEIE = 1;                             //开外围功能模块中断
T1CKPS0 = 1;T1CKPS1 = 1;              //分频比为 1:8
TMR1CS = 0;                           //设置为定时功能
TMR1IE = 1;                           //使能 TMR1 中断
TMR1ON = 1;                           //启动定时器 TMR1
TMR1H = 0xff;                         //置计数值高位
TMR1L = 0x06;                         //置计数值低位
}
/******** 主函数 ********/
void main()
{
    port_init();
    timer1_init();
    val = read_EEPROM(0x05);          //读取 24C04 存储器 0x05 地址中的数据
    if(val >= 100) val = 0;           //防止首次读取 EEPROM 数据时出错
```

```
    while(1)
    {
        if(K1 == 0)                         //若 K1 键按下
        {
            Delay_ms(10);                   //延时 10 ms 去抖
            if(K1 == 0)
            {
                while(! K1);                //等待 K1 键释放
                val ++ ;
                write_EEPROM(val,0x05);         //将 val 中的数据写入到 24C04 的 0x05 地址中
                beep();
                if(val == 99)val = 0;
            }
        }
        disp_buf[0] = val/10;
        disp_buf[1] = val % 10;
    }
}
/ ******** 中断服务程序 ********/
void interrupt ISR(void)
{
if (TMR1IF == 1)
    {
        TMR1IF = 0;                         //清 TMR1 溢出中断标志位
        TMR1H = 0xff;                       //重置计数值
        TMR1L = 0x06;                       //重置计数值
        Display();                          //调显示函数
    }
}
```

24CXX 存储器驱动程序软件包 24cxx_drive.h 详细程序如下：

```
#define uchar unsigned char
#define uint unsigned int
#define SCL    RB4                          //串行时钟
#define SDA    RB5                          //串行数据
#define SCLIO TRISB4
#define SDAIO TRISB5
#define OP_READ     0xa1                    //器件读地址
#define OP_WRITE 0xa0                       //器件写地址
#define nop() asm("nop")                    //空操作定义
/ ******** 函数声明 ********/
void delay();                               //短延时函数声明
void I2C_start();                           //启动信号函数声明
void I2C_stop();                            //停止信号函数声明
uchar RecByte();                            //接收(读)一字节数据函数声明
```

```
bit SendByte(uchar write_data) ;                    //发送(写)一字节数据函数声明
void write_EEPROM(uchar dat,uchar addr);            //向存储器指定地址写数据函数声明
uchar read_EEPROM(uchar addr);                      //读取存储器指定地址数据函数声明
/******** 延时函数 ********/
void delay()
{
    int i;
    for(i=0;i<100;i++)
        {;}
}
/******** 启动信号函数 ********/
void I2C_start()
{
    SDA=1;
    nop();
    SCL=1;
    nop();nop();nop();nop();nop();
    SDA=0;
    nop();nop();nop();nop();nop();
    SCL=0;
    nop();nop();
}
/******** 停止信号函数 ********/
void I2C_stop()
{
    SDA=0;
    nop();
    SCL=1;
    nop();nop();nop();nop();nop();
    SDA=1;
    nop();nop();nop();nop();
}
/******** I²C 总线初始化函数 ********/
void I2C_init()
{
    SCL = 0;
    I2C_stop();
}
/******** 发送应答函数 ********/
void I2C_Ack()
{
    SDA = 0;
    SCL = 1;
    delay();
    SCL = 0;
```

```
    SDA = 1;
}
/******** 发送非应答函数 ********/
void I2C_NAck()
{
    SDA = 1;
    SCL = 1;
    delay();
    SCL = 0;
    SDA = 0;
}
/******** 从 I²C 总线芯片接收(读)1 字节数据函数 ********/
uchar RecByte()
{
    uchar i,read_data;
    for(i = 0;i<8;i ++ )
    { nop();nop();nop();
      SCL = 1;
      nop();nop();
      read_data << = 1;
      if(SDA == 1)
      read_data = read_data + 1;
      nop();
      SCL = 0;
    }
    return(read_data);
}
/******** 向 I²C 总线芯片发送(写)1 字节数据函数 ********/
bit SendByte(uchar write_data)
{
    uchar i;
    uchar ack_bit;
    for(i = 0; i < 8; i ++ )
    {
        if(write_data&0x80)
        SDA = 1;
        else
        SDA = 0;
        nop();
        SCL = 1;
        nop();nop();nop();nop();nop();
        SCL = 0;
        nop();
        write_data << = 1;
    }
```

```
    nop();nop();
    SDA = 1;
    nop();nop();
    SCL = 1;
    nop();nop();nop();
    ack_bit = SDA;                    //读取应答
    SCL = 0;
    nop();nop();
    return ack_bit;                   //返回应答位
}
/******** 向指定地址写数据函数 ********/
void write_EEPROM(uchar dat,uchar addr)
{
    I2C_start();
    SendByte(OP_WRITE);
    SendByte(addr);
    SDAIO = 0;                        //在写入数据前 SDA 应设置为输出
    SendByte(dat);
    I2C_stop();
    delay();
}
/******** 由指定地址读数据函数 ********/
uchar read_EEPROM(uchar addr)
{
    uchar dat;
    I2C_start();
    SendByte(OP_WRITE);
    SendByte(addr);
    I2C_start();
    SendByte(OP_READ);
    SDAIO = 1;                        //读取数据前 SDA 应设置为输入
    dat = RecByte();
    I2C_stop();
    return(dat);
}
```

3. 源程序释疑

① 为了达到断电记忆的目的,应处理好以下两个问题:

一是断电前数据的存储问题,即断电前一定要将数据保存起来,这一功能由程序中的以下函数完成:

```
write_EEPROM(val,0x05);//将 val 中的数据写入到 24C04 的 0x05 地址中
```

二是重新开机后数据读取的问题,即重新开机后要将断电前保存的数据读出来,这一功能由程序中的以下函数完成:

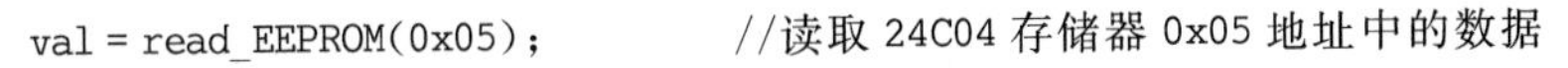

```
val = read_EEPROM(0x05);            //读取 24C04 存储器 0x05 地址中的数据
```

② 对于全新的 24C04 或者是被别人写过但不知道写过什么内容的 EEPROM 芯片，首次上电后，读出来的数据我们无法知道，若是 100 以内的数还好处理，但若是大于 100 的数，将无法在数码管上显示出来，从而引起乱码，为了避免这种现象，在语句 val = read_EEPROM(0x05);的后面加入了以下语句：

```
if(val>= 100) val = 0;            //防止首次读取 EEPROM 数据时出错
```

这几条语句的作用是，对读取的数据 val 进行判断，若小于 100，可以直接进行转换，若大于或等于 100，则将 val 清零，从而避免了初次上电的乱码问题。

③ 本例中，24CXX 存储器的驱动程序采用模拟 I^2C 的方式编写，由于 PIC16F877A 单片机内含 MSSP 接口，因此，也可以利用 PIC16F877A 内部 MSSP 接口来编写驱动程序，注意接线时，单片机的 RC3 接 24CXX 的 SCL 引脚，单片机的 RC4 接 24CXX 的 SDA 脚。以下是采用 MSSP 接口的 I^2C 驱动程序：

```
#define uchar unsigned char
#define uint  unsigned int
void Idle(void)            //I2C 空闲检测
{
    while((SSPCON2 & 0x1F)|(STAT_RW))
    continue;
}
void write_nbyte(uchar Address,uchar Data[],uchar Num)
{ uchar i;
    SEN = 1;                            //发送起始命令
    while(SEN);                         //SEN 被硬件自动清零前循环等待
    SSPBUF = 0b10100000;                //控制字送入 SSPBUF
    Idle();                             //空闲检测
    if(! ACKSTAT);                      //是否有应答?
    else                                //ACKSTAT = 1 从器件无应答，直接返回
    return ;
    SSPBUF = Address;                   //地址送入 SSPBUF
    Idle();                             //I2C 空闲检测
    if(!ACKSTAT);                       //应答位检测，ACKSTAT = 0 从器件有应答
    else                                //ACKSTAT = 1 从器件无应答，直接返回
    return;
    for(i = 0;i<Num;i++)
    {
        SSPBUF = Data[i];               //数据送入 SSPBUF
        Idle();                         //空闲检测
        if(! ACKSTAT);                  //应答位检测，ACKSTAT = 0 从器件有应答
        else                            //ACKSTAT = 1 从器件无应答，直接返回
        return ;
    }
    PEN = 1;                            //初始化重复停止位
```

```
        while(PEN);                          //PEN被硬件自动清零之前循环
        for(;;)
        {   SEN = 1;                         //发送起始位
            while(SEN);                      //SEN被硬件自动清零前循环等待
            SSPBUF = 0b10100000;             //控制字送入SSPBUF
            Idle();                          //空闲检测
            PEN = 1;                         //发送停止位
            while(PEN);                      //PEN被硬件自动清零前循环
            if(!ACKSTAT)                     //应答位检测,ACKSTAT = 0从器件有应答
                break;                       //ACKSTAT = 1从器件无应答,直接返回
        }
    }
    void read_nbyte(uchar Address,uchar Data[],uchar Num)
    {   uchar i;
        SEN = 1;                             //发送起始信号
        while(SEN);                          //SEN被硬件自动清零前循环等待
        SSPBUF = 0b10100000;                 //写控制字送入SSPBUF
        Idle();                              //空闲检测
        if(!ACKSTAT);                        //应答位检测,ACKSTAT = 0从器件有应答
        else                                 //ACKSTAT = 1从器件无应答,直接返回
        return ;
        SSPBUF = Address;                    //地址送入SSPBUF
        Idle();                              //空闲检测
        if(!ACKSTAT);                        //应答位检测,ACKSTAT = 0从器件有应答
        else                                 //ACKSTAT = 1从器件无应答,直接返回
        return ;
        for(i = 0;i<Num;i++)
        {
            RSEN = 1;                        //重复START状态
            while(RSEN);                     //等待START状态结束
            SSPBUF = 0b10100001;             //读数据的控制字送入SSPBUF
            Idle();                          //空闲检测
            if(! ACKSTAT);                   //应答位检测,ACKSTAT = 0从器件有应答
            else                             //ACKSTAT = 1从器件无应答,直接返回
            return ;
            RCEN = 1;                        //允许接收
            while(RCEN);                     //等待接收结束
            ACKDT = 1;                       //接收结束后不发送应答位
            ACKEN = 1;                       //
            while(ACKEN);                    //ACKEN被硬件自动清零之前不断循环
            Data[i] = SSPBUF;                //数据写入SSPBUF
        }
        PEN = 1;                             //发送停止位
        while(PEN);                          //PEN被硬件自动清零前循环
    }
```

这个软件包主要包括两个函数，用来从 EEPROM 中读出数据和向 EEPROM 中写入数据。其中：

```
void write_nbyte(uchar Address,uchar Data[],uchar Num)
```

用来向 EEPROM 中写入多个数据。这个函数有 3 个参数：第 1 个参数是指定待写 EEPROM 的地址，第 2 个参数是数组，用来存放待写数据的地址；即准备从哪一个地址开始存放数据；第 3 个参数是指定拟写入的字节数。

另一个函数：

```
void read_nbyte(uchar Address,uchar Data[],uchar Num)
```

用来从 EEPROM 中读出指定字节的数据，并存放在数组中。这个函数同样有 3 个参数：第 1 个参数指定从 EEPROM 的哪一个地址单元开始读；第二个参数是一个数组，从 EEPROM 中读出的数据将依次存放到该数组中；第 3 个参数是指定读多少个数据。

请读者根据以上驱动函数，自行编写程序，以实例本例的功能。

4. 实现方法

① 打开 MLAB IDE 软件，建立工程项目，再建立一个名为 ch14_1. c 的源程序文件，输入上面源程序。对源程序进行编译，产生 ch14_1. hex 目标文件。

② 将 DD—900 实验开发板 JP1 的 DS、V_{CC}两插针短接，为 LED 数码管供电。

③ 将 PIC 核心板 RD0～RD7、RC0～RC7、RB2、RB4～RB5、RE0、V_{DD}、GND 通过几根杜邦连到 DD—900 实验开发板 P00～P07、P20～P27、P32、P16～P17、P37、V_{CC}、GND 上。同时将 JP5 的两组插针（P16～P17 插针与两个 24CXX 插针）用短接帽短接，这样，DD—900 的数码管、K1 按键、24C04、蜂鸣器就接到了 PIC 核心板上。

④ 将 PICKIT2 连接到 PIC 核心板的 RJ12 接口，同时，用 5 V 电源适配器为 PIC 核心板供电，将其 PICKIT2 插接在 PC 的 USB 口上，DD—900 实验开发板不用单独供电（由 PIC 核心板为其供电）。

⑤ 将程序下载到 PIC16F877A 单片机中，按压 K1 键，观察数码管计数情况，断电后再开机，观察数码管是否显示关机前的计数值。

该实验源程序和 24CXX 驱动程序软件包 24cxx_drive. h 在随书光盘的 ch14\ch14_1 文件夹中。

14.3　Microwire 总线存储器 93CXX 介绍与实例解析

14.3.1　93CXX 介绍

93CXX 是一种基于 Microwire 总线（兼容 SPI 总线）的 EEPROM 存储芯片，Microwire 总线是是美国国家半导体公司研发的一种简单的串行通信接口协议，它可以使单片机与各种外围设备以串行方式进行通信以交换信息。Microwire 总线接口一般使用 4 条线：串行时钟线（SCK）、输出数据线 SO、输入数据线 SI 和低电平有效的片选线 CS，采用 Microwire 总线可以简化电路设计,节省 I/O 口线,提高设计的可靠性。

93CXX 系列芯片采用 COMS 技术,体积小巧,和 24CXX 系列芯片一样,也是一种理想的低功耗非易失性存储器,广泛使用在各种家电、通信、交通或工业设备中,通常是用于保存设备或个人的相关设置数据。芯片可以进行一百万次的擦写,并且可以保存一百年。如图 14-4 是 93CXX 系列芯片引脚排列图。

图中,CS 是片选输入,高电平有效,CS 端低电平时,芯片为休眠状态,CLK 是同步时钟输入,数据读写与 CLK 上升沿同步,DI 是串行数据输入,DO 是串行数据输出,ORG 是数据结构选择输入,该引脚接 VCC 时,器件的内部存储组织结构以 16 位为一个单元;接 GND 时,器件的内部存储组织结构以 8 位为一个单元。

目前,93CXX 系列 EEPROM 有 93C46、93C56、93C66、93C76、93C86 等几种,其容量如表 14-2 所列。

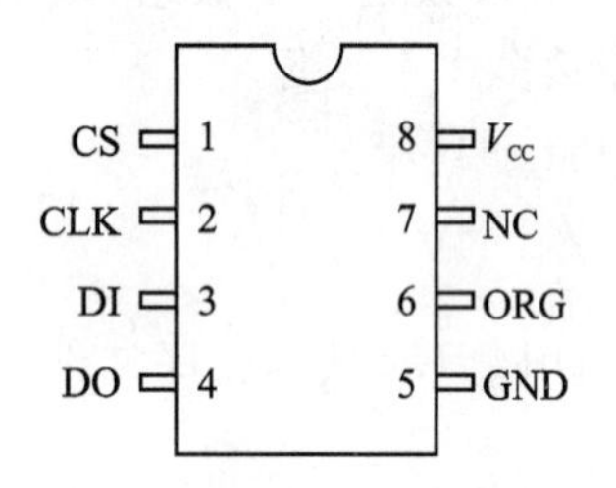

图 14-4　93C46 芯片引脚排列图

表 14-2　93 系列串行 EEPROM 容量

型　号	8 位容量(ORG=0)	16 位容量(ORG=1)
93C46	128×8 bit(1 Kbit)	64×16 bit(1 Kbit)
93C56	256×8 bit(2 Kbit)	128×16 bit(2 Kbit)
93C66	512×8 bit(4 Kbit)	256×16 bit(4 Kbit)
93C76	1024×8 bit(8 Kbit)	512×16 bit(8 Kbit)
93C86	2048×8 bit(16 Kbit)	1 024×16 bit(16 Kbit)

一般而言,当型号最后没有英文 A 或 B 时,表示此存储器为 16 位读写方式,当型号最后有英文 A 或 B 时,表示此存储器有 8 位和 16 位之分,尾缀为 A 时,表示内部数据管理模式为 8 位,尾缀为 B 时,表示内部数据管理模式为 16 位。生产 93CXX 系列芯片的公司也有很多,如 ATMEL 公司生产的 93C46 芯片是该公司生产的 93 系列芯片的一种,它有 1K 位的存储空间,两种数据输入输出模式,分别为 8 位和 16 位数据模式,这样,1K 位的存储位就可以分为 128×8bit 和 64×16bit。

93C46 有 7 个操作指令,单片机就是靠发送这几个指令来实现芯片的读写等功能。表 14-3 是 93C46 的指令表。在 93C 的其他型号中指令基本是一样,所不同的是地址位的长度,在使用时要查看相关芯片资料,得知地址位长度后再编写驱动程序。因为 93C 的数据结构有两种,所以地址位和数据位会有×8、×16 两种模式,这在编程时也是要注意的。在 ERASE、WRITE、ERAL、WRAL 指令之前必须先发送 EWEN 指令,使芯片进入编程状态,在编程结束后发 EWDS 指令结束编程状态。

表 14-3　93C46 存储器指令表

指令	起始位	操作码	地址位		数据位		说　明
			×8	×16	×8	×16	
READ	1	10	A5A4A3A2A1A0	A5A4A3A2A1A0			读取指定地址数据
WRITE	1	01	A5A4A3A2A1A0	A5A4A3A2A1A0	D7-D0	D15-D0	把数据写到指定地址
ERASE	1	11	A5A4A3A2A1A0	A5A4A3A2A1A0			擦除指定地址数据
EWEN	1	00	1 1 ××××	1 1 ××××			擦写使能
EWDS	1	00	0 0 ××××	0 0 ××××			擦写禁止

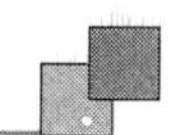

续表 14-3

指令	起始位	操作码	地址位		数据位		说　明
			×8	×16	×8	×16	
WRAL	1	00	0 1 ××××	0 1 ××××	D7－D0	D15－D0	写指定数据到所有地址
ERAL	1	00	1 0 ××××	1 0 ××××			擦除所有数据

14.3.2　实例解析 2——数据的写入与读出

1. 实现功能

用 PIC 核心板和 DD—900 实验开发板进行实验：将数据 0x05 写入到 93C46 的第 0x01 单元，然后再读出，如果写入的与读取到的数据相等，则蜂鸣器响一声，如果不相等，则蜂鸣器响两声。有关电路如图 14-5 所示。

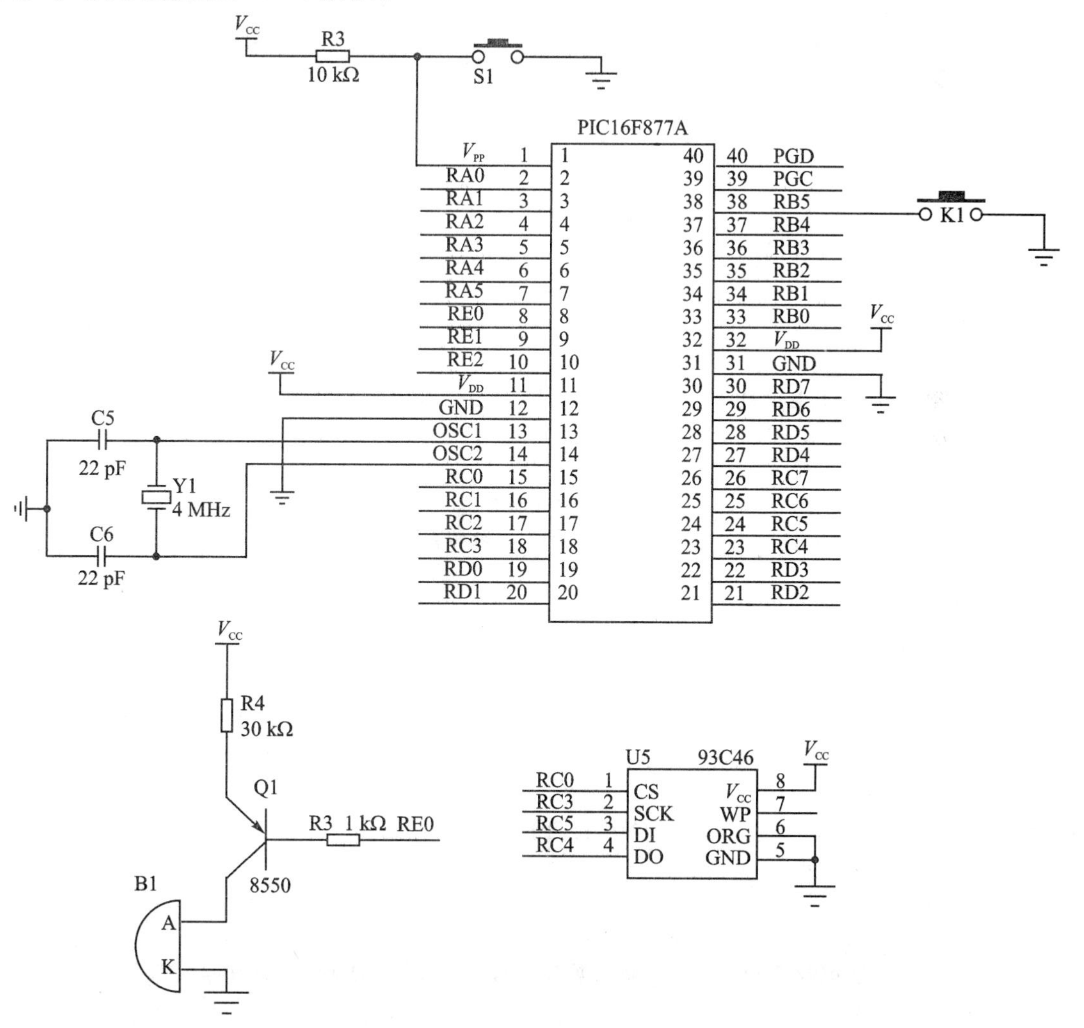

图 14-5　93C46 写入与读取数据电路

2. 源程序

源程序主要由两部分构成：一是 93C46 驱动程序软件包 93C46_drive.h，二是主程序。以下是主程序：

```
#include<pic.h>
#include "93C46_drive.h"
#define uchar unsigned char
#define uint  unsigned int
__CONFIG(HS&WDTDIS);
#define  BEEP  RE0
/********延时函数 ********/
void Delay_ms(uint xms)
{
    int i,j;
    for(i=0;i<xms;i++)
        { for(j=0;j<71;j++) ; }
}
/*********蜂鸣器响一声函数 ********/
void beep()
{
    BEEP=0;                        //蜂鸣器响
    Delay_ms(100);
    BEEP=1;                        //关闭蜂鸣器
    Delay_ms(100);
}
/********端口设置函数 ********/
void port_init(void)
{
    OPTION=0x00;                   //端口 B 弱上位使能
    TRISE=0x00;                    //端口 E 为输出，蜂鸣器(RE0)
    PORTE=0xff;
}
/********以上是主函数 ********/
void main (void)
{
    uint val;
    SpiInit();
    port_init();                   //端口初始化
        Delay_ms(100);
    while(1)
    {
        WriteByte(0x05,0x01);    //将数据 0x05 写入到 93C46 的 0x01 地址中
        Delay_ms(100);
        val=ReadByte(0x01);      //将 93C46 中 0x01 地址中的数据读出
        if (val==0x05)           //如果读出的数据等于 0x05
```

```
        {beep();}
        else
        { beep(); beep();}
        while(1);
    }
}
```

以下是 93C46 驱动程序软件包 93C46_drive.h 具体程序：

```
#define uchar unsigned char
#define uint  unsigned int
#define EWEN 0X60
#define EWDS 0x00
#define CS      RC0
#define SCK RC3
#define DI      RC4
#define DO      RC5
void SpiInit(void)
{
    PORTC = 0XFF;
    TRISC0 = 0;
    TRISC3 = 0;
    TRISC4 = 1;
    TRISC5 = 0;
    SSPCON = 0X31;
}
void Delay(void)
{
    asm("nop");
    asm("nop");
}
unsigned char OutPut(unsigned char SendData)
{
    unsigned char temp;
    SSPBUF = SendData;
    asm("nop");
    asm("nop");
    while(STAT_BF == 0)
    {
        asm("clrwdt");
    }
    temp = SSPBUF;
    return(temp);
}
void Ewen(void)
{
```

```
    unsigned char temp;
    CS = 1;
    Delay();
    temp = 0X02;
    OutPut(temp);
    temp = EWEN;                    //写允许命令字;
    OutPut(temp);
    Delay();
    CS = 0;
}
void Ewds(void)
{
    unsigned char temp;
    CS = 1;
    Delay();
    temp = 0x02;
    OutPut(temp);
    temp = EWDS;                    //写禁止命令字
    OutPut(temp);
    Delay();
    CS = 0;
}
void WriteByte(unsigned char WData,unsigned char Adress)
{
    unsigned char wtemp;
    CS = 1;
    Delay();
    wtemp = 0x02;
    OutPut(wtemp);
    wtemp = Adress|0x80;
    OutPut(wtemp);
    OutPut(WData);
    Delay();
    CS = 0;
}
unsigned char ReadByte(unsigned char Adress)
{
    unsigned char wrtemp,rtemp;
    CKP = 1;
    CS = 1;
    Delay();
    wrtemp = 0x03;
    OutPut(wrtemp);
    wrtemp = Adress&0x7f;
    OutPut(wrtemp);
```

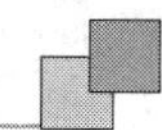

```
    CKP = 0;
    asm("nop");
    rtemp = OutPut(wrtemp);
    Delay();
    CS = 0;
    CKP = 1;
    return(rtemp);
}
void WriteBytes(unsigned char * WriteData,unsigned char Number,unsigned char Adress)
{
    unsigned char temp;
    Ewen();
    while(Number! = 0)
    {
        temp = * WriteData;
        WriteByte(temp,Adress);
        asm("nop");
        asm("nop");
        CS = 1;
        asm("nop");
        asm("nop");
        while(DI == 0)
        {
            asm("clrwdt");
        }
        Delay();
        CS = 0;
        WriteData ++ ;
        Adress ++ ;
        Number -- ;
    }
}
void ReadBytes(unsigned char * ReadData,unsigned char Number,unsigned char Adress)
{
    while(Number! = 0)
    {
        asm("clrwdt");
        * ReadData = ReadByte(Adress);
        ReadData ++ ;
        Adress ++ ;
        Number -- ;
    }
}
```

3. 源程序释疑

主程序主要工作流程是：首先调用函数 WriteByte(0x05,0x01)，将数据 0x05 写入到

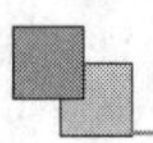

93C46 的 0x01 单位，然后再调用函数 ReadByte(0x01)，读出 93C46 中 0x01 单元地址中的数据，将读出的数据赋给变量 val，通过判断 val 的值是否和 0x05 相等，即可检查出写入、读出的数据是否正常。

另外，该例中 93C46 驱动程序采用 PIC16F877A 内部的 MSSP 接口，因此，连线时，要将 PIC16F877A 的 SCK 引脚(RC3)、SDI 引脚(RC4)、SDO 引脚(RC5)连接到 93C46 的 SCK、DO、DI 引脚。此外，还需要一个 I/O 引脚(这里选用的是 RC0)与 93C46 的 CS 脚相连。

4. 实现方法

① 打开 MLAB IDE 软件，建立工程项目，再建立一个名为 ch14_2.c 的源程序文件，输入上面源程序。对源程序进行编译，产生 ch14_2.hex 目标文件。

② 将 PIC 核心板 RC0、RC3、RC4、RC5、RE0、V_{DD}、GND 通过几根杜邦连到 DD—900 实验开发板 P14(CS)、P15(SCK)、P17(DO)、P16(DI)、P37、V_{CC}、GND 上。同时将 JP6 的四组插针(P14～P17 插针与 4 个 93CXX 插针)用短接帽短接，这样，DD—900 的 93C46、蜂鸣器就接到了 PIC 核心板上。

③ 将 PICKIT2 连接到 PIC 核心板的 RJ12 接口，同时，用 5V 电源适配器为 PIC 核心板供电，将其 PICKIT2 插接在 PC 机的 USB 口上，DD—900 实验开发板不用单独供电(由 PIC 核心板为其供电)。

④ 将程序下载到 PIC16F877A 单片机中，观察实验效果是否正常。

该实验源程序和 93C46 驱动程序软件包 93C46_drive.h 在随书光盘的 ch14\ch14_2 文件夹中。

14.4 PIC16F877A 内部 EEPROM 的使用

单片机运行时的数据都存在于 RAM(随机存储器)中，在掉电后 RAM 中的数据是无法保留的，通过前面内容的学习，我们知道，要使数据在掉电后不丢失，需要使用 EEPROM 或 Flash ROM 等存储器来实现。在 PIC 系列单片机中，多数内置了 EEPROM，这样就节省了片外资源，使用起来也更加方便。对于 PIC16F877A 来说，芯片内置的 EEPROM 的容量是 1K 位(即 256 字节)，可以重复擦写的次数是 10 万次。

14.4.1 与片内 EEPROM 相关的寄存器

与 PIC16F877A 内部 EEPROM 相关的寄存器有以下几种：

1. EEPROM 地址寄存器 ADR

EEPROM 地址寄存器指定了 256 字节的 EEPROM 空间。EEPROM 地址是线性的，从 0 到 255，可读写。

2. EEPROM 数据寄存器 EEDATA

对于 EEPROM 写操作，EEDATA 暂存即将烧写到 EEPROM 某一指定单元的数据，或者暂存已经从 EEPROM 某一指定单元读出的数据。

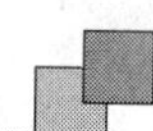

3. EEPROM 控制第一寄存器 EECON1

EEPROM 控制第一寄存器 EECON1 定义如下：

位	Bit7	Bit6	Bit5	Bit4	Bit3	Bit2	Bit1	Bit0
定义	EEPGD	—	—	—	WRERR	WREN	WR	RD

EECON1 寄各位的含义如下：

EEPGD：设定是数据存储器还是程序存储器作为访问对象的选择位。EEPGD＝1，选择 Flash 程序存储器；EEPGD＝0，选择 EEPROM 数据存储器。

WRERR：EEPROM 写操作过程出错标志位。WRERR＝1，一次写操作没有执行完毕，发生了 MCLR 复位或 WDT 复位；WRERR＝0，一次写操作被完成或没有发生错误。

WREN：EEPROM 写操作使能控制位。WREN＝1，允许写操作；WREN＝0，禁止写操作。

WR：EEPROM 一次写操作启动控制位兼状态位。用软件只能置位，不能清零。WR＝1，启动一次写操作. 在一次写操作完成后由硬件清零。

RD：EEPROM 一次读操作启动控制位兼状态位。用软件只能置位，不能清零。RD＝1，启动一次读操作，在一次读操作完成后由硬件自动清零。

4. EEPROM 控制第二寄存器 EECON2

EECON2 寄存器不是一个物理存在的寄存器，它被专门用在写操作的安全控制上，以避免意外写操作，实际上就是将该寄存器单元的地址给专用化了。访问它时，就相当于启动内部一个写操作硬件口令验证电路，确保写操作万无一失。

5. 第二外围设备中断标志寄存器 PIR2

第二外围设备中断标志寄存器 PIR2 定义如下：

位	Bit7	Bit6	Bit5	Bit4	Bit3	Bit2	Bit1	Bit0
定义	—	—	—	EEIF	BCLIF	—	—	CCP2IF

PIR2 是一个可读/写的寄存器，包含第二批扩展外围模块的中断标志位，不过在此只关注与 EEPROM 有关的中断标志位。

EEIF：EEPROM 写操作中断标志位。EEIF＝1，写操作已经完成（必须用软件清零）；EEIF＝0，写操作未完成或未开始。

6. 第二外围设备中断使能寄存器 PIE2

第二外围设备中断使能寄存器 PIE2 定义如下：

位	Bit7	Bit6	Bit5	Bit4	Bit3	Bit2	Bit1	Bit0
定义	PSPIF	ADIF	RCIF	TXIF	SSPIF	CCP1IF	TMR2IF	TMR1IF

PIE2 也是一个可读/写的寄存器，包含第二批扩展外围模块的中断使能位，不过在此只介绍与 EEPROM 相关的中断使能位。

EEIE：EEPROM 写操作中断使能位。EEIE＝1，允许 EEPROM 写操作产生的中断请求；EEIE＝0，禁止 EEPROM 写操作产生的中断请求。

14.4.2 片内 EEPROM 数据存储器的操作

1. 对 EEPROM 的读操作

为了读取 EEPROM 数据存储器的内容，用户程序必须事先把指定单元的地址送入 EEADR 寄存器，并将 EEPGD 控制位清零，然后把读操作控制位 RD 置位。在下一个指令周期里，数据寄存器 EEDATA 的数据才是有效的，EEDATA 中的数据可以被一直保留，直到下一次读操作开始或由软件送入其他数据。

读取 EEPROM 数据存储器的操作流程如下：

① 把地址写入到地址寄存器 EEADR。注意该地址不能超过所用单片机内部 EEPROM 的实际容量。

② 把控制位 EEPGD 清零，以选定读取对象为 EEPROM 数据存储器。

③ 把控制位 RD 置位，启动本次读操作。

④ 读取已经反馈到 EEDATA 寄存器中的数据。

2. 对 EEPROM 的写操作

向 EEPROM 写数据的过程实质上是一个烧写的过程，不仅需要高电压，还需要较长的时间。向 EEPROM 烧写数据的时间在毫秒级(典型时间为 4～8 ms)。安全起见，向 EEPROM 中烧写数据远比读取数据复杂和麻烦。一次向 EEPROM 写操作过程需要以下步骤才能完成：必须先把地址和数据放入 EEADR 和 EEDATA 中，将 EEPGD 位清零，再把 WREN 写允许位置位，最后将 WR 写启动位置位。除了正在对 EEPROM 进行写操作之外，平时 WREN 位必须保持为 0。WREN 和 WR 的置位操作绝对不能在一条指令中同时完成，必须安排两条指令，即只有在前一次操作中把控制位 WREN 置位，后面的操作才能把控制位 WR 置位。在一次写操作完成之后，WREN 由软件清零。在一次写操作尚未完成之前，如果用软件清除 WREN 位，则不会停止本次写操作过程。

写 EEPROM 数据存储器的操作流程如下：

① 确保目前的 WR=0；如果 WR=1，表明一次写操作正在进行，需要查询等待。

② 把地址送入 EEADR 中，并确保地址不会超出目标单片机内部 EEPROM 的最大地址范围。

③ 把准备烧写的 8 位数据送入 EEDATA 中。

④ 清除控制位 EEPGD，以指定 EEPROM 作为烧写对象。

⑤ 把写使能位 WREN 置位，允许后面进行写操作。

⑥ 清除全局中断控制位 GIE，关闭所有中断请求。

⑦ 把 55H 写入到控制寄存器 EECON2 中。再把 AAH 写入到控制寄存器 EECON2 中。由于 EECON2 物理上不存在，只是利用访问这个专用地址来启动一种安全机制。

⑧ 把写操作控制位 WR 置位。

⑨ 全局中断控制位 GIE 置位，开放中断。

⑩ 清除写操作允许位 WREN，在本次写操作没有完成之前禁止重开一次写操作。

⑪ 当写操作完成时，控制位 WR 被硬件自动清零，中断标志位 EEIF 被硬件自动置 1。如

果本次写操作没有完成，可以用软件查询 EEIF 位是否为 1，或者查询 WR 位是否为 0，来判断写操作是否结束。

14.4.3　实例解析 3——PIC16F877A 内部 EEPROM 读/写演示

1. 实现功能

要求采用 PIC16F877A 单片机内部 EEPROM 存储器，用 PIC 核心板和 DD—900 实验开发板实现具有记忆功能的记数器，具体功能与实例解析 1 一致。

2. 源程序

源程序与实例解析 1 基本一致，只是 EEPROM 驱动程序不同，下面给出 PIC16F877A 内部 EEPRROM 驱动程序，完整的程序在附光盘中。

```
/******** 写入 1 字节数据到内部 eerom 指定地址中 ********/
void EEPROM_write(uchar date,uchar addr)
{
    GIE = 0;
    while(WR == 1);             //等待写周期完成
    EEADR = addr;               //准备要写入的地址
    EEDATA = date;              //准备要写入的数据
    EEPGD = 0;
    WREN = 1;                   //允许写
    GIE = 0;
    EECON2 = 0x55;
    EECON2 = 0xaa;
    WR = 1;                     //启动写周期
    while(WR == 1);             //等待写周期完成
    GIE = 1;
    WREN = 0;
}
/******** 读取内部 EEPROM 数据函数 ********/
uchar EEPROM_read(uchar addr)
{
EEADR = addr;
EEPGD = 0;
RD = 1;
return EEDATA;
}
```

3. 源程序释疑

本例和实例解析 1 实现的功能相同，但源程序要简单许多，在本例中，只需要两个函数，即 EEPROM_write()和 EEPROM_read()就完成了单片机内部 EEPROM 的读写操作。在实际应用时，如果需要保存的数据不是很多，应尽量使用 PIC16F877A 的内部 EEPROM，这样不但可以简单硬件电路，而且编程也十分方便。

4. 实现方法

① 打开 MLAB IDE 软件，建立工程项目，再建立一个名为 ch14_3.c 的源程序文件，输入上面源程序。对源程序进行编译，产生 ch14_3.hex 目标文件。

② 将 DD—900 实验开发板 JP1 的 DS、V_{CC}两插针短接，为 LED 数码管供电。

③ 将 PIC 核心板 RD0～RD7、RC0～RC7、RB2、RE0、V_{DD}、GND 通过几根杜邦线连到 DD—900 实验开发板 P00～P07、P20～P27、P32、P37、V_{CC}、GND 上。这样，DD—900 的数码管、K1 按键、蜂鸣器就接到了 PIC 核心板上。

④ 将 PICKIT2 连接到 PIC 核心板的 RJ12 接口，同时，用 5 V 电源适配器为 PIC 核心板供电，将其 PICKIT2 插接在 PC 的 USB 口上，DD—900 实验开发板不用单独供电(由 PIC 核心板为其供电)。

⑤ 将程序下载到 PIC16F877A 单片机中，按压 K1 键，观察数码管计数情况，断电后再开机，观察数码管是否显示关机前的计数值。

该实验源程序在随书光盘的 ch14\ch14_3 文件夹中。

第 15 章

温度传感器 DS18B20 实例解析

美国 DALLAS 公司生产的单线数字温度传感器 DS18B20，是一种模/数转换器件，可以把模拟温度信号直接转换成串行数字信号供单片机处理，而且读写 DS18B20 信息仅需要单线接口，使用非常方便。DSl8B20 体积小、精度高、使用灵活，因此，在测温系统中应用十分广泛。

15.1 温度传感器 DS18B20 基本知识

DS18B20 是 DALLAS 公司推出的单总线数字温度传感器，测量温度范围为 －55～＋125 ℃，在－10 ～＋85 ℃范围内精度为±0.5 ℃。现场温度直接以单总线的数字方式传输，大大提高了系统的抗干扰性。DS18B20 支持 3～5.5 V 的电压范围，使用十分灵活和方便。

15.1.1 DS18B20 引脚功能

DS18B20 的外形如图 15－1 所示。

可以看出，DS18B20 的外形类似三极管，共 3 只引脚，分别为 GND(地)、DQ(数字信号输入/输出)和 VDD(电源)。

DS18B20 与单片机连接电路非常简单，如图 15－2(a)所示，由于每片 DS18B20 含有唯一的串行数据口，所以在一条总线上可以挂接多个 DS18B20 芯片，如图 15－2(b)所示。

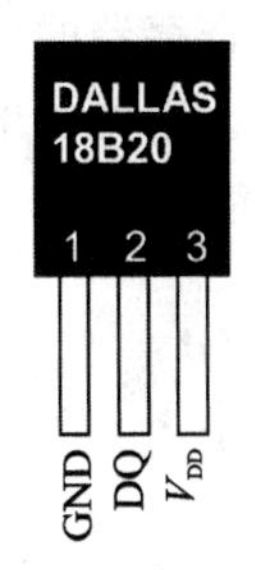

图 15－1 DS18B20 的外形

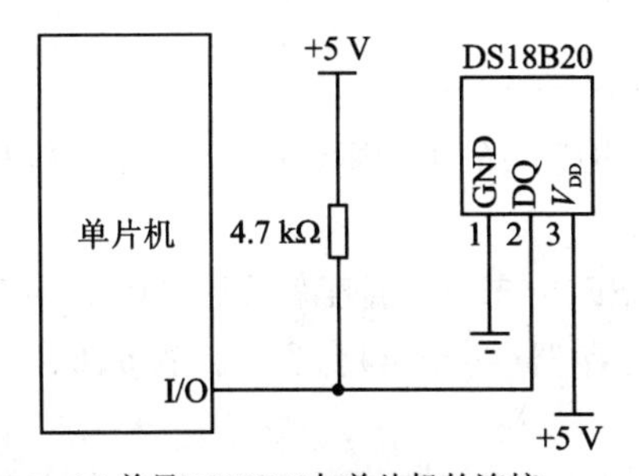

(a) 单只DS18B20与单片机的连接

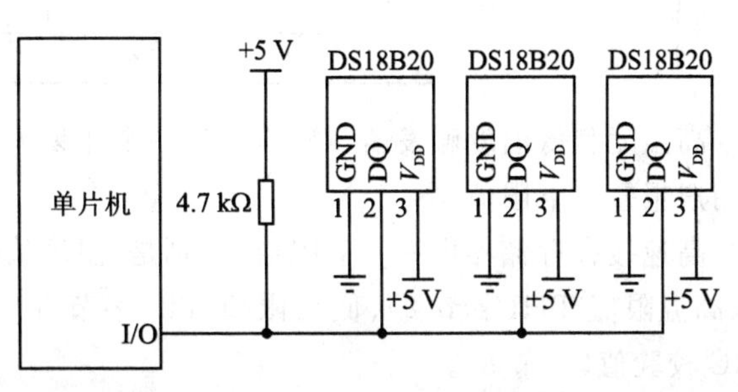

(b) 多只DS18B20与单片机的连接

图 15－2 DS18B20 与单片机的连接

15.1.2 DS18B20 的内部结构

DS18B20 内部结构如图 15-3 所示。

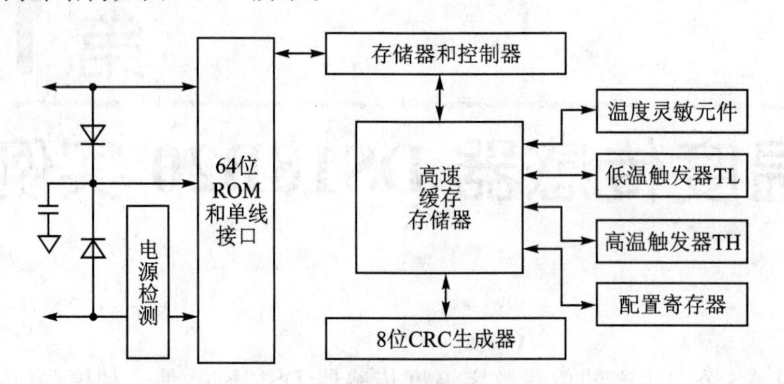

图 15-3 DS18B20 内部结构

DS18B20 共有 64 位 ROM,用于存放 DS18B20 编码,其前 8 位是单线系列编码(DS18B20 的编码是 19H),后面 48 位是芯片唯一的序列号,最后 8 位是以上 56 的位的 CRC 码(冗余校验)。数据在出厂时设置,不能由用户更改。由于每一个 DS18B20 序列号都各不相同,因此,在一根总线上可以挂接多个 DS18B20。

DS18B20 中的温度传感器完成对温度的测量。

配置寄存器主要用来设置 DS18B20 的工作模式和分辨率。配置寄存器中各位的定义如下:

TM	R1	R0	1	1	1	1	1

配置寄存器的低 5 位一直为 1,TM 是测试模式位,用于设置 DS18B20 在工作模式还是在测试模式。这位在出厂时被设置为 0,R1 和 R0 用来设置分辨率,即决定温度转换的精度位数,设置情况如表 15-1 所列。

表 15-1 DS18B20 分辨率设置

R1	R0	分辨率/位	温度最大转换时间/ms
0	0	9	93.75
0	1	10	187.5
1	0	11	375
1	1	12	750

高温度和低温度触发器 TH、TL 是一个非易失性的可电擦除的 EEPROM,可通过软件写入用户报警上下限值。

高速缓存存储器由 9 字节组成,分别是:温度值低位 LSB(字节 0)、温度值高位 MSB(字节 1)、高温限值 TH(字节 2)、低温限值 TL(字节 3)、配置寄存器(字节 4)保留(字节 5、6、7)、CRC 校验值(字节 8)。

当温度转换命令发出后,经转换所得的温度值存放在高速暂存存储器的第 0 和第 1 字节内。第 0 字节存放的是温度的低 8 位信息,第 1 字节存放的是温度的高 8 位信息。单片机可

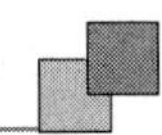

通过单线接口读到该数据，读取时低位在前，高位在后。第2、3字节是TH、TL的易失性复制，第4个字节是配置寄存器的易失性复制，这3字节的内容在每一次上电复位时被刷新。第5、6、7字节用于内部计算，第8字节用于冗余校验。

这里需要注意的是，存放在第0、1字节中的温度值，其中，后11位是数据位，前5位是符号位，如果测得的温度大于0，前5位为0，只要将测到的数值乘于0.0625即可得到实际温度；如果温度小于0，前5位为1，测到的数值需要取反加1再乘于0.0625，即可得到实际温度。表15-2给出了典型温度的二进制及十六进制对照表。

表15-2　典型温度的二进制及十六进制对照表

温度值/℃	双字节温度（二进制）		双字节温度（十六进制）
	符号位（5位）	数据位（11位）	
+125	00000	111 1101 0000	0x07d0
+85.5	00000	101 0101 1000	0x0558
+25.0625	00000	001 1001 0001	0x0191
+10.125	00000	000 1010 0010	0x00a2
+0.5	00000	000 0000 1000	0x0008
0	00000	000 0000 0000	0x0000
-0.5	11111	111 1111 1000	0xfff8
-10.125	11111	111 0101 1110	0xff5e
-25.0625	11111	111 0110 1111	0xfe6f
-55	11111	100 1001 0000	0xfc90

15.1.3　DS18B20的指令

在对DS18B20进行读写编程时，必须严格保证读写时序，否则将无法读取测温度结果。根据DS18B20的通信协议，单片机控制DS18B20完成温度转换必须经过以下步骤：每一次读写之前都要对DS18B20进行复位，复位成功后发送一条ROM指令，最后发送RAM指令，这样才能对DSl8B20进行预定的操作。

复位要求单片机将数据线下拉500 μs，然后释放，DS18B20收到信号后等待16～60 μs，然后发出60～240 μs的存在低脉冲，单片机收到此信号表示复位成功。

DS18B20的ROM指令如表15-3所列，RAM指令如表15-4所列。

表15-3　ROM指令表

指　令	约定代码	功　能
读ROM	0x33	读DS18B20温度传感器ROM中的编码（即64位地址）
匹配ROM	0x55	发出此命令之后，接着发出64位ROM编码，访问单总线上与该编码相对应的DS18B20使之做出响应，为下一步对该DS18B20的读写作准备
搜索ROM	0xF0	用于确定挂接在同一总线上DS18B20的个数和识别64位ROM地址。为操作各器件做好准备
跳过ROM	0xCC	忽略64位ROM地址，直接向DS18B20发温度变换命令。适用于单只DS18B20工作
报警搜索命令	0xEC	执行后只有温度超过设定值上限或下限的芯片才做出响应

表 15-4　RAM 指令表

指　令	约定代码	功　能
温度变换	0x44	启动 DS18B20 进行温度转换，12 位转换时最长为 750 ms(9 位为 93.75 ms)。结果存入内部 9 字节 RAM 中
读高速缓存	0xBE	读内部 RAM 中 9 字节的内容
写高速缓存	0x4E	发出向内部 RAM 的字节 2、3 写上、下限温度数据命令，紧跟该命令之后，是传送 2 字节的数据
复制高速缓存	0x48	将 RAM 中字节 2、3 的内容复制到 EEPROM 中
重调 EEPROM	0xB8	将 EEPROM 中内容恢复到 RAM 中的第 3、4 字节
读供电方式	0xB4	寄生供电时 DS18B20 发送 0，外接电源供电时 DS18B20 发送 1

15.1.4　DS18B20 使用注意事项

DS18B20 虽然具有诸多优点，但在使用时也应注意以下几个问题：

① 由于 DS18B20 与微处理器间采用串行数据传送方式，因此，在对 DS18B20 进行读写编程时，必须严格地保证读写时序，否则，将无法正确读取测温结果。

② 对于在单总线上所挂 DS18B20 的数量问题，一般人们会误认为可以挂任意多个 DS18B20，而在实际应用中并非如此。若单总线上所挂 DS18B20 超过 8 个时，则需要解决单片机的总线驱动问题，这一点，在进行多点测温系统设计时要加以注意。

③ 连接 DS18B20 的总线电缆是有长度限制的。试验中，当采用普通信号电缆且其传输长度超过 50 m 时，读取的测温数据将发生错误。而将总线电缆改为双绞线带屏蔽电缆时，正常通信距离可达 150 m，如采用带屏蔽层且每米绞合次数更多的双绞线电缆，则正常通信距离还可以进一步加长。这种情况主要是由总线分布电容使信号波形产生畸变造成的，因此，在用 DS18B20 进行长距离测温系统设计时要充分考虑总线分布电容和阻抗匹配问题。

④ 在 DS18B20 测温程序设计中，当向 DS18B20 发出温度转换命令后，程序总要等待 DS18B20 的返回信号。这样，一旦某个 DS18B20 接触不好或断线，在程序读该 DS18B20 时就没有返回信号，从而使程序进入死循环。因此，在进行 DS18B20 硬件连接和软件设计时，应当加以注意。

⑤ 如果单片机对多只 DS18B20 进行操作，需要先执行读 ROM 命令，逐个读出其序列号，然后再发出匹配命令，就可以进行温度转换和读写操作了。单片机只对一只 DS18B20 进行操作，一般不需要读取 ROM 编码以及匹配 ROM 编码，只要用跳过 ROM 命令，就可以进行温度转换和读写操作。

15.2　DS18B20 数字温度计实例解析

15.2.1　实例解析 1——LED 数码管数字温度计

1. 实现功能

用 PIC 核心板和 DD—900 实验开发板进行实验：DS18B20 感应的温度值通过前 4 位数码

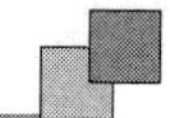

管进行显示，其中，前 3 位显示温度的百位、十位和个位，最后 1 位显示温度的小数位。有关电路如图 15－4 所示。

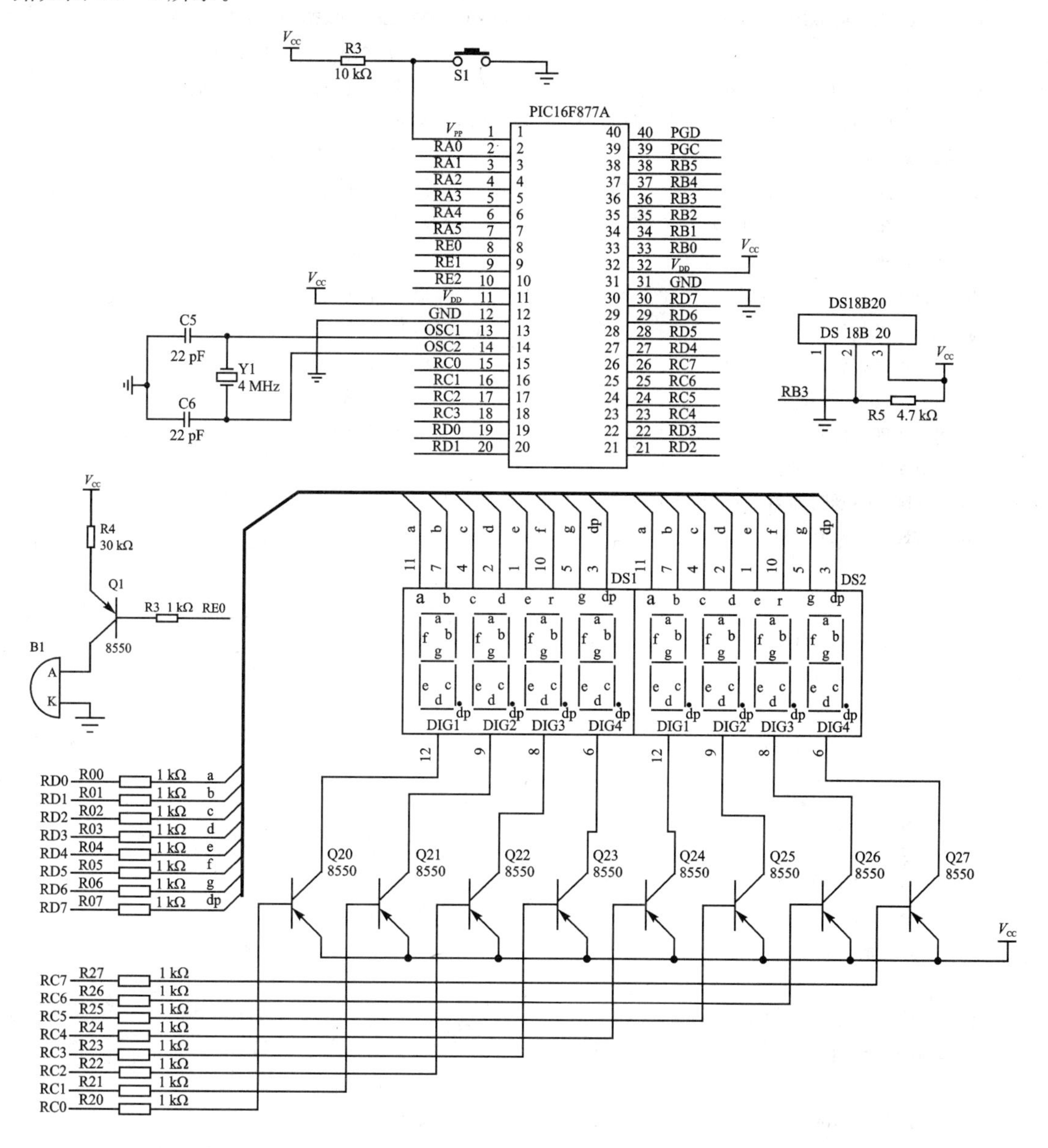

图 15－4　LED 数码管数字温度计电路

2. 源程序

源程序主要由两部分构成，一是 DS18B20 温度传感器驱动程序软件包 DS18B20_drive.h，二是主程序。以下是主程序：

```
#include<pic.h>
#include "DS18B20_drive.h"                    //DS18B20 驱动程序软件包
#define uchar unsigned char
#define uint  unsigned int
```

```
__CONFIG(HS&WDTDIS);
#define  BEEP  RE0
uchar const seg_data[] = {0xC0,0xF9,0xA4,0xB0,0x99,0x92,0x82,0xF8,0x80,0x90,0xff};
                                                        //0~9 和熄灭符的段码表
uchar  temp_data[2] = {0x00,0x00};                      //用来存放温度高 8 位和低 8 位
uchar  disp_buf[5] = {0x00,0x00,0x00,0x00,0x00};        //显示缓冲区
#define DOT_SET     RD7 = 1                             //电平置高
#define DOT_CLR     RD7 = 0                             //电平置低
#define RC0_SET     RC0 = 1                             //电平置高
#define RC0_CLR RC0 = 0                                 //电平置低
#define RC1_SET     RC1 = 1                             //电平置高
#define RC1_CLR RC1 = 0                                 //电平置低
#define RC2_SET     RC2 = 1                             //电平置高
#define RC2_CLR RC2 = 0                                 //电平置低
#define RC3_SET     RC3 = 1                             //电平置高
#define RC3_CLR RC3 = 0                                 //电平置低
/********延时函数********/
void Delay_ms(uint xms)
{
    int i,j;
    for(i = 0;i<xms;i++)
    { for(j = 0;j<71;j++) ; }
}
/*********蜂鸣器响一声函数********/
void  beep()
{
    BEEP = 0;                                           //蜂鸣器响
    Delay_ms(100);
    BEEP = 1;                                           //关闭蜂鸣器
    Delay_ms(100);
}
/********端口设置函数********/
void port_init(void)
{
    OPTION = 0x00;                                      //端口 B 弱上位使能
    TRISB3 = 0;                                         //RB3 温度传感器脚设置为输出
    TRISC  =  0b00000000;                               //位选
    PORTC = 0xff;                                       //关闭所有显示
    TRISD  =  0x00;                                     //段选
    ADCON1 = 0x06;                                      //定义 RA、RE 为 I/O 端口
    TRISE = 0x00;                                       //端口 E 为输出,蜂鸣器(RE0)
    PORTE = 0xff;
}
/********显示函数,在前 4 位数码管上显示出温度值********/
void Display()
```

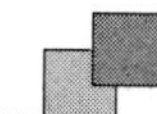

```
{
    PORTD = seg_data[disp_buf[3]];                    //显示百位
    RC0_CLR;
    Delay_ms(2);                                      //延时 2ms
    RC0_SET;                                          //关百位显示
    PORTD = seg_data[disp_buf[2]];                    //显示十位
    RC1_CLR;
    Delay_ms(2);
    RC1_SET;
    PORTD = seg_data[disp_buf[1]];                    //显示个位
    RC2_CLR;
    DOT_CLR;                                          //显示小数点
    Delay_ms(2);
    RC2_SET;
    PORTD = seg_data[disp_buf[0]] ;                   //显示小数位
    RC3_CLR;
    Delay_ms(2);
    RC3_SET;
}
/********读取温度值函数********/
void GetTemperture(void)
{
    uchar i;
    Init_DS18B20();                                   //DS18B20 初始化
    if(yes0 == 0)                                     //若 yes0 为 0,说明 DS18B20 正常
    {
        WriteOneByte(0xCC);                           //跳过读序号列号的操作
        WriteOneByte(0x44);                           //启动温度转换
        for(i = 0;i<200;i ++ ){Display();}
                                                      //调用显示函数延时,等待 A/D 转换结束,分辨
                                                      //率为 12 位时需延时 750 ms 以上
        Init_DS18B20();
        WriteOneByte(0xCC);                           //跳过读序号列号的操作
        WriteOneByte(0xBE);                           //读取温度寄存器
        temp_data[0] = ReadOneByte();                 //温度低 8 位
        temp_data[1] = ReadOneByte();                 //温度高 8 位
    }
    else    {beep();}                                 //若 DS18B20 不正常,蜂鸣器报警
}
/********温度数据转换函数,将温度数据转换为适合 LED 数码管显示的数据********/
void TempConv()
{
    uchar   temp;                                     //定义温度数据暂存
    temp = temp_data[0]&0x0f;                         //取出低 4 位的小数
    disp_buf[0] = (temp * 10/16);                     //求出小数位的值
```

```
    temp = ((temp_data[0]&0xf0) >> 4)|((temp_data[1]&0x0f) << 4);
                                                 // temp_data[0]高 4 位与 temp_data[1]低 4 位
                                                 //组合成 1 字节整数
    disp_buf[3] = temp/100;                      //分离出整数部分的百位
    temp = temp % 100;                           //十位和个位部分存放在 temp
    disp_buf[2] = temp/10;                       //分离出整数部分十位
    disp_buf[1] = temp % 10;                     //个位部分
    if(! disp_buf[3])                            //若百位为 0 时,不显示百位,seg_data[]表的
                                                 //第 10 位为熄灭符
    {
        disp_buf[3] = 10;
        if(!disp_buf[2])                         //若十高位为 0,不显示十位
        disp_buf[2] = 10;
    }
}
/********主函数********/
void main(void)
{
    port_init();
    while(1)
    {
        GetTemperture();                         //读取温度值
        TempConv();                              //将温度转换为适合 LED 数码管显示的数据
        Display();
    }
}
```

以下是温度传感器 DS18B20 驱动程序 DS18B20_drive. h

```
#define uchar unsigned char
#define uint unsigned int
#define DQ    RB3                                //配置 DS18B20 数据引脚
#define nop() asm("nop")
bit yes0 ;
/********μs 延时函数,延时时间(n×10)μs+12μs********/
void delayus(char n)
{
    char j;
    j = n;
    while(j>0)
    {
    j-- ;
    nop();nop();nop();nop();
    }
  }
/*********初始化 ds1820 函数********/
```

```
bit Init_DS18B20(void)
{
      DQ = 1;                                    //DQ复位
      nop();nop();nop();nop();nop();nop();       //稍做延时
      DQ = 0;                                    //单片机将DQ拉低
      delayus(50);                               //精确延时大于480μs
      DQ = 1;                                    //拉高总线
      delayus(6);
      yes0 = DQ;                                 //如果等于0,则初始化成功;如果等于1,则初
                                                 //始化失败
      delayus(100);
      DQ = 1;
      return(yes0);                              //返回信号,若yes0为0则存在,若yes0
                                                 //为1则不存在
}
/********读一个字节函数********/
ReadOneByte(void)
{
    uchar i = 0;
    uchar dat = 0;
    for (i = 8; i > 0; i-- )
        {
        DQ = 0;                                  //给脉冲信号
        dat >> = 1;
        DQ = 1;                                  //给脉冲信号
        if(DQ)
        dat | = 0x80;
        delayus(6);
        }
    return (dat);
}
/********写一个字节函数********/
WriteOneByte(uchar dat)
{
    uchar i = 0;
    for (i = 8; i > 0; i-- )
    {
        DQ = 0;
        DQ = dat&0x01;
        delayus(6);
        DQ = 1;
        dat >> =1;
    }
}
```

3. 源程序释疑

温度传感器 DS18B20 驱动程序软件包 DS18B20_drive.h 具有通用性，可直接引用，不必细究。

主程序主要由主函数、读取温度值函数 GetTemperture、温度值转换函数 TempConv、显示函数 Display 等组成。

① 函数 GetTemperture 用来读取温度值，读取时，首先对 DS18B20 复位，检测 DS18B20 是否正常工作，若工作不正常，蜂鸣器报警，若正常，则接着读取温度数据，单片机发出 0xCC 指令，跳过 ROM 操作，然后向 DS18B20 发出 A/D 转换的 0x44 指令，再发出读取温度寄存器的温度值指令 0xBE，将读取的 16 位温度数据的低位和高位分别存放在数组 temp_data[0]、temp_data[1]单元中。

② 温度值转换函数 TempConv 用来将读取到的温度数据转换为适合 LED 数码管显示的数据。

③ 显示函数 Display 比较简单，这里主要说明两点：一是个位数小数点的显示，个位数小数点由单片机的 RD7 引脚和 RC2 引脚控制，当 RD7 引脚、RC2 引脚均为低电平时，个位数小数显示，当 RD7 引脚、RC2 引脚为高电平时，个位数小数点不显示。二是延时时间的选择问题。在显示函数中，延时时间为 2ms，这样，显示 4 位数码管需要 8ms，频率为 125Hz，因此，不会出现闪烁现象。当然，这个延时时间可以改变，但最好不要超过 6ms，否则，会出现闪烁的现象。

4. 实现方法

① 打开 MLAB IDE 软件，建立工程项目，再建立一个名为 ch15_1.c 的源程序文件，输入上面源程序。对源程序进行编译，产生 ch15_1.hex 目标文件。

② 将 DD—900 实验开发板 JP1 的 DS、V_{CC}两插针短接，为 LED 数码管供电。

③ 将 PIC 核心板 RD0～RD7、RC0～RC7、RB3、RE0、V_{DD}、GND 通过几根杜邦线连到 DD—900 实验开发板 P00～P07、P20～P27、P13、P37、V_{CC}、GND 上。同时将 JP6 的一组插针(P13 与 18B20 插针)用短接帽短接，这样，DD—900 的数码管、DS18B20 温度传感器、蜂鸣器就接到了 PIC 核心板上。

④ 将 PICKIT2 连接到 PIC 核心板的 RJ12 接口，同时，用 5V 电源适配器为 PIC 核心板供电，将其 PICKIT2 插接在 PC 的 USB 口上，DD—900 实验开发板不用单独供电(由 PIC 核心板为其供电)。

⑤ 进行硬件仿真或将程序下载到 PIC16F877A 单片机中，观察数码管上的温度显示情况，用手触摸温度传感器，观察温度是否发生变化。

该实验程序和 DS18B20 驱动程序软件包 DS18B20_drive.h 在随书光盘的 ch15\ch15_1 文件夹中。

15.2.2 实例解析 2——LCD 数字温度计

1. 实现功能

用 PIC 核心板和 DD—900 实验开发板进行实验：开机后，若 DS18B20 正常，LCD 第一行

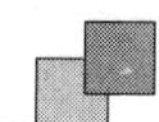

显示“DS18B20 OK”，第二行显示“TMEP：XXX. X°C”（XXX. X 表示显示的温度数值）；若 DS18B20 不正常，LCD 第一行显示“DS18B20 ERROR”，第二行显示“TMEP：----℃”。有关电路如图 15－5 所示。

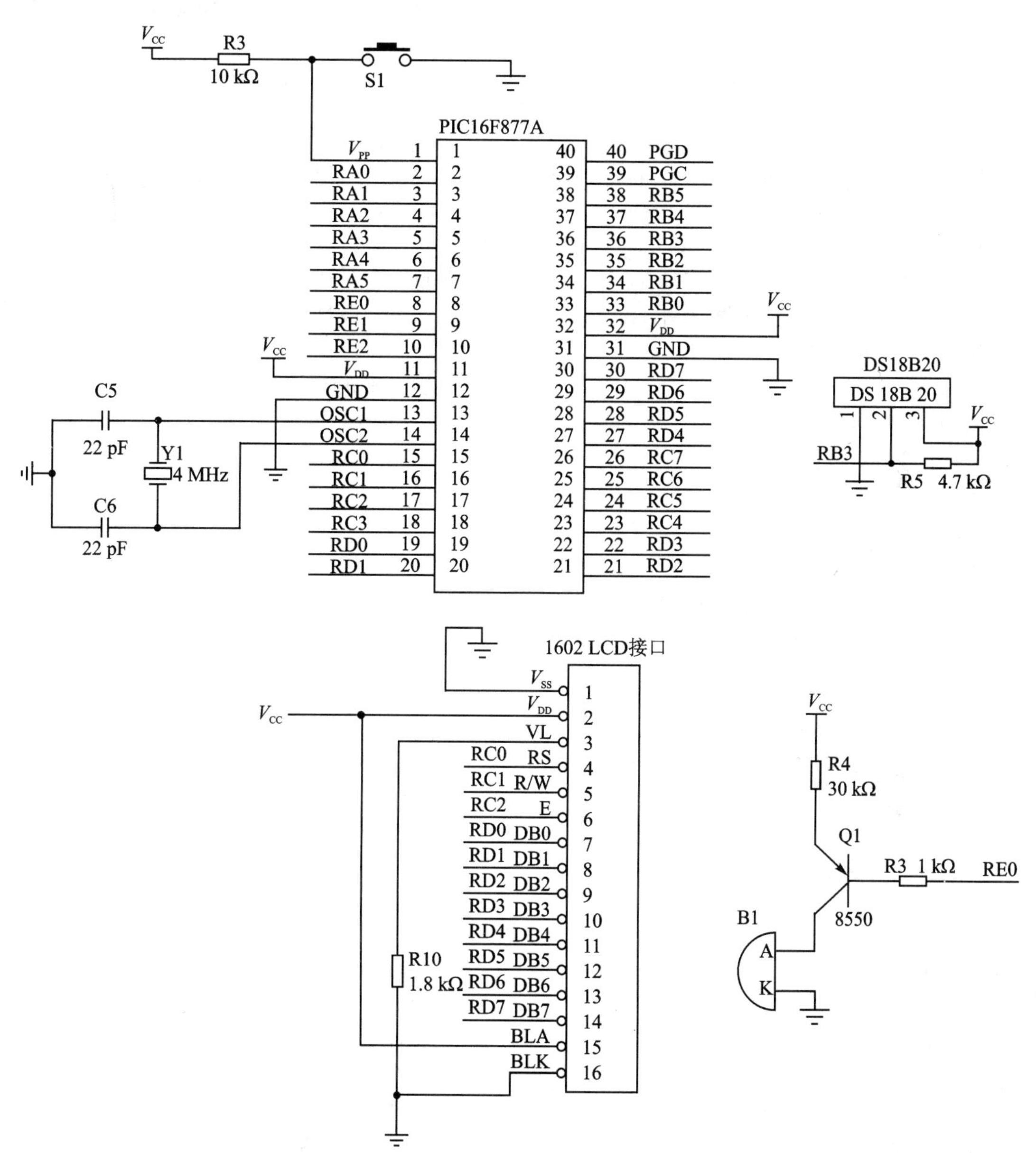

图 15－5　LCD 数字温度计电路

2. 源程序

源程序主要由三部分构成：一是 DS18B20 温度传感器驱动程序软件包 DS18B20_drive. h，二是 1602 液晶屏驱动程序软件包 1602LCD_drive. h，三是主程序。下面只给出主程序：

```
#include<pic.h>
__CONFIG(HS&WDTDIS);
```

```
#include "1602LCD_drive.h"                        //包含 LCD 驱动程序软件包
#include "DS18B20_drive.h"                        //DS18B20 驱动程序软件包
#define  BEEP  RE0
bit  temp_flag ;                                  //判断 DS18B20 是否正常标志位,正常时为 1,
                                                  //不正常时为 0
uchar  temp_comp;                                 //用来存放测量温度的整数部分
uchar  disp_buf[8] = {0};                         //显示缓冲
uchar  temp_data[2] = {0x00,0x00};                //用来存放温度数据的高位和低位
uchar bank1  line1_data[] = " DS18B20 OK   ";     //DS18B20 正常时第 1 行显示的信息
uchar bank1  line2_data[] = " TEMP:        ";     //DS18B20 正常时第 2 行显示的信息
uchar bank1  menu1_error[] = "  DS18B20 ERR  ";   //DS18B20 出错时第 1 行显示的信息
uchar bank1  menu2_error[] = " TEMP:---     ";    //DS18B20 出错时第 2 行显示的信息
/********函数声明,由于本例采用的函数较多,应加入函数声明部分********/
void port_init(void);
void  TempDisp(void);                             //温度值显示函数声明
void  beep(void);                                 //蜂鸣器响一声函数声明
void  MenuError(void);                            //DS18B20 出错菜单函数声明
void  MenuOk(void);                               //DS18B20 正常菜单函数声明
void GetTemperture(void);                         //读取温度值函数声明
void TempConv(void);                              //温度值转换函数声明
/*********蜂鸣器响一声函数********/
void  beep()
{
    BEEP = 0;                                     //蜂鸣器响
    Delay_ms(100);
    BEEP = 1;                                     //关闭蜂鸣器
    Delay_ms(100);
}
/********端口设置函数********/
void port_init(void)
{
    OPTION = 0x00;                                //端口 B 弱上位使能
    TRISB3 = 0;                                   //RB3 温度传感器引脚设置为输出
    TRISC = 0b00000000;                           //位选
    PORTC = 0xff;                                 //关闭所有显示
    TRISD = 0x00;                                 //段选
    ADCON1 = 0x06;                                //定义 RA、RE 为 I/O 接口
     TRISE = 0x00;                                //端口 E 为输出,蜂鸣器(RE0)
    PORTE = 0xff;
}
/********温度值显示函数,负责将测量温度值显示在 LCD 上********/
void  TempDisp()
{
    LocateXY(6,1);                                //从第 1 行第 6 列开始显示温度值
    lcd_wdat(disp_buf[3]);                        //百位数显示
```

```
    lcd_wdat(disp_buf[2]);                    //十位数显示
    lcd_wdat(disp_buf[1]);                    //个位数显示
    lcd_wdat('.');                            //显示小数点
    lcd_wdat(disp_buf[0]);                    //小数位数显示
    lcd_wdat(0xdf);                           //0xdf 是圆圈°的代码,以便和下面的 C 配合
                                              //成温度符号℃
    lcd_wdat('C');                            //显示 C
}
/********DS18B20 正常时的菜单函数********/
void  MenuOk()
{
    LCD_write_str(0,0,line1_data);            //在第 0 行的第 0 列显示"   DS18B20 OK    "
  LCD_write_str(0,1,line2_data);              //在第 1 行的第 0 列显示" TEMP:           "
}
/********DS18B20 出错时的菜单函数********/
void  MenuError()
{
    lcd_clr();                                //LCD 清屏
    LCD_write_str(0,0,menu1_error);           //在第 0 行的第 0 列显示"   DS18B20 ERR   "
    LCD_write_str(0,1,menu2_error);           //在第 1 行的第 0 列显示" TEMP:           "
    LocateXY(11,1);                           //从第 1 行第 11 列开始显示
    lcd_wdat(0xdf);                           //0xdf 是圆圈°的代码,以便和下面的 C 配合
                                              //成温度符号℃
    lcd_wdat('C');                            //显示 C
}
/********读取温度值函数********/
void GetTemperture(void)
{
    GIE = 0;                                  //禁止全局中断
    Init_DS18B20();                           //DS18B20 初始化
    if(yes0 == 0)                             //yes0 为 Init_DS18B20 函数的返回值,
                                              //若 yes0 为 0,说明 DS18B20 正常
    {
        WriteOneByte(0xCC);                   //跳过读序号列号的操作
        WriteOneByte(0x44);                   //启动温度转换
        Delay_ms(1000);                       //延时 1 s,等待转换结束
        Init_DS18B20();
        WriteOneByte(0xCC);                   //跳过读序号列号的操作
        WriteOneByte(0xBE);                   //读取温度寄存器
        temp_data[0] = ReadOneByte();         //温度低 8 位
        temp_data[1] = ReadOneByte();         //温度高 8 位
        //temp_TH = ReadOneByte();            //温度报警 TH
        //temp_TL = ReadOneByte();            //温度报警 TL
        temp_flag = 1;
    }
```

```
    else temp_flag = 0;                              //否则,出错标志置 0
    GIE = 1;                                         //温度数据读取完成后再开中断
}
/********温度数据转换函数,将温度数据转换为适合 LCD 显示的数据********/
void TempConv()
{
    uchar sign = 0;                                  //定义符号标志位
    uchar  temp;                                     //定义温度数据暂存
    if(temp_data[1]>127)                             //大于 127 即高 4 位为全 1,即温度为负值
    {
        temp_data[0] = (~temp_data[0]) + 1;          //取反加 1,将补码变成原码
        if((~temp_data[0])> = 0xff)                  //若大于或等于 0xff
        temp_data[1] = (~temp_data[1]) + 1;          //取反加 1
        else temp_data[1] = ~temp_data[1];           //否则只取反
        sign = 1;                                    //置符号标志位为 1
    }
    temp  = temp_data[0]&0x0f;                       //取小数位
    disp_buf[0] = (temp * 10/16) + 0x30;             //将小数部分变换为 ASCII 码
    temp_comp  = ((temp_data[0]&0xf0) >> 4)|((temp_data[1]&0x0f) << 4);  //取温度整数部分
    disp_buf[3] =  temp_comp /100 + 0x30;            //百位部分变换为 ASCII 码
    temp  =  temp_comp % 100;                        //十位和个位部分
    disp_buf[2] =  temp /10 + 0x30;                  //分离出十位并变换为 ASCII 码
    disp_buf[1] =  temp  % 10 + 0x30;                //分离出个位并变换为 ASCII 码
    if(disp_buf[3] == 0x30)                          //百位 ASCII 码为 0x30(即数字 0),不显示
    {
        disp_buf[3] = 0x20;                          //0x20 为空字符码,即什么也不显示
        if(disp_buf[2] == 0x30)                      //十位为 0,不显示
        disp_buf[2] = 0x20;
    }
    if(sign) disp_buf[3] = 0x2d;                     //如果符号标志位为 1,则显示负号(0x2d 为
                                                     //负号的字符码)
}
/* *******主函数********/
void main(void)
{
    port_init();
    Init_DS18B20;
    lcd_init();                                      //初始化 LCD
    lcd_clr();                                       //LCD 清屏
    while(1)
    {
        GetTemperture();                             //读取温度数据
        if(temp_flag == 0)
        {
            beep();                                  //若 DS18B20 不正常,蜂鸣器报警
```

```
            MenuError();                        //显示出错信息函数
        }
        if(temp_flag == 1)                      //若 DS18B20 正常,则往下执行
        {
            TempConv();                         //将温度转换为适合 LCD 显示的数据
            MenuOk();                           //显示温度值菜单
            TempDisp();                         //调用 LCD 显示函数
        }
    }
}
```

3. 源程序释疑

本例与上例相比,很多是一致的,最大的不同就是显示方式不同,另外需要注意的是,在采用 LCD 显示时,由于 LCD 显示的是 ASCII 码,因此,进行将温度值转换为 ASCII 码,因为温度值均为数字,因此,只需将温度值加上 0x30 即可转换为相应的 ASCII 码。

另外,该源程序具有 DS18B20 出错显示功能,即当 DS18B20 不正常时,调用函数 MenuError,使 LCD 上显示出 DS18B20 出错信息。

4. 实现方法

① 打开 MLAB IDE 软件,建立工程项目,再建立一个名为 ch15_2.c 的源程序文件,输入上面源程序。对源程序进行编译,产生 ch15_2.hex 目标文件。

② 将 DD—900 实验开发板 JP1 的 LCD、VCC 两插针短接,为液晶屏供电。

③ 将 PIC 核心板 RD0~RD7、RC0~RC2、RB3、RE0、V_{DD}、GND 通过几根杜邦连到 DD—900 实验开发板 P00~P07、P20~P22、P13、P37、V_{CC}、GND 上。同时将 JP6 的一组插针(P13 与 18B20 插针)用短接帽短接,这样,DD—900 的液晶屏、DS18B20 温度传感器、蜂鸣器就接到了 PIC 核心板上。

④ 将 PICKIT2 连接到 PIC 核心板的 RJ12 接口,同时,用 5 V 电源适配器为 PIC 核心板供电,将其 PICKIT2 插接在 PC 的 USB 口上,DD—900 实验开发板不用单独供电(由 PIC 核心板为其供电)。

⑤ 进行硬件仿真或将程序下载到 PIC16F877A 单片机中,观察 1602 液晶屏上的温度显示情况,用手触摸温度传感器,观察温度是否发生变化。

该实验主程序、DS18B20 驱动程序软件包 DS18B20_drive.h、1602 LCD 驱动程序软件包 1602LCD_drive.h 在随书光盘的 ch15\ch15_2 文件夹中。

第 16 章 红外遥控和无线遥控实例解析

红外线遥控是目前使用最广泛的一种通信和遥控手段。由于红外线遥控装置具有体积小、功耗低、功能强、成本低等特点，因而，继彩电、录像机之后，在录音机、音响设备、空调机以及玩具等其他小型电器装置上也纷纷采用红外线遥控。工业设备中，在高压、辐射、有毒气体、粉尘等环境下，采用红外线遥控不仅完全可靠而且能有效地隔离电气干扰。在本章中，主要介绍红外和无线遥控方面的知识与实例。

16.1 红外遥控基本知识

红外线遥控是目前使用最广泛的一种通信和遥控手段。由于红外线遥控装置具有体积小、功耗低、功能强、成本低等特点，因而，继彩电、录像机之后，在空调机以及玩具等其他小型电器装置上也纷纷采用红外线遥控。工业设备中，在高压、辐射、有毒气体、粉尘等环境下，采用红外线遥控不仅安全可靠，而且能有效地隔离电气干扰。

16.1.1 红外遥控系统

通用红外遥控系统由发射和接收两大部分组成，应用编/解码专用集成电路芯片来进行控制操作，如图 16－1 所示。

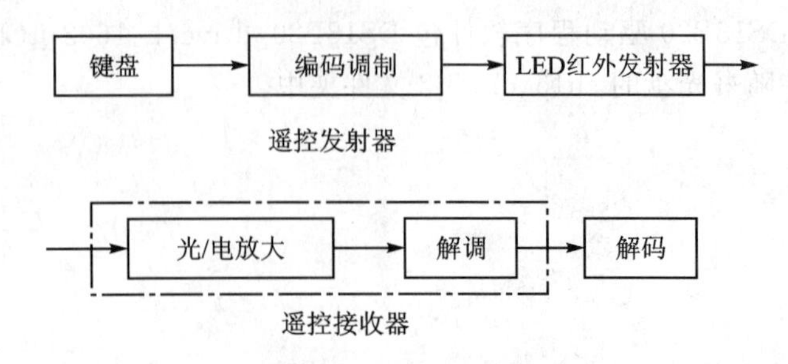

图 16－1　红外遥控系统框图

发射部分包括键盘矩阵、编码调制、LED 红外发送器；接收部分包括光电转换放大器、解调、解码电路。

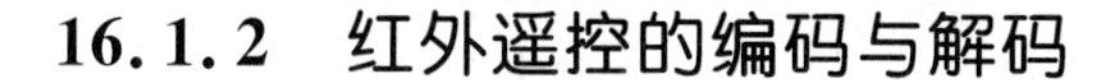

16.1.2　红外遥控的编码与解码

1. 遥控编码

遥控编码由遥控发射器(简称遥控器)内部的专用编码芯片完成。

遥控编码专用芯片很多,这里以应用最为广泛的 HT6122 为例,说明编码的基本工作原理。当按下遥控器按键后,HT6122 即有遥控编码发出,所按的键不同遥控编码也不同。HT6122 输出的红外遥控编码是由一个引导码、16 位用户码(低 8 位和高 8 位)、8 位键数据码和 8 位键数据反码组成,如图 16－2 所示。

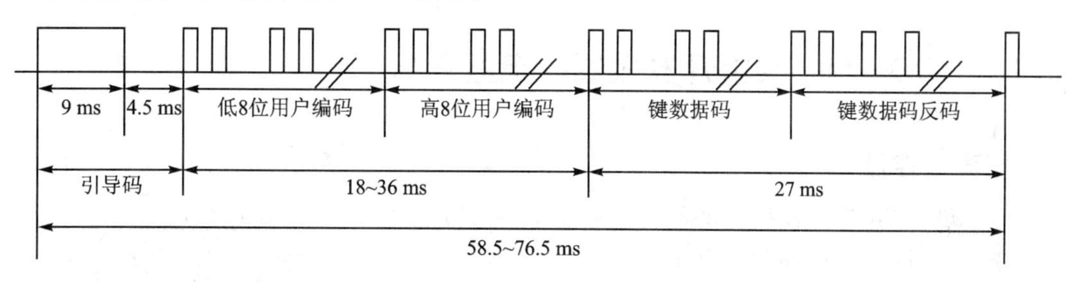

图 16－2　HT6122 输出的红外码

HT6122 输出的红外编码经过一个三极管反相驱动后,由 LED 红外发射二极管向外发射出去,因此,遥控器发射的红外编码与上图的红外码反相,即高电平变为低电平,低电平变为高电平。

① 当一个键按下时,先读取用户码和键数据码,22 ms 后遥控输出端(REM)启动输出,按键时间只有超过 22 ms 才能输出一帧码,超过 108 ms 后才能输出第二帧码。

② 遥控器发射的引导码是一个 9 ms 的低电平和一个 4.5 ms 的高电平,这个同步码头可以使程序知道从这个同步码头以后可以开始接收数据。

③ 引导码之后是用户码,用户码能区别不同的红外遥控设备,防止不同机种遥控码互相干扰。用户码采用脉冲位置调制方式(PPM),即利用脉冲之间的时间间隔来区分“0”和“1”。以脉宽为 0.56 ms、间隔 0.565 ms、周期为 1.125 ms 的组合表示二进制的“0”;以脉宽为 1.685 ms、间隔 0.565 ms、周期为 2.25 ms 的组合表示二进制的“1”,如图 16－3 所示。

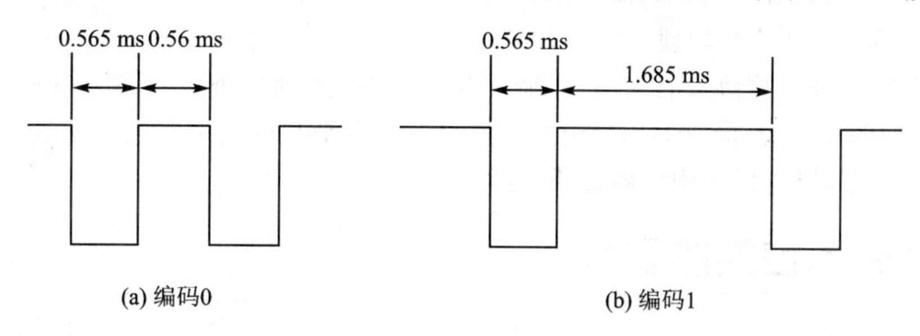

图 16－3　编码 0 和编码 1

④ 最后 16 位为 8 位的键数据码和 8 位键数据码反码,用于核对数据是否接收准确。

上述“0”和“1”组成的二进制码经 38 kHz 的载频进行二次调制,以提高发射效率,达到降低电源功耗的目的。然后再通过红外发射二极管产生红外线向空间发射。

2. 遥控解码

遥控解码由单片机系统完成。

解码的关键是如何识别“0”和“1”，从位的定义可以发现“0”、“1”均以 0.565 ms 的低电平开始，不同的是高电平的宽度不同，“0”为 0.56 ms，“1”为 1.685 ms，所以，必须根据高电平的宽度区别“0‘和”1“。如果从 0.565 ms 低电平过后开始延时，0.56 ms 以后，若读到的电平为低，说明该位为”0“，反之则为”1“，为了可靠起见，延时必须比 0.56 ms 长些，但又不能超过 1.12 ms，否则如果该位为”0“，读到的已是下一位的高电平，因此取(1.12 ms＋0.56 ms)/2＝0.84 ms 最为可靠，一般取 0.8～1.0 ms 即可。

另外，根据红外编码的格式，程序应该等待 9 ms 的起始码和 4.5 ms 的结束码完成后才能读码。

16.1.3 DD—900 实验开发板遥控电路介绍

1. 配套遥控器

DD—900 实验开发板配套的红外遥控器采用 HT6122 芯片（兼容 HT6121、HT6222、SC6122、DT9122 等芯片）制作，其外形如图 16-4 所示。遥控器共有 20 个按键键，当按键按下后，即有规律地将遥控编码发出，所按的键不同，键值代码也不同，键值代码均在遥控器上进行了标示。

需要说明的是，遥控器上是键值代码不是随意标出的，而是通过编程求出的，在下面的实例解析中，将进行演示。求出键值代码后，就可以用遥控器上不同的按键，对单片机不同的功能进行控制了。

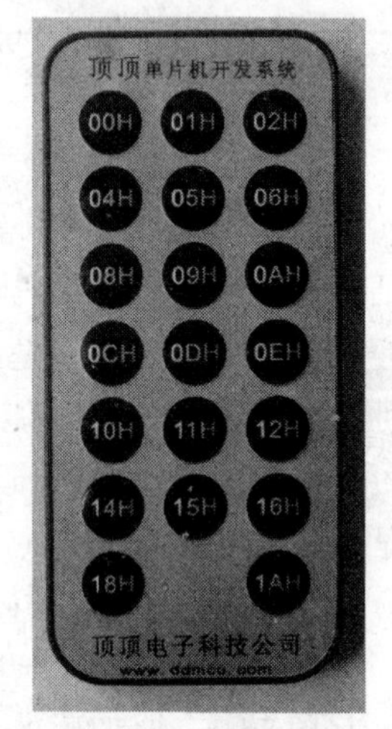

图 16-4　HT6122 遥控发射器外形

2. 遥控接收头

DD—900 实验开发板选用一体化红外接收头，接收来自红外遥控器的红外信号。接收头将红外接收二极管、放大、解调、整形等电路封装在一起，外围只有 3 只引脚（电源、地和红外信号输入），结构十分简捷。

接收头负责红外遥控信号的解调，将调制在 38 kHz 上的红外脉冲信号解调并倒相后输入到单片机的 P3.2 引脚，接收的信号由单片机进行高电平与低电平宽度的测量，并进行解码处理。解码编程时，既可以使用中断方式，也可以使用查询方式。

16.2 红外遥控实例解析

16.2.1 实例解析 1——LED 数码管显示遥控器键值

1. 实现功能

用 PIC 核心板和 DD—900 实验开发板进行实验：开机，第 7、8 两只数码管显示“--”，按压

HT6122 遥控器的按键，遥控器会周期性地发出一组 32 位二进制遥控编码，实验开发板上的遥控接收头接收到该遥控编码后进行程序解码，解码成功，蜂鸣器会响一声，并在 LED 的第 7、8 只数码管上显示此键的键值代码。另外，遥控器上的 02H、01H 还具有控制功能。当按下 02H 键，蜂鸣器响一声，继电器吸合，当按下 01H 键，蜂鸣器响一声，继电器断开。有关电路如图 16－5 所示。

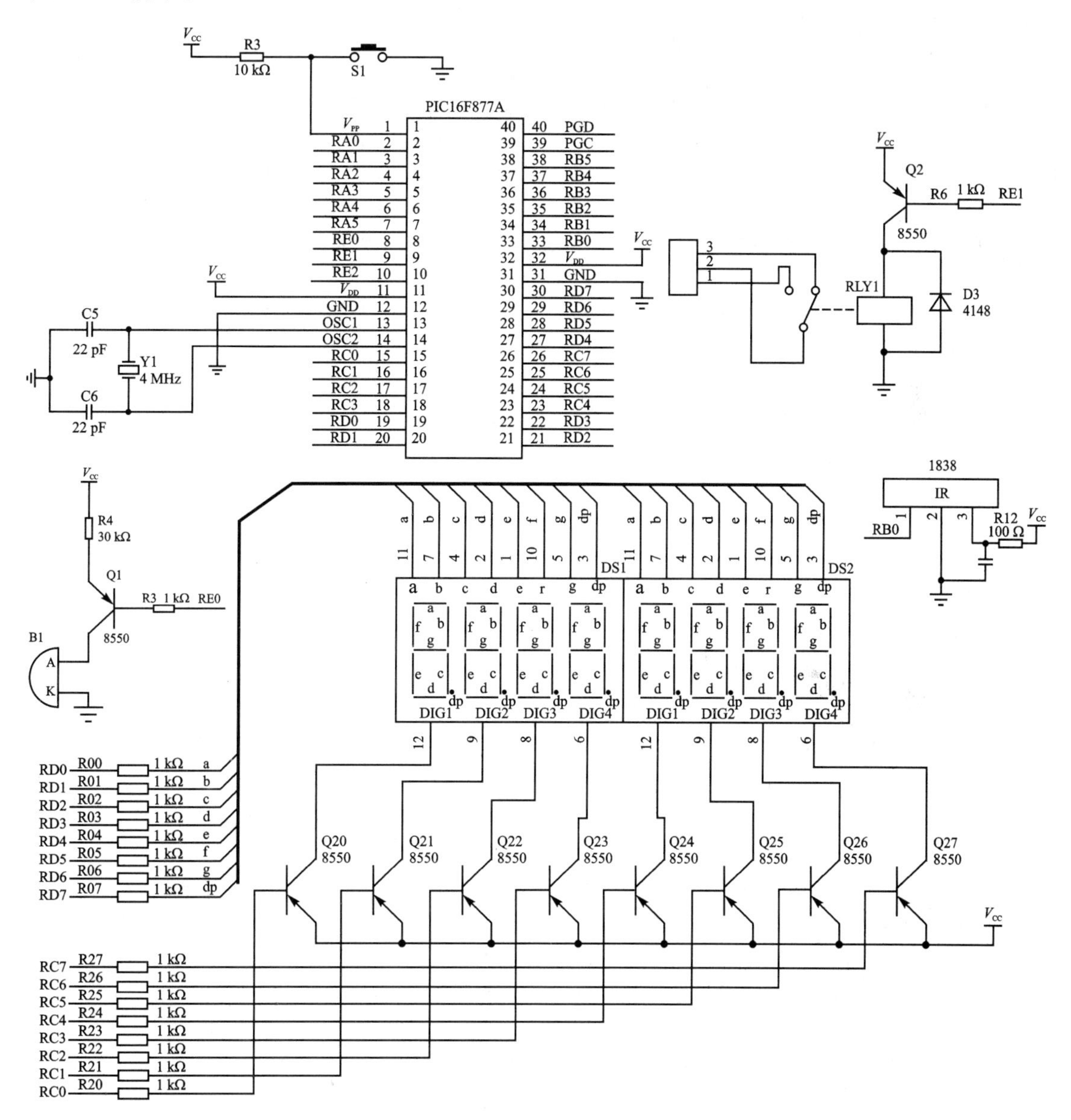

图 16－5　LED 数码管显示遥控器键值电路

2. 源程序

根据要求，遥控解码采用外中断方式，编写的源程序如下：

```
#include <pic.h>
#define uchar unsigned char
```

```
#define uint  unsigned int
__CONFIG(HS&WDTDIS);
#define  BEEP  RE0                             //蜂鸣器
#define  RELAY  RE1                            //继电器
#define nop() asm("nop")
#define IRIN_SET     RB0 = 1                   //电平置高
#define IRIN_CLR     RB0 = 0                   //电平置低
#define IRIN    RB0                            //遥控输入
uchar  IR_buf[4] = {0x00,0x00,0x00,0x00};      //IR_buf[0]、IR_buf[1]为用户码低位、用户码高位
                                               //接收缓冲区
                                               //IR_buf[2]、IR_buf[3]为键数据码和键数据码反
                                               //码接收缓冲区
uchar  disp_buf[2] = {0x10,0x10};              //显示缓冲单元,初值为 0x10(即 16),指向显示码的
                                               //第 16 个"-"
uchar  seg_data[] = {0xc0,0xf9,0xa4,0xb0,0x99,0x92,0x82,0xf8,0x80,0x90,0x88,0x83,0xc6,0xa1,
0x86,0x8e,0xbf};
                                               //0~F 和"-"符的显示码(字形码)
/********ms 延时函数********/
void Delay_ms(uint xms)
{
    int i,j;
    for(i = 0;i<xms;i++)
        { for(j = 0;j<71;j++) ; }
}
/********ms 延时函数 1,用于中断中的蜂鸣器函数********/
void Delay1_ms(uint xms)
{
    int i,j;
    for(i = 0;i<xms;i++)
        { for(j = 0;j<71;j++) ; }
}
/*********蜂鸣器响一声函数********/
void  beep()
{
    BEEP = 0;                                  //蜂鸣器响
    Delay1_ms(100);
    BEEP = 1;                                  //关闭蜂鸣器
    Delay1_ms(100);
}
/********端口设置函数********/
void port_init(void)
{
    RBPU = 0;                                  //端口 B 弱上位使能
    INTEDG = 0;                                //下降沿触发
    TRISB = 0b00000001;                        //RB0 设置为输入
```

```
    TRISC = 0b00000000;                   //位选
    TRISD = 0x00;                         //段选
    ADCON1 = 0x06;                        //定义 RA、RE 为 I/O 端口
    TRISE = 0x00;                         //端口 E 为输出,蜂鸣器(RE0)、继电器(RE1)工作
    PORTE = 0xff;
}
/********us 延时函数,延时时间(n * 10)μs + 12μs ********/
void Delayus(char n)
{
    char j;
    j = n;
    while(j>0)
    {
    j--;
    nop();nop();nop();nop();
    }
 }
/********显示函数********/
void  Display()
{
    PORTD = (seg_data[disp_buf[0]]);
    PORTC = 0x7f;
    Delay_ms(1);
    PORTD = (seg_data[disp_buf[1]]);
    PORTC = 0xbf;
    Delay_ms(1);
}
/********中断初始化********/
void INT0_init()
{
    GIE = 1;                              //开总中断
    INTE = 1;                             //允许 RB0/INT 中断
}
/********主函数********/
void main()
{
    port_init();
    INT0_init();
    IRIN_SET;                             //遥控输入引脚置 1
    RELAY = 1;                            //关闭继电器
    Display();                            //调显示函数
    while(1)
    {
        if(IR_buf[2] == 0x02)             //02H 键(键值码为 02H)
        RELAY = 0;                        //继电器吸合
```

```
            if(IR_buf[2] == 0x01)                          // 01H 键(键值码为 01H)
            RELAY = 1;                                     //继电器关闭
            Display();
        }
}
/********中断函数********/
void interrupt ISR(void)
{
    uchar i, j,count = 0;
    port_init();
    if (INTF == 1)
    {
        INTE = 0;                                          //禁止 RB0/INT 中断
        Delayus(100);Delayus(100);Delayus(77);             //延时 280μs
        INTF = 0;                                          //清中断标志位,须在延时之后!
        for(i = 0;i < 14;i++)
        {
            Delayus(13);
            if(IRIN)                                       //9 ms 内有高电平,则判断为干扰,退出处理
                                                           //程序
            {
                INTE = 1;                                  //允许 RB0/INT 中断
                return;                                    //返回
            }
        }
        while(!(IRIN));                                    //等待 9 ms 低电平过去
        for(i = 0;i < 4;i++)
        {
            for(j = 0;j < 8;j++)
            {
                while(IRIN);                               //等待 4.5 ms 高电平过去
                while(!(IRIN));                            //等待变高电平
                while(IRIN)                                //计算高电平时间
                {
                    Delayus(13);                           //延时 13×10+10=140μs
                    count++;                               //对 0.14 ms 延时时间进行计数
                    if(count >= 30)                        //高电平时间过长,则退出处理程序
                    {
                        INTE = 1;                          //允许 RB0/INT 中断
                        return;
                    }
                }
                IR_buf[i] = IR_buf[i] >> 1;                //接受一位数据
                if(count >= 6)
                {
```

```
                IR_buf[i] = IR_buf[i] | 0x80; //若计数值大于6(高电平时间大于0.56),
                                              //则为数据1
            }
            count = 0;                        //若计数小于6,数据最高位补"0",说明收
                                              //到的是"0",同时计时清零
        }
    }
    //if (IR_buf[2]! = ~IR_buf[3])            //将键数据反码取反后与键数据码码比较,
                                              //若不等,表示接收数据错误,放弃
    //{
    //     INTE = 1;                          //允许RB0/INT中断
      //     return;
    //}
}
    disp_buf[0] = IR_buf[2] & 0x0f;           //取键码的低4位送显示缓冲
    disp_buf[1] = IR_buf[2] >> 4;             //右移4次,高4位变为低4位送显示缓冲
    beep();                                   //蜂鸣器响一声
    INTE = 1;                                 //允许RB0/INT中断
}
```

3. 源程序释疑

源程序主要由主函数、外中断0中断函数、键值显示函数等组成。其中,外中断0中断函数主要用来对红外遥控信号进行键值解码和纠错。

① 在外中断0中断函数中,首先等待红外遥控引导码信号(一个9 ms的低电平和一个4.5 ms的高电平),然后开始收集用户码低8位、用户码高8位、8位的键值码和8位键值反码数据,并存入IR_buf[]数组中,即IR_buf[0]存放的是用户码低8位,IR_buf[1]存放的是用户码高8位,IR_buf[2]存放的是8位键值码,IR_buf[3]存放的是8位键值码反码。

② 解码的关键是如何识别"0"和"1",程序中设计一个0.14 ms(140 μs)的延时函数,作为单位时间,对脉冲维持高电平的时间进行计数,并把此计数值存入count,看高电平保持时间是几个0.14 ms。需要说明的是,高电平保持时间必须比0.56 ms长些,但又不能超过1.12 ms,否则如果该位为"0",读到的已是下一位的高电平,因此,在源程序中,取0.14 ms×6=0.84 ms。

③ "0"和"1"的具体要求判断由程序中的以下语句进行判断:

```
IR_buf[i] = IR_buf[i] >> 1;        //接受一位数据
if(count >= 6)
{
    IR_buf[i] = IR_buf[i] | 0x80; //若计数值大于6(高电平时间大于0.56),则为数据1
}
count = 0;                         //若计数小于6,数据最高位补"0",说明收到的是"0",同时计
                                   //时清零
}
```

若count的值小于6,说明脉冲维持高电平的时间大于0.14 ms×6=0.84 ms,程序执行

语句“if (count>=6) {IR_buf[i] = IR_buf[i] | 0x80;}”,表示接收到的是 1。否则,表示接收到的是 0。

另外当高电平计数为 30 时(0.14 ms×30=4.2 ms),说明有错误,程序退出。

4. 实现方法

① 打开 MLAB IDE 软件,建立工程项目,再建立一个名为 ch16_1.c 的源程序文件,输入上面源程序。对源程序进行编译,产生 ch16_1.hex 目标文件。

② 将 DD—900 实验开发板 JP1 的 DS、V_{CC}两插针短接,为 LED 数码管供电。

③ 将 PIC 核心板 RD0～RD7、RC0～RC7、RB0、RE0～RE1、V_{DD}、GND 通过几根杜邦连到 DD—900 实验开发板 P00～P07、P20～P27、P32、P36～P37、V_{CC}、GND 上。同时将 JP4 的二组插针(P32、P36 与 IR、RLY 插针)用短接帽短接,这样,DD—900 的数码管、红外线接收头、继电器、蜂鸣器就接到了 PIC 核心板上。

④ 将 PICKIT2 连接到 PIC 核心板的 RJ12 接口,同时,用 5 V 电源适配器为 PIC 核心板供电,将其 PICKIT2 插接在 PC 的 USB 口上,DD—900 实验开发板不用单独供电(由 PIC 核心板为其供电)。

⑤ 进行硬件仿真或将程序下载到 PIC16F877A 单片机中,按压遥控器不同的按键,观察数码管是否显示出与遥控器按键相对应的键值。按下 02H 键,继电器是否有吸合的声音,按下 01H 键,继电器是否有断开的声音。

该实验程序在随书光盘的 ch16\ch16_1 文件夹中。

16.2.2 实例解析 2——LCD 显示遥控器键值

1. 实现功能

用 PIC 核心板和 DD—900 实验开发板进行实验:开机,第 LCD 的第一行显示“----IR -CODE----”;第 2 行显示“ --H ”,按压 HT6122 遥控器的按键,遥控器发出遥控编码,实验开发板上的遥控接收头接收到该遥控编码后进行解码,解码成功,蜂鸣器会响一声,并在第二行显示此键的键值代码。另外,遥控器上的 02H、01H 还具有控制功能。当按下 02H 键,蜂鸣器响一声,继电器吸合,当按下 01H 键,蜂鸣器响一声,继电器断开。有关电路如图 16-6 所示。

2. 源程序

源程序有两部分组成,一是 1602 液晶屏驱动程序 1602LCD_drive.h,二是主程序,主程序中遥控解码采用查询方式,具体如下:

```
#include <pic.h>
#define uchar unsigned char
#define uint  unsigned int
__CONFIG(HS&WDTDIS);
#include"1602LCD_drive.h"
#define  BEEP  RE0
#define  RELAY  RE1
```

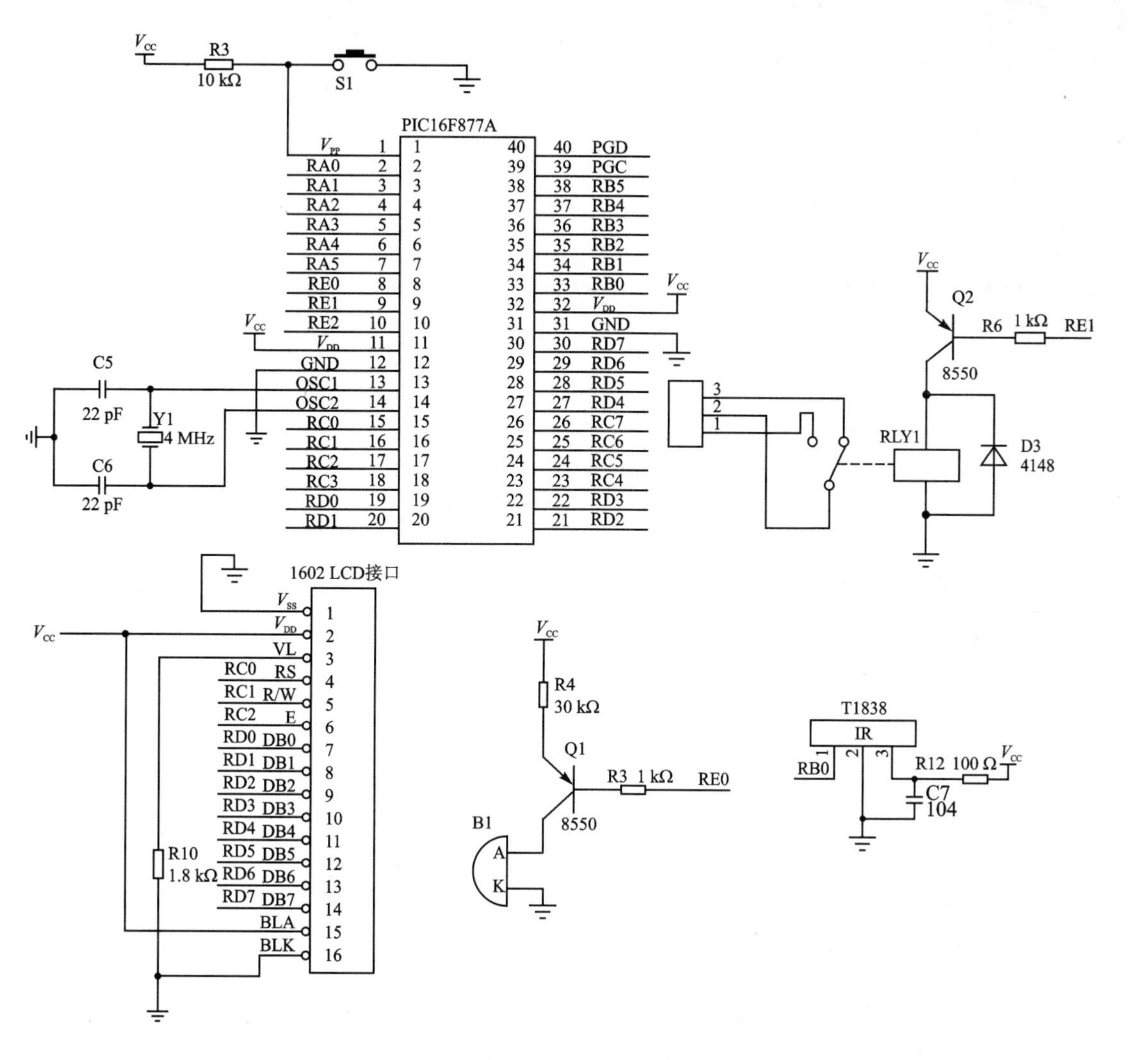

图 16-6　LCD 显示遥控器键值电路

```
#define nop() asm("nop")
#define IRIN_SET      RB0 = 1                    //电平置高
#define IRIN_CLR      RB0 = 0                    //电平置低
#define IRIN      RB0
uchar IR_buf[4] = {0x00,0x00,0x00,0x00};         //IR_buf[0]、IR_buf[1]为用户码低位、用户码高位
                                                 //接收缓冲区
                                                 //IR_buf[2]、IR_buf[3]为键数据码和键数据码反码
                                                 //接收缓冲区
uchar disp_buf[2];                               //定义显示缓冲单元
uchar  line1_data[] = "----IR  CODE----";        //定义第一行显示的字符
uchar  line2_data[] = "     --H          ";      //定义第二行显示的字符
/********μs 延时函数,延时时间(n*10)μs+12μs********/
void Delayus(char n)
{
    char j;
```

```
    j = n;
    while(j>0)
    {
    j -- ;
    nop();nop();nop();nop();
    }
}
/*********蜂鸣器响一声函数********/
void  beep()
{
    BEEP = 0;                                   //蜂鸣器响
    Delay_ms(100);
    BEEP = 1;                                   //关闭蜂鸣器
    Delay_ms(100);
}
/********端口设置函数********/
void port_init(void)
{
    RBPU = 0;                                   //端口 B 弱上位使能
    INTEDG = 0;                                 //下降沿触发
    TRISB = 0b00000001;                         //RB0 设置为输入
    TRISC  =  0b00000000;
    TRISD  =  0x00;
    ADCON1 = 0x06;                              //定义 RA、RE 为 I/O 接口
    TRISE = 0x00;                               //端口 E 为输出,蜂鸣器(RE0)、继电器(RE1)工作
    PORTE = 0xff;
}
/********LCD 显示函数,负责将键值码显示在 LCD 上********/
void  Display ()
{
    if(disp_buf[1]>9)
    { disp_buf[1] = disp_buf[1] + 0x37;}        //若为字母 a~f,则加 0x37,转换为 ASCII 码
    else
    disp_buf[1] = disp_buf[1] + 0x30;           //若为数字 0~9,则加 0x30,转换为 ASCII 码
    if(disp_buf[0]>9)
    { disp_buf[0] = disp_buf[0] + 0x37;}        //若为字母 a~f,则加 0x37,转换为 ASCII 码
    else
    disp_buf[0] = disp_buf[0] + 0x30;           //若为数字 0~9,则加 0x30,转换为 ASCII 码
    LocateXY(4,1);                              //从第 1 行第 4 列开始显示
    lcd_wdat(disp_buf[1]);                      //显示十位
    lcd_wdat(disp_buf[0]);                      //显示个位
}
/********遥控解码函数********/
void IR_decode()
{
```

```
    uchar i, j,count = 0;
    Delayus(100);Delayus(100);Delayus(77);   //延时 280μs
    for(i = 0;i < 14;i++)
    {
        Delayus(13);
        if(IRIN)                              //9 ms 内有高电平,则判断为干扰,退出处理程序
        {
            return;                           //返回
        }
    }
    while(!(IRIN));                           //等待 9 ms 低电平过去
    for(i = 0;i < 4;i++)
    {
        for(j = 0;j < 8;j++)
    {
        while(IRIN);                          //等待 4.5 ms 高电平过去
        while(! (IRIN));                      //等待变高电平
        while(IRIN)                           //计算高电平时间
        {
            Delayus(13);                      //延时 0.14 ms
            count++ ;                         //对 0.14ms 延时时间进行计数
            if(count >= 30)                   //高电平时间过长,则退出处理程序
            {
                return;
            }
        }
        IR_buf[i] = IR_buf[i] >> 1;           //接受一位数据
        if(count >= 6)
        {
            IR_buf[i] = IR_buf[i] | 0x80;     //若计数值大于 6(高电平时间大于 0.56),则为数据 1
        }
        count = 0;                            //若计数小于 6,数据最高位补"0",说明收到的是
                                              //"0",同时计时清零
    }
}
// if (IR_buf[2]! = ~IR_buf[3])               //将键数据反码取反后与键数据码码比较,若不等,
                                              //表示接收数据错误,放弃
// {
//   return;
//}
 disp_buf[0] = IR_buf[2] & 0x0f;              //取键码的低 4 位送显示缓冲
 disp_buf[1] = IR_buf[2] >> 4;                //右移 4 次,高 4 位变为低 4 位送显示缓冲
 Display();                                   //调显示函数
 beep();                                      //蜂鸣器响一声
}
```

```
/*********主函数*********/
void main(void)
{
    port_init();
    IRIN_SET;                              //遥控输入引脚置 1
    RELAY = 1;                             //关闭继电器
    lcd_init();                            //LCD 初始化
    lcd_clr();                             //LCD 清屏
    LCD_write_str(0,0,line1_data) ;        //在第 0 行显示"----IR  CODE----"
    LCD_write_str(0,1,line2_data) ;        //在第二行显示"      --H         "
    while(1)
    {
        IR_decode();                       //调键值解码函数
        if(IR_buf[2] == 0x02)              //02H 键(键值码为 02H)
        RELAY = 0;                         //继电器吸合
        if(IR_buf[2] == 0x01)              //01H 键(键值码为 01H)
        RELAY = 1;                         //继电器关闭
    }
}
```

3. 源程序释疑

该源程序与实例解析 1 很多是一致的,主要不同点有以下两点:

一是本例采用查询方式进行键值解码,而实例解析 1 采用的外中断方式。

二是二者的键值显示函数 Display 不同。在本例键值显示函数中,为了能在 LCD 上显示出十六进制数字 0～9 和字母 A～F,需要对数字和字母进行转换。对于数字,加上 0x30 即为其 ASCII 码,而对于字母,加上 0x37 才是其 ASCII 码。转换成 ASCII 码后,就可以在 LCD 上显示了。

4. 实现方法

① 打开 MLAB IDE 软件,建立工程项目,再建立一个名为 ch16_2.c 的源程序文件,输入上面源程序。对源程序进行编译,产生 ch16_2.hex 目标文件。

② 将 DD—900 实验开发板 JP1 的 LCD、V_{CC}两插针短接,为液晶屏供电。

③ 将 PIC 核心板 RD0～RD7、RC0～RC2、RB0、RE0～RE1、V_{DD}、GND 通过几根杜邦连到 DD—900 实验开发板 P00～P07、P20～P22、P32、P36～P37、V_{CC}、GND 上。同时将 JP4 的二组插针(P32、P36 与 IR、RLY 插针)用短接帽短接,这样,DD—900 的 1602 液晶屏、红外线接收头、继电器、蜂鸣器就接到了 PIC 核心板上。

④ 将 PICKIT2 连接到 PIC 核心板的 RJ12 接口,同时,用 5 V 电源适配器为 PIC 核心板供电,将其 PICKIT2 插接在 PC 的 USB 口上,DD—900 实验开发板不用单独供电(由 PIC 核心板为其供电)。

⑤ 进行硬件仿真或将程序下载到 PIC16F877A 单片机中,按压遥控器不同的按键,观察液晶屏是否显示出与遥控器按键相对应的键值。按下 02H 键,继电器是否有吸合的声音,按下 01H 键,继电器是否有断开的声音。

该实验程序和LCD驱动程序在随书光盘的ch16\ch16_2文件夹中。

16.3　无线遥控电路介绍与演练

16.3.1　无线遥控电路基础知识

无线电遥控由发射电路和接收电路两部分组成，当接收机收到发射机发出的无线电波以后，驱动电子开关电路工作。所以，它的发射频率与接收频率必须是完全相同的。无线遥控的主要特点是控制距离远，视不同的应用场合，近可以是零点几米，远则可以超越地球到达太空。

无线遥控的核心器件是编码与解码芯片，近年来许多厂商相继推出了品种繁多的专用编解码芯片，它们广泛应用于各种电子产品中，下面主要介绍应用最为广泛的PT2262/PT2272芯片(可代换芯片有HS2262/HS2272、SC22262/SC2272等)。

1. PT2262/PT2272的结构

PT2262/PT2272是中国台湾普城公司生产的一种CMOS工艺制造的低功耗低价位通用编码/解码电路，主要应用在车辆防盗系统、家庭防盗系统和遥控玩具中。

PT2262/PT2272是一对带地址、数据编码功能的红外遥控编码/解码芯片。其中编码(发射)芯片PT2262将载波振荡器、编码器和发射单元集成于一身，使发射电路变得非常简洁。解码(接收)芯片PT2272根据后缀的不同，有L4/M4/L6/M6之分，其中L表示锁存输出，数据只要成功接收就能一直保持对应的电平状态，直到下次遥控数据发生变化时改变。M表示暂存(非锁存)输出，数据脚输出的电平是瞬时的而且和发射端是否发射相对应，可以用于类似点动的控制。后缀的6和4表示有几路并行的控制通道，当采用4路并行数据时(PT2272-M4)，对应的地址编码应该是8位，如果采用6路的并行数据时(PT2272-M6)，对应的地址编码应该是6位。

PT2262/PT2272引脚排列如图16-7所示。

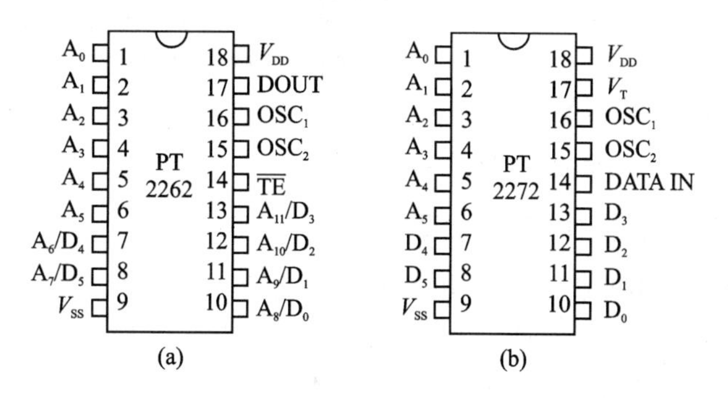

图16-7　PT2262/PT2272引脚排列

编码芯片PT2262的引脚功能如表16-1所列。解码芯片PT2272引脚功能如表16-2所列。

地址码和数据码都用宽度不同的脉冲来表示，两个窄脉冲表示"0"；两个宽脉冲表示"1"；一个窄脉冲和一个宽脉冲表示"开路"。

表 16-1　编码芯片 PT2262 引脚功能

名　称	引　脚	说　明
A0-A11	1～8、10～13	地址引脚，用于进行地址编码，可置为“0”，“1”，“悬空”
D0-D5	7～8、10～13	数据输入端
V_{DD}	18	电源正端(+)
V_{SS}	9	电源负端(-)
/TE	14	编码启动端，用于多数据的编码发射，低电平有效
OSC1	16	振荡电阻输入端，与 OSC2 所接电阻决定振荡频率
OSC2	15	振荡电阻振荡器输出端
Dout	17	编码输出端(正常时为低电平)

表 16-2　解码芯片 PT2272 引脚功能

名　称	引　脚	说　明
A0-A11	1～8、10～13	地址引脚，用于进行地址编码，可置为“0”，“1”，“悬空”，必须与 PT2262 一致，否则不解码
D0-D5	7～8、10～13	地址或数据引脚，当作为数据引脚时，只有在地址码与 PT2262 一致，数据引脚才能输出与 PT2262 数据端对应的高电平，否则输出为低电平，锁存型只有在接收到下一数据才能转换
V_{DD}	18	电源正端(+)
V_{SS}	9	电源负端(-)
DIN	14	数据信号输入端，来自接收模块输出端
OSC1	16	振荡电阻输入端，与 OSC2 所接电阻决定振荡频率
OSC2	15	振荡电阻振荡器输出端
VT	17	解码有效确认输出端(常低)，解码有效变成高电平(瞬态)

对于编码芯片 PT2262，A0～A5 共 6 根线为地址线，而 A6～A11 共 6 根线可以作为地址线，也可以作为数据线，这要取决于所配合使用的解码器，若解码器没有数据线，则 A6～A11 作为地址线使用，在这种情况下，A0～A11 共 12 根地址线，每线都可以设成“1”、“0”和“开路”三种形式，因此，共有编码 $3^{12}=531441$ 种。但若配对的解码芯片 PT2272 的 A6～A11 是数据线，那么，PT2262 的 A6～A11 也为数据线使用，并只可设置为“1”、“0”两种状态之一，而地址线只剩下 A0～A5 共 6 根，编码数降为 $3^{6}=729$ 种。

2. PT2262/PT2272 的基本工作原理

编码芯片 PT2262 发出的编码信号由地址码、数据码、同步码组成一个完整的码字，解码芯片 PT2272 接收到信号后，其地址码经过两次比较核对后，VT 引脚才输出高电平，与此同时相应的数据脚也输出高电平，如果发送端一直按住按键，编码芯片 PT2262 会连续发射。当发射机没有按键按下时，PT2262 不接通电源，其 17 引脚为低电平，所以高频发射电路(一般设置为 315 MHz)不工作，当有按键按下时，PT2262 得电工作，其第 17 引脚输出经调制的串行数据信号，当 17 引脚为高电平期间，高频发射电路起振并发射等幅高频信号(315 MHz)，当 17 引脚为低平期间，高频发射电路停止振荡，所以高频发射电路完全受控于 PT2262 的 17 引脚输出的数字信号，从而对高频电路完成幅度键控 ASK 调制，相当于调制度为 100%的调幅。

16.3.2　无线遥控模块介绍

目前，市场上出现了很多无线遥控模块，这些模块一般包括两部分：一是发射模块，也就是常说的遥控器，二是接收模块，用来接收发射模块发射的信号，由于这类模块外围元件少、功能强、设计与应用简单，因此，非常适合进行单片机扩展实验。图 16－8 所示是 PT2262/PT2272 无线遥控模块外形图。

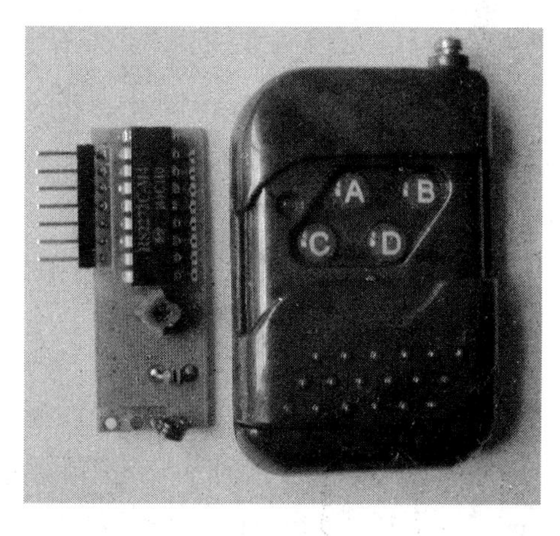

图 16－8　PT2262/PT2272 无线遥控模块外形图

发射模块外形与汽车遥控器类似，设有 4 个按键 A、B、C、D，内部主要由编码芯片 PT2262、高频调制及功率放大电路组成，其内部电路如图 16－9 所示。

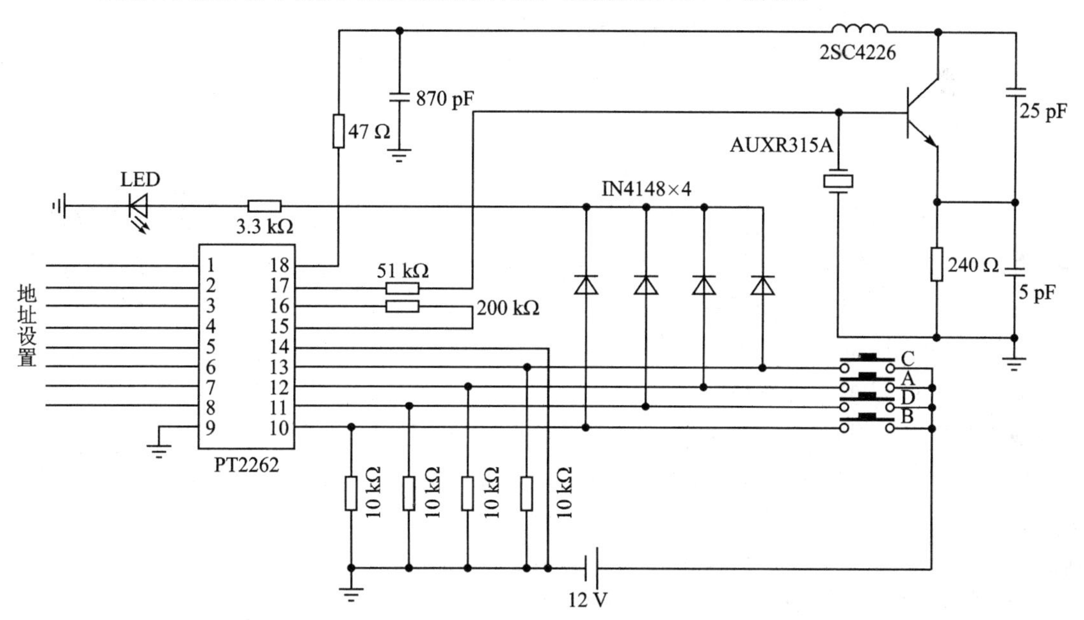

图 16－9　发射模块内部电路

接收模块由 PT2272－M4（或 PT2272－L4）及接收电路组成，其电路框图如图 16－10 所示。

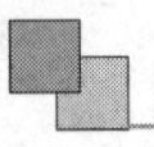

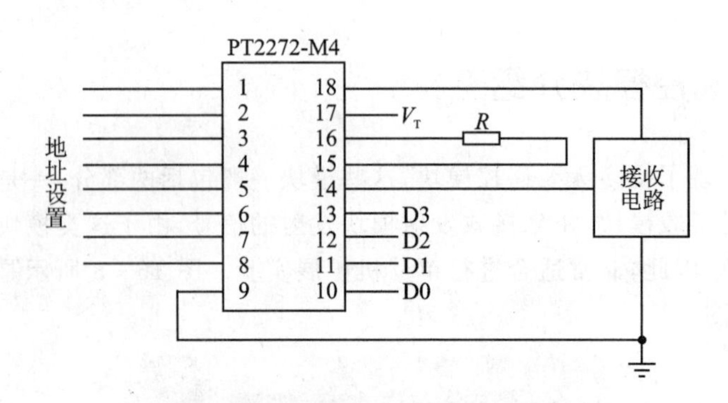

图 16-10　接收模块电路框图

接收模块有 7 个引出端，如图 16-11 所示，正视面从右向左分别和 PT2272 的 10 引脚(D0)、11 引脚(D1)、12 引脚(D2)、13 引脚(D3)、9 引脚(GND)、17 引脚(VT)、18 引脚(V_{CC})相连，VT 端为解码有效输出端，D0～D3 为四位数据非锁存输出端。

图 16-11　接收模块引脚排列

在 PT2262/PT2272 无线遥控模块中，采用的是 8 位地址码和 4 位数据码形式，也就是说，编码电路 PT2262 的第 1～8 引脚为地址设定脚，有 3 种状态可供选择：悬空、接正电源、接地 3 种状态，$3^8=6561$，所以地址编码不重复度为 6561 组，只有发射端 PT2262 和接收端 PT2272 的地址编码完全相同，才能配对使用，模块生产厂家为了便于生产管理，出厂时，遥控模块的 PT2262 和 PT2272 的八位地址编码端全部悬空，这样用户可以很方便选择各种编码状态，用户如果想改变地址编码，只要将 PT2262 和 PT2272 的 1～8 引脚设置相同即可，例如将发射机的 PT2262 的第 1 引脚接地，第 5 引脚接正电源，其他引脚悬空；那么接收机的 PT2272 只要与第 1 引脚接地，第 5 引脚接正电源，其他引脚悬空就能实现配对接收。当两者地址编码完全一致时，接收机对应的 D0～D3 端输出约 4V 互锁高电平控制信号，同时 VT 端也输出解码有效高电平信号。用户可将这些信号加一级放大，便可驱动继电器、功率三极管等进行负载遥控开关操纵。

16.3.3　实例解析 3——遥控模块控制 LED 灯和蜂鸣器

1. 实现功能

利用无线遥控模块，在 DD—900 实验开发板上实现以下功能：

第 1 次按遥控器 A 键，蜂鸣器响 1 声，RD0 引脚 LED 亮；第 2 次按遥控器 A 键，蜂鸣器响 1 声，RD0 引脚 LED 灭。

第 1 次按遥控器 B 键，蜂鸣器响 2 声，RD1 引脚 LED 亮，第 2 次按遥控器 B 键，蜂鸣器响 2 声，RD1 引脚 LED 灭。

第 1 次按遥控器 C 键，蜂鸣器响 3 声，RD2 引脚 LED 亮，第 2 次按遥控器 C 键，蜂鸣器响 3 声，RD2 引脚 LED 灭。

第 1 次按遥控器 D 键，蜂鸣器响 4 声，RD3 脚 LED 亮，第 2 次按遥控器 D 键，蜂鸣器响 4 声，RD3 引脚 LED 灭。

有关电路如图 16－12 所示。

2. 源程序

根据要求，编写的源程序如下：

```
#include <pic.h>
#define uchar unsigned char
#define uint  unsigned int
__CONFIG(HS&WDTDIS);
#define  BEEP  RE0
#define  VT_IR  RB4                  //解码有效输出端，有信号时 VT 为 1
#define  B_CODE 0x01                 //遥控器按键 B 发射码，B 键和发射器 PT2262 的 10 引脚相连
#define  D_CODE 0x02                 //遥控器按键 D 发射码，D 键和发射器 PT2262 的 11 引脚相连
#define  A_CODE 0x04                 //遥控器按键 A 发射码，A 键和发射器 PT2262 的 12 引脚相连
#define  C_CODE 0x08                 //遥控器按键 C 发射码，C 键和发射器 PT2262 的 13 引脚相连
bit  A_flag = 0;                     // A 键按下标志位，为 1 时 LED 灯亮，为 0 时 LED 灯灭
bit  B_flag = 0;                     // B 键按下标志位，为 1 时 LED 灯亮，为 0 时 LED 灯灭
bit  C_flag = 0;                     // C 键按下标志位，为 1 时 LED 灯亮，为 0 时 LED 灯灭
bit  D_flag = 0;                     // D 键按下标志位，为 1 时 LED 灯亮，为 0 时 LED 灯灭
/********ms 延时函数********/
void Delay_ms(uint xms)
{
    int i,j;
    for(i = 0;i<xms;i ++ )
        { for(j = 0;j<71;j ++ ) ; }
}
/*********蜂鸣器响一声函数********/
void  beep()
{
    BEEP = 0;                        //蜂鸣器响
```

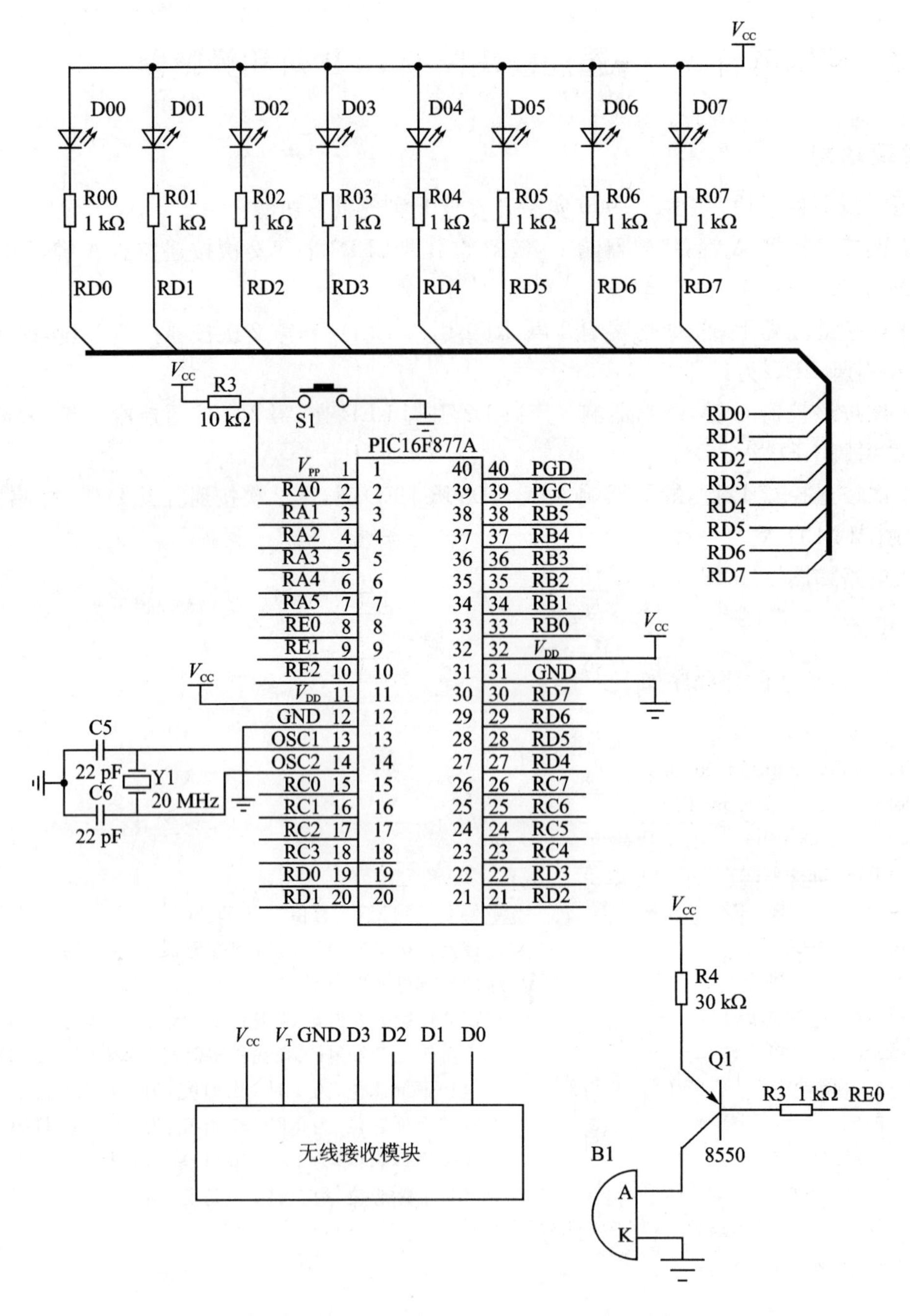

图 16-12　遥控模块控制 LED 灯和蜂鸣器

```
    Delay_ms(100);
    BEEP = 1;                           //关闭蜂鸣器
    Delay_ms(100);
}
/********端口设置函数********/
void port_init(void)
{
```

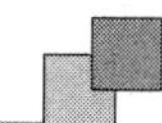

```
    RBPU = 0;                        //端口 B 弱上位使能
    INTEDG = 1;                      //下降沿触发
    TRISB = 0b00011111;              //RB0 设置为输入
    TRISD  =  0x00;                  //接 LED 灯
    ADCON1 = 0x06;                   //定义 RA、RE 为 I/O 接口
    TRISE = 0x00;                    //端口 E 为输出,蜂鸣器(RE0)工作
    PORTE = 0xff;
}

/********发射按键处理函数********/
void KeyProcess()
{
    if((PORTB&0x0f) ==  A_CODE)
    {
        A_flag = !A_flag;
        if(A_flag == 0){PORTD = 0xff;beep();}
        if(!(A_flag == 0)){PORTD = 0xfe;beep();}
    }
    if((PORTB&0x0f) ==  B_CODE)
    {
        B_flag = !B_flag;
        if(B_flag == 0){PORTD = 0xff;beep();beep();}
        if(!(B_flag == 0)){PORTD = 0xfd;beep();beep();}
    }
    if((PORTB&0x0f) == C_CODE)
    {
        C_flag = !C_flag;
        if(C_flag == 0){PORTD = 0xff;beep();beep();beep();}
        if(!(C_flag == 0)){PORTD = 0xfb;beep();beep();beep();}
    }
    if((PORTB&0x0f) ==  D_CODE)
    {
        D_flag = !D_flag;
        if(D_flag == 0){PORTD = 0xff;beep();beep();beep();beep();}
        if(!(D_flag == 0)){PORTD = 0xf7;beep();beep();beep();beep();}
    }
}
/********主函数********/
main()
{
    port_init();
    while(1)
    {

    if(!(VT_IR == 0))                 // VT 不为 0,表示有键按下
```

```
        {
            KeyProcess();              //调发射按键处理函数
        }
    }
}
```

3. 源程序释疑

在发射电路中,B 键接 PT2262 的 10 引脚,D 键接 PT2262 的 11 引脚,A 键接 PT2262 的 12 引脚,C 键接 PT2262 的 13 引脚。在接收电路中,单片机的 RB0 引脚接 PT2272 的 10 引脚,RB1 引脚接 PT2272 的 11 引脚,RB2 引脚接 PT2272 的 12 引脚,RB3 引脚接 PT2272 的 13 引脚,RB4 引脚接 PT2272 的 17 引脚。因此,若没有键按下,则单片机的 RB4 引脚(VT)为 0,若有键按下,则单片机的 RB4 脚不为 0。同时,若按下的是 B 键,则单片机的 RB0 为 1,RB1、RB2、RB3 为 0;若按下的是 D 键,则单片机的 RB1 为 1,RB0、RB2、RB3 为 0;若按下的是 A 键,则单片机的 RB2 为 1,RB0、RB1、RB3 为 0;若按下的是 C 键,则单片机的 RB3 为 1,RB0、RB1、RB2 为 0。根据以上原理,单片机即可识别出发射按键是否按下,以及按下的是哪只键。

4. 实现方法

① 打开 MLAB IDE 软件,建立工程项目,再建立一个名为 ch16_3.c 的源程序文件,输入上面源程序。对源程序进行编译,产生 ch16_3.hex 目标文件。

② 将 DD—900 实验开发板 JP1 的 LED、V_{CC}两插针短接,为 LED 灯供电。

③ 将 PIC 核心板 RD0～RD7、RE0、V_{DD}、GND 通过几根杜邦线连到 DD—900 实验开发板 P00～P07、P37、V_{CC}、GND 上。这样,DD—900 的 LED 灯、蜂鸣器就接到了 PIC 核心板上。

④ 用 7 根杜邦连接线将 PIC 核心板的 RB0、RB1、RB2、RB3、GND、RB4、V_{CC}插针与遥控模块的 D0、D1、D2、D3、GND、VT、V_{CC}插针相连。

⑤ 将 PICKIT2 连接到 PIC 核心板的 RJ12 接口,同时,用 5 V 电源适配器为 PIC 核心板供电,将其 PICKIT2 插接在 PC 的 USB 口上,DD—900 实验开发板不用单独供电(由 PIC 核心板为其供电)。

⑥ 进行硬件仿真或将程序下载到 PIC16F877A 单片机中,分别按压无线模块的遥控器 A、B、C、D 键,观察 LED 灯及蜂鸣器叫声是否正常。

需要说明的是,在无线遥控接收模块上有一个可调电感,若调整不当会引起无法接收的故障现象。实验时,若发现接收距离短或不能接收,可用螺丝刀微调一下此电感即可。

该实验程序在随书光盘的 ch16\ch16_3 文件夹中。

第 17 章

PIC16F877A 单片机其他内部资源实例解析

PIC16F877A 单片机内部资源较多，除了前面介绍的中断系统、定时器、串行口之外，还有看门狗、休眠模式、模拟比较器、A/D 模数转换等多种，本章将通过实例的方式，一一进行演练与解析。

17.1 PIC16F877A 单片机看门狗实例解析

17.1.1 PIC16F877A 单片机内部看门狗介绍

单片机系统工作时，有可能会受到来自外界电磁场的干扰，造成程序的跑飞，从而陷入死循环，程序的正常运行被打断，造成单片机系统陷入停滞状态，最终发生不可预料的后果。为此，便产生了一种专门用于监测单片机程序运行状态的电路，俗称看门狗（Watch Dog Timer），英文缩写为 WDT。看门狗电路主要由一个定时器组成，在打开看门狗时，定时器开始工作，定进时间一到，触发单片机复位；在软件设计时，在合适的地方对看门狗定时器清零，只要软件运行正常，单片机就不会出现复位；当应用系统受到干扰而导致死机或出错时，则程序不能及时对看门狗定时器进行清零，一段时间后，看门狗定时器溢出，输出复位信号给单片机，使单片机重新启动工作，从而保证系统的正常运行。PIC16F877A 等 PIC 单片机内置有看门狗电路，使用十分方便。

1. 看门狗的结构与工作原理

图 17－1 是 PIC16F877A 单片机看门狗基本结构图。

PSA、PS2～PS0 是选项寄存器 OPTION 的第 3～0 位。第 3 位 PSA 为分频器分配位，PSA＝1，分频器分配给 WDT；PSA＝0，分频器分配给 TRM0。第 2～0 位 PS2～PS0 为分频比选择位，这 3 位用于前分频器倍率的选择，其对应情况参见第 6 章表 6－1 所列。

WDT 计时脉冲由在片内独立的 RC 振荡器产生；因此它不需要任何外围器件。监视定时器的 RC 振荡器独立于芯片外部引脚上的 RC 振荡器，意味着即使执行了休眠指令“SLEEP”而停止，监视定时器 WDT 仍将监视定时。

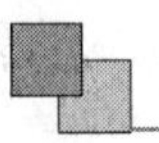

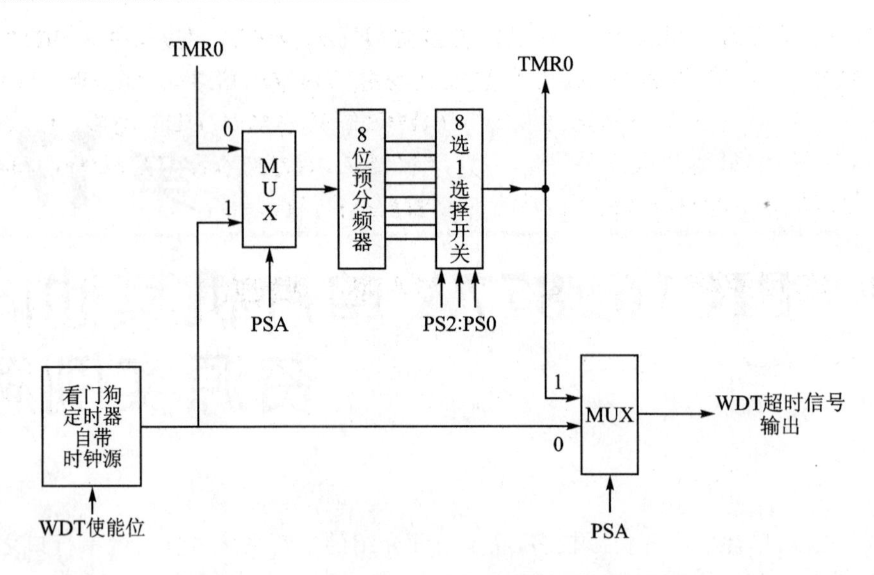

图 17-1 PIC16F877A 单片机看门狗基本结构图

在正常操作期间，一次 WDT 定时时间到，将产生一次看门狗定时器复位。如果单片机处于休眠状态，一次 WDT 定时时间到，将激活器件，并使之继续进行正常操作（即看门狗定时器唤醒）。每经过一次看门狗定时器的定时时间到，STATUS 寄存器中的 TO 位将被清零。

在不加分频器的情况下，WDT 的基本定时时间是 18 ms。这个定时周期还受温度、电源电压及不同器件的工艺参数等的影响。如果需要更长的定时周期，可以通过软件控制 OPTION 寄存器，把预分频器配置给 WDT，这个分频器分配给看门狗定时器时，最大分频为 1:128，可以推算，此时最大定时周期可达 2 304 ms，因为 128×18=2 304。

2. 与看门狗相关的寄存器

与看门狗相关的寄存器主要有选项寄存器 OPTION 和状态寄存器 STAUS，选项寄存器 OPTION 在第 6 章已做过介绍，这里不再重复，状态寄存器 STAUS 定义如下：

位	Bit7	Bit6	Bit5	Bit4	Bit3	Bit2	Bit1	Bit0
定义	IRP	RP1	RP0	TO	PD	Z	DC	C

与看门狗相关的位说明如下：

PD：降耗标志位。单片机初始加电或执行了看门狗清零指令之后该位置 1，在单片机执行了休眠指指令后自动清零。

TO：超时标志位。单片机初始加电或执行了看门狗清零指令或执行了休眠指令之后该位置 1，在看门狗超时溢出时自动清零。

另外，PIC16F877A 还有一个工作配置字，可对看门狗进行启动或禁止。相关内容请参看本书第 5 章。

3. 看门狗的操作

使用者可以定义以下宏来使用看门狗清零指令：

```
#define  CLRWDT()  asm("clrwdt")
```

这样，在 PICC 的 C 语言程序中，可以直接使用“CLRWDT()”语句来对 WDT 清零。如果单片机的 WDT 使能，在程序的适当位置加入清看门狗定时器语句“CLRWDT()”，程序进入正常运行时，每隔一定的时间均会执行“CLRWDT()”语句对 WDT 清零，芯片不会复位。如果程序陷入死循环，不会执行到“CLRWDT()”语句，则超出所设定的时间后，WDT 溢出，将复位芯片即从头(000H)开始执行，单片机便恢复正常运行。

17.1.2　实例解析 1——PIC16F877A 看门狗演示

1. 实现功能

利用 PIC 核心板和 DD—900 实验开发板，测试 PIC16F877A 单片机的看门狗功能：开机后，RD 口 LED 灯按流水灯方式流动，要求在程序中加入看门狗功能。有关电路参见第 4 章图 4-2 所示。

2. 源程序

根据要求，编写的源程序如下：

```
#include <pic.h>
#define uchar unsigned char
#define uint  unsigned int
__CONFIG(0x2f3d);
#define  CLRWDT()  asm("clrwdt")
/********延时函数********/
void Delay_ms(uint xms)
{
     int i,j;
     for(i = 0;i<xms;i ++ )
         { for(j = 0;j<71;j ++ ) ; }
}
/********端口初始化函数********/
void port_init (void)
{
    TRISD = 0x00;
    PORTD = 0xFF;
}
/********看门狗初始函数********/
void watch_init(void)
{
    PSA = 1;                        //分频器给看门狗
    PS2 = 1;
    PS1 = 1;
    PS0 = 0;                        //分频比为 1:64。看门狗定时时间为 18×64 = 1156 ms
}
/********主函数********/
```

```
void main (void)
{
    port_init();
    watch_init();                //看门狗初始化
    while(1)
    {
        CLRWDT();                //第一次喂狗(看门狗清 0)
        PORTD = 0xfe;            //RD0 引脚灯亮
        Delay_ms (200);
        PORTD = 0xfd;            //RD1 引脚灯亮
        Delay_ms (200);
        PORTD = 0xfb;            //RD2 引脚灯亮
        Delay_ms (200);
        PORTD = 0xf7;            //RD3 引脚灯亮
        Delay_ms (200);
        PORTD = 0xef;            //RD4 引脚灯亮
        Delay_ms (200);
        //CLRWDT();              //第二次喂狗(注释该语句后观察现象)
        PORTD = 0xdf;            //RD5 引脚灯亮
        Delay_ms (200);
        PORTD = 0xbf;            //RD6 引脚灯亮
        Delay_ms (200);
        PORTD = 0x7f;            //RD7 引脚灯亮
        Delay_ms (200);
    }
}
```

3. 源程序释疑

在应用看门狗时,需要在整个大程序的不同位置喂狗,每两次喂狗之间的时间间隔一定不能小于看门狗定时器的溢出时间,否则程序将会不停的复位。

在本程序中,8 只 LED 灯按流水灯方式显示一遍需要 8×0.2 s=1.6 s 的时间,而看门狗定时器定时时间设置为 1.156 s,因此,8 只流水灯循环一遍的过程中需喂狗两次。否则,流水灯在流动到第 6 只 LED 时就会被复位。

为了验证这种情况,读者可以将源程序中的第二次喂狗语句“watch_init();”注释或删除,观察会有什么现象发生?

删除该语句后,会发现,流水灯只能在前 6 只 LED 灯之间循环。原来,点亮前 6 只流水灯需用时 1 s,而看门狗定时时间为 1.156 s,因此,在点亮第 6 只 LED 灯后,看门狗定时器溢出,程序复位,流水灯又从第 1 只开始循环。

4. 实现方法

① 打开 MLAB IDE 软件,建立工程项目,再建立一个名为 ch17_1.c 的源程序文件,输入上面源程序。对源程序进行编译,产生 ch17_1.hex 目标文件。

② 将 DD—900 实验开发板 JP1 的 LED、VCC 两插针短接,为 LED 灯供电。

③ 将PIC核心板RD0～RD7、V_{DD}、GND通过几根杜邦连到DD—900实验开发板P00～P07、V_{CC}、GND上。

④ 将PICKIT2连接到PIC核心板的RJ12接口，同时，用5 V电源适配器为PIC核心板供电，将其PICKIT2插接在PC的USB口上，DD—900实验开发板不用单独供电(由PIC核心板为其供电)。

⑤ 将程序下载到PIC16F877A单片机中，正常情况下，开机后LED灯应按流水灯形式被逐个点亮。

⑥ 将源程序中的第二次喂狗语句"CLRWOT();"注释或删除，再重新编译，再下载到单片机中，此时，流水灯只会在1～6只LED灯进行流动。

该实验程序在随书光盘的ch17\ch17_1文件夹中。

17.2　PIC16F877A单片机的休眠工作方式实例解析

17.2.1　休眠工作方式简介

1. 休眠方式的进入

在休眠工作方式(SLEEP)下，可以节省电源，特别适合于使用电池为单片机供电的场合。在5 V工作电压、4 MHz晶振下，不考虑外围电路的工作电流，正常的工作电流为1.5～4 mA；而在SLEEP工作方式下，工作电流为1.5～20 μA(WDT不工作)或10～40 μA(WDT工作)。

在SLEEP工作模式下，可以提高A/D转换的精度(A/D转换必须选择内部RC作为A/D转换的时钟源)，此时，芯片的振荡器停振，因此没有系统时钟。在刚进入休眠工作方式时，如看门狗定时器在使能状态，系统会自动把看门狗定时器的当前计数值清零，使其由0重新计数。在SLEEP方式下，I/O接口保持执行SLEEP指令之前的状态。

在PICC的pic.h文件中，定义了以下宏：

```
#define  SLEEP()  asm("SLEEP")
```

因此，在C中直接可用"SLEEP();"语句进入休眠工作方式。

2. 进入休眠方式后如何唤醒

下列事件之一可唤醒器件：

① 器件复位，即MCLR复位，它将从0000单元开始执行。

② 看门狗定时器溢出复位(如果WDT使能)。

③ 可以在休眠模式下产生中断标志的外设模块。

可以唤醒休眠的中断有以下几种：

a. 并行从动口读或写中断。

b. TMR1溢出中断(必须在异步、外部计数器工作方式下)。

c. CCP的捕捉方式中断。

d. 特殊事件触发(TMR1 在同步模式、外部计数器工作模式下)。

e. MSSP 的起始位、停止位检测中断。

f. 从动模式下的 MSSP 的发送与接收(SPI 与 I^2C)。

g. USART 的发送与接收(同步从动模式)。

h. A/D 转换结束中断(必须使用内部 RC 振荡作为 A/D 时钟)。

i. EEPROM 的写操作完成。

j. 比较器输出状态变化中断。

k. 外部 INT 引脚中断。

l. RB 端口引脚上的电平变化中断。

要使有关中断能唤醒 SLEEP,必须使相应的中断允许,如要使 A/D 转换结束中断能唤醒 SLEEP,除了使用内部 RC 振荡器作为 A/D 转换的时钟外,应该置 PEIE=1 和 ADIE=1。全局中断 GIE 是否为 1 不会影响唤醒 SLEEP,它只影响在唤醒 SLEEP 之后,是进入中断服务程序,还是执行"SLEEP:之后的语句。

当 GIE=1 时,唤醒 SLEEP 之后,先执行"SLEEP"之后的一条语句,然后才送入中断服务程序。因此,如果不希望唤醒后执行"SLEEP"之后的那条指令,则在"SLEEP"之后加上一条"NOP"空指令。

当 GIE=0 时,唤醒 SLEEP 之后,则执行"SLEEP"之后的语句。

MCLR 复位唤醒 SLEEP,程序从 0000H 开始执行。在 SLEEP 方式下 WDT 溢出,则从"SLEEP"后的语句继续执行,而在非 SLEEP 方式时,WDT 溢出则从 0000H 开始执行(复位),这一点在编程时一定要引起注意。

17.2.2 实例解析 2——PIC16F877A 休眠方式演示

1. 实现功能

利用 PIC 核心板和 DD—900 实验开发板,测试 PIC16F877A 单片机的休眠工作方式:开机后,RD 口 LED 灯按流水灯方式流动,当流动到第 6 只灯时停止流动,进入休眠方式,当触发外中断时(RB0 对地触发一下,模拟外中断),流水灯又开始流动。有关电路参见第 4 章图 4-2 所示。

2. 源程序

根据要求,编写的源程序如下:

```
#include <pic.h>
#define uchar unsigned char
#define uint   unsigned int
__CONFIG(0x2f3d);
/********延时函数********/
void Delay_ms(uint xms)
{
      int i,j;
      for(i = 0;i<xms;i++)
          { for(j = 0;j<71;j++) ; }
```

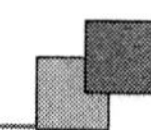

```
}
/********端口初始化函数********/
void port_init (void)
{
    RBPU = 0;                    //端口 B 弱上位使能
    TRISB  = 0b00000001;         //设定 RB0 为输入
    PORTB = 0xff;
    TRISD = 0x00;                //端口 D 设为输出
    PORTD = 0xFF;
}
/********主函数********/
void main (void)
{
    port_init();
    GIE = 1;                     //使能全局中断
    INTE = 1;                    //使能外中断
    INTEDG = 1;                  //上升沿触发
    while(1)
    {
        PORTD = 0xfe;            //RD0 引脚灯亮
        Delay_ms (200);
        PORTD = 0xfd;            //RD1 引脚灯亮
        Delay_ms (200);
        PORTD = 0xfb;            //RD2 引脚灯亮
        Delay_ms (200);
        PORTD = 0xf7;            //RD3 引脚灯亮
        Delay_ms (200);
        PORTD = 0xef;            //RD4 引脚灯亮
        Delay_ms (200);
        SLEEP();                 //休眠方式
        NOP();
        PORTD = 0xdf;            //RD5 引脚灯亮
        Delay_ms (200);
        PORTD = 0xbf;            //RD6 引脚灯亮
        Delay_ms (200);
        PORTD = 0x7f;            //RD7 引脚灯亮
        Delay_ms (200);
    }
}
/********中断服务程序********/
    void interrupt INT_ISR(void)
    {
        if (INTF)
        {
            INTF = 0;            //外中断触发后再清 0
```

```
        }
    }
```

3. 源程序释疑

在流水灯流动程序中，加入了一条休眠语句"SLEEP();"，因此，流水灯流动到第 5 个灯时，开始休眠，如果将 RB0 和地触发一下，模拟外中断，则会唤醒器件，流水灯会继续流动。

中断服务程序主要是对外中断标志位 INTF 清零，以便下次能够继续触发外中断。

4. 实现方法

① 打开 MLAB IDE 软件，建立工程项目，再建立一个名为 ch17_2.c 的源程序文件，输入上面源程序。对源程序进行编译，产生 ch17_2.hex 目标文件。

② 将 DD—900 实验开发板 JP1 的 LED、V_{CC}两插针短接，为 LED 灯供电。

③ 将 PIC 核心板 RD0～RD7、V_{DD}、GND 通过几根杜邦连到 DD—900 实验开发板 P00～P07、V_{CC}、GND 上。

④ 将 PICKIT2 连接到 PIC 核心板的 RJ12 接口，同时，用 5 V 电源适配器为 PIC 核心板供电，将其 PICKIT2 插接在 PC 的 USB 口上，DD—900 实验开发板不用单独供电（由 PIC 核心板为其供电）。

⑤ 进行硬件仿真或将程序下载到 PIC16F877A 单片机中，正常情况下，开机后 LED 灯应按流水灯形式流动，当流动到第 5 个 LED 灯时停止流动。此时，若触发一下外中断，则会继续流动。

该实验程序在随书光盘的 ch17\ch17_2 文件夹中。

17.3 PIC16F877A 模拟比较器实例解析

17.3.1 PIC16F877A 模拟比较器介绍

模拟比较器是通过比较两个输入端的模拟电压大小输出逻辑电平的一种器件。当比较器的输入端的正端电压比负端电压高时，比较器输出高电平，反之输出低电平。比较器模块是 PIC16F877A 相对于 PICl6F877 增加的一个模块。在 PICl6F877A 中有两个比较器，它们相应的输入引脚分别为 RA0～RA3，比较器输出可以设置为输出到 RA4 和 RA5，或者不输出，但不管输出与否，其状态均会在其控制寄存器中相应的位体现，也就是说，通过读取相关寄存器位，便可以知道比较器的输出状态。PIC16F877A 的比较器的输入偏置电压的典型值为 5 mV。

与模拟比较器相关的寄存器是控制与状态寄存器 CMCON，各位定义如下：

位	Bit7	Bit6	Bit5	Bit4	Bit3	Bit2	Bit1	Bit0
定义	C2OUT	C1OUT	C2INV	C1INV	CIS	CM2	CM1	CM0

各位功能如下：

C2OUT：比较器 2 输出指示位。当 C2INV＝0 时，如果 C2 的正端输入电压大于负端电

压，则 C2OUT＝1，如果 C2 的正端输入电压小于负端电压，则 C2OUT＝0。当 C2INV＝1 时，如果 C2 的正端输入电压小于负端电压，则 C2OUT＝1，如果 C2 的正端输入电压大于负端电压，则 C2OUT＝0。

C1OUT：比较器 1 输出指示位。当 C1INV＝0 时，如果 C1 的正端输入电压大于负端电压，则 C1OUT＝1，如果 C1 的正端输入电压＜负端电压，则 C1OUT＝0。当 C1INV＝1 时，如果 C1 的正端输入电压小于负端电压，则 C1OUT＝1，如果 C1 的正端输入电压大于负端电压，则 C1OUT＝0。

C2INV：C2 输出反相控制，当 C2INV＝1 时 C2 输出反相，当 C2INV＝0 时，C2 输出不反相。

C1INV：C1 输出反相控制，当 C1INV＝1 时 C1 输出反相，当 C1INV＝0 时，C1 输出不反相。

CIS：比较器输入开关选择。当 CIS＝1 时，C1 的 V_{IN-} 接 RA3，C2 的 V_{IN-} 接 RA2；当 CIS＝0 时，C1 的 V_{IN-} 接 RA0，C2 的 V_{IN-} 接 RA1。

CM2～CM0：比较器模式选择，具体情况如图 17－2 所示。

需要说明的是，任一比较器的输出状态发生变化时，第二外设中断标志寄存器 PIR2 中断标志位 CMIF 置 1，如果允许中断，即第二外设中断屏蔽寄存器 PIE2 的 CMIE 位为 1，则会进入中断。改变比较器工作模式时，应禁止比较器中断，以免产生错误的中断。

17.3.2　实例解析 3——模拟比较器演示

1. 实现功能

利用 PIC 核心板和 DD—900 实验开发板进行模拟比较器实验：从模拟比较器 1 的输入端(RA0 和 RA3)输入比较电压 V_{IN-} 和 V_{IN+}，若 $V_{IN+}>V_{IN-}$，RD0 脚接的 LED0 指示灯不亮，若若 $V_{IN+}<V_{IN-}$，RD0 引脚接的 LED0 指示灯亮，有关电路参见第 4 章图 4－2 所示。

2. 源程序

根据要求，编写的源程序如下：

```
#include <pic.h>
__CONFIG(HS&WDTDIS);
#define    LED0     RD0
/********比较器初始化程序********/
void CM_init(void)
{
    //ADCON1 = 0b00000000;              //定义 RA 为模拟输入
    TRISA = 0b00001001;                 //RA0\RA3 为输入
    TRISD = 0b11111110;                 //RD0 设为输出
    CMCON = 0b00000010;                 //两个独立的比较器，由 C1OUT/C2OUT 作为输出
    CMIE = 1;                           //允许比较器输出变化中断
    GIE = 1;                            //使能全局中断
    PEIE = 1;                           //使能外围模块中断
```

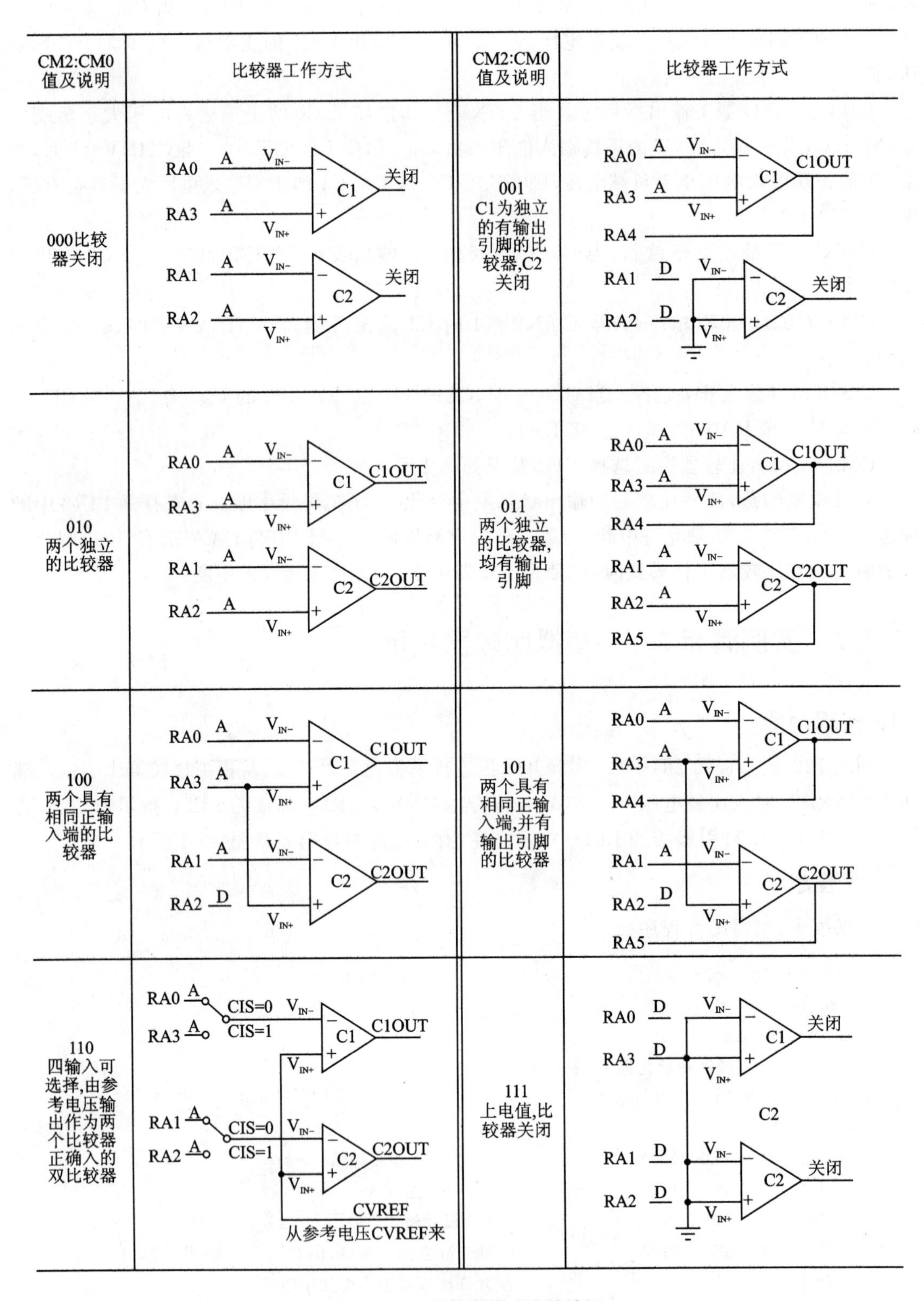

图 17-2　比较器模式选择情况

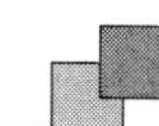

```
}
/ ********主函数********/
void    main(void)
{   CM_init();
    while(1);
}
/ ********中断函数********/
void interrupt ISR(void)
{
    if   (CMIF == 1)                    //比较器中断
    {   CMIF = 0;
        LED0 = C1OUT;
        //将比较器 1 输出送到 LED0 进行显示,C1OUT 为 0 时,LED0 灯亮,C1OUT 为 1 时,LED0 灯灭
    }
}
```

3. 源程序释疑

RA0 为比较器的 V_{IN-} 端，RA3 为比较器的 V_{IN+} 端，由于在程序中设置“CMCON＝0b00000010;”，因此，当 $V_{IN+}>V_{IN-}$ 时，C1OUT＝1，将 C1OUT 送到 LED0 灯后，则 LED0 灯不会点亮；当 $V_{IN+}<V_{IN-}$ 时，C1OUT＝0，将 C1OUT 送到 LED0 灯后，则 LED0 灯会点亮。

4. 实现方法

① 打开 MLAB IDE 软件，建立工程项目，再建立一个名为 ch17_3. c 的源程序文件，输入上面源程序。对源程序进行编译，产生 ch17_3. hex 目标文件。

② 将 DD—900 实验开发板 JP1 的 LED、V_{CC}两插针短接，为 LED 灯供电。

③ 将 PIC 核心板 RD0、V_{DD}、GND 通过几根杜邦连到 DD—900 实验开发板 P00、V_{CC}、GND 上。

④ 将 PICKIT2 连接到 PIC 核心板的 RJ12 接口，同时，用 5 V 电源适配器为 PIC 核心板供电，将其 PICKIT2 插接在 PC 的 USB 口上，DD—900 实验开发板不用单独供电（由 PIC 核心板为其供电）。

⑤ 进行硬件仿真或将程序下载到 PIC16F877A 单片机中，用两根杜邦线分别将 RA0（V_{IN-}）、RA3（V_{IN+}）连接到 V_{CC}、GND 上，此时，$V_{IN+}<V_{IN-}$，LED0 点会点亮。再将 RA0（V_{IN-}）、RA3（V_{IN+}）连接到 GND、V_{CC}上，此时，$V_{IN+}>V_{IN-}$，LED0 点会熄灭。

该实验程序在随书光盘的 ch17\ch17_3 文件夹中。

17.4　PIC16F877A 模/数转换(A/D)模块实例解析

17.4.1　PIC16F877A 模/数转换(A/D)模块介绍

1. PIC16F877A 模/数转换(A/D)模块概述

自然界中存在的量绝大部分都是模拟量，模拟量是指随时间连续变化的物理量，如温度、压力、电压、电流等。模拟量的值可以是无限多个值，如电压 1V、1.1V、1.2V 等。而数字量只有两个值：0 和 1。A/D 转换指的是把模拟量转换为数字量，这里的数字量指的是用有限个 0 和 1 构成的量。

PIC16F877A 的 A/D 转换器采用逐次逼近法，将一个模拟量转换成一个用 10 位数字量表示大小的值，PIC16F877A 的 A/D 转换器结构如图 17－3 所示。

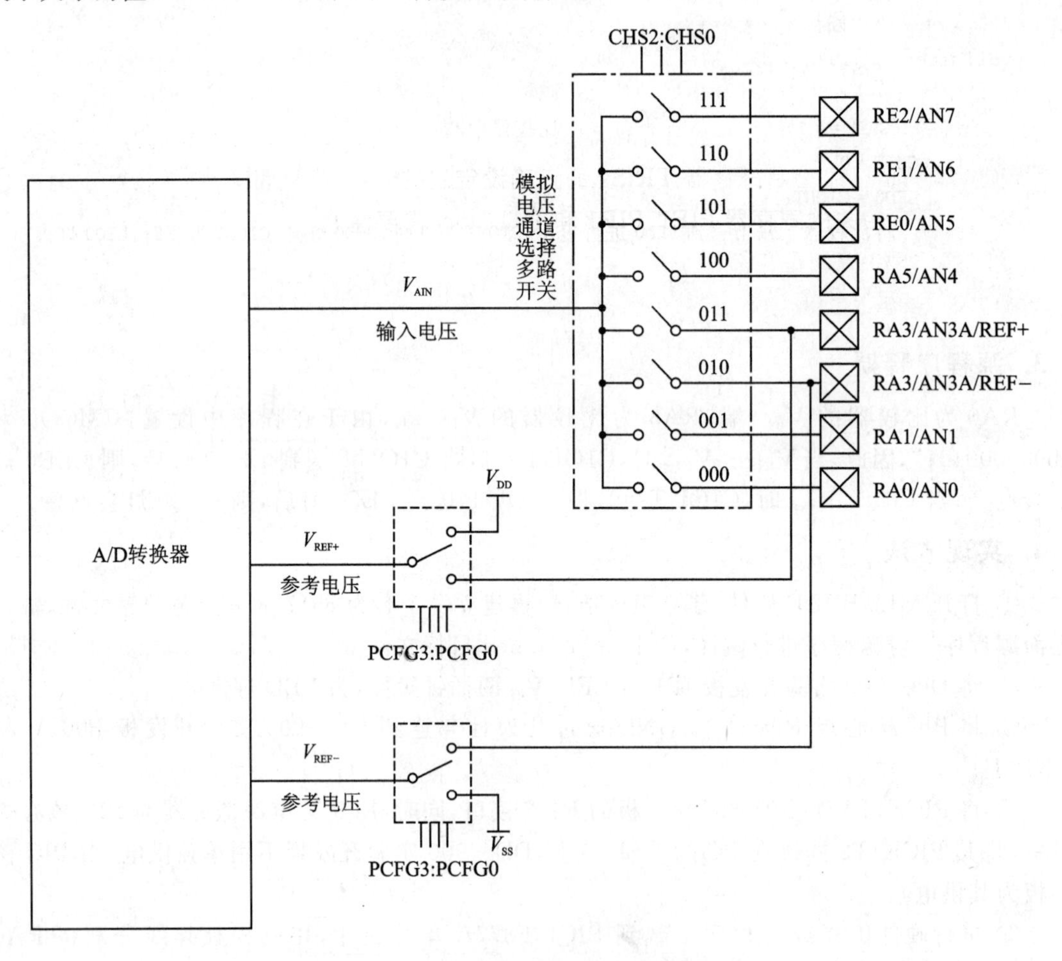

图 17－3　PIC16F877A 的 A/D 转换器结构

从图中可以看出，共有 8 中输入可作为 A/D 转换通道，它们是 A 端口中除 RA4 外的 5 个引脚和 E 端口的 3 个引脚，但 PIC16F877A 内部只有一个 A/D 转换器，因此同一时刻只能对一路的模拟电压进行 A/D 转换，它通过一个多路模拟开关切换到不同的输入通道。它的参考电压也是通过模拟开关进行切换的。

A/D 转换结果与输入的模拟电压和参考电压有关，它们的关系如下：

$$\frac{V_{REF+}-V_{REF}}{1\,023}=\frac{V_{AIN}-V_{REF-}}{\text{A/D 结果}}$$

式中，V_{REF-} 一般接电源地，即 $V_{REF-}=0$。1 023 是 10 位采样结果的最大值，即 $2^{10}-1=1\,023$。对于常用的 5 V 系统，10 位 A/D 的分辨率能够识别的电压为 5 V/$2^{10}\approx$5 mV。

需要说明的是，在具有 A/D 转换模块的 PIC16F877A 芯片中，复用于模拟量输入和数字

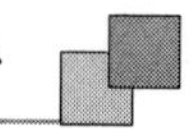

量输入的A端口和E端口在芯片复位后即被默认设置为模拟量输入。因此,如果需要这些引脚工作于数字I/O,则必须在初始化时将这些引脚设置为数字I/O引脚;否则就不能正常工作。

PIC16F877A单片机片内A/D转换过程采用"逐次逼近"法,一次转换必需的时间最短仅需十几微秒,速度相当快。

2. 与PIC16F877A模/数转换(A/D)模块相关的寄存器

与PIC16F877A模/数转换(A/D)模块相关的寄存器有多个,主要有ADCON0和ADCON1。除此之外.还有其转换结果寄存器ADRES。对于模拟信号输入引脚的配置,需要相应端口输入/输出方向控制寄存器TRISx的正确设定。另外,如果需要A/D转换结束时产生中断响应。则有相关的寄存器PIE1、PIR1和INTCON需要注意。

(1) ADCON0控制寄存器

ADCON0位于bank0处,各数据位定义如下:

位	Bit7	Bit6	Bit5	Bit4	Bit3	Bit2	Bit1	Bit0
定义	ADCS1	ADCS0	CHS2	CHS1	CHS0	GO/DONE	—	ADON

ADCON0中各位的含义如下:

ADCS1:ADCS0:A/D转换时钟选择位。ADCS1:ADCS0位和ADCON1寄存器中的ADCS2位配合,用来选择A/D转换时钟,具体选择情况如表17-1所列。

表17-1 时钟频率选择

ADCONS1寄存器的ADCS2位	ADCONS0寄存器的ADCS1:ADCS0位	A/D转换时钟频率选择
0	00	$f_{osc}/2$
0	01	$f_{osc}/8$
0	10	$f_{osc}/32$
0	11	A/D模块内部RC振荡
1	00	$f_{osc}/4$
1	01	$f_{osc}/16$
1	10	$f_{osc}/64$
1	11	A/D模块内部RC振荡

CHS2:CHS0:A/D转换输入模拟信号通道选择位。

000=通道0,AN0;

001=通道1,ANl;

010=通道2,AN2;

011=通道3,AN3;

100=通道4,AN4;

101=通道5,AN5;

110=通道6,AN6;

111=通道7,AN7。

GO/DONE:A/D转换启动控制位和转换状态标志位。这一位既是A/D转换控制位,通

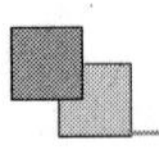

过软件置 1 后开始一个 A/D 转换过程；同时又是一个标志位。GO/DONE＝1，表示 A/D 转换正在进行中；GO/DONE＝0，表示 A/D 转换过程结束。

ADON：A/D 模块启用控制位。ADON ＝1，表示 A/D 转换模块开始工作；ADON ＝0，表示 A/D 转换模块被禁止，该部分电路不耗电。

（2）ADCON1 控制寄存器

ADCON1 位于 bank1 处，各数据位定义如下：

位	Bit7	Bit6	Bit5	Bit4	Bit3	Bit2	Bit1	Bit0
定义	ADFM	ADCS2	—	—	PCFG3	PCFG2	PCFG1	PCFG0

ADCON1 中各位的含义如下：

ADFM：A/D 转换结果对齐方式选择位。ADFM＝1，表示结果右对齐，ADFM＝0，表示结果左对齐。

ADCS2：A/D 转换时钟频率选择位。它与 ADCON0 中的 ADCS1：ADCS0 配合，用来选择 A/D 转换时钟频率。

PCFG3：PCFG0：A/D 模块引脚功能配置位。这 4 位决定了功能复用的引脚哪些作为普通数字 I/O，哪些作为 A/D 转换时的电压信号输入。针对 PIC16F877A 芯片，其组合控制模式如表 17－2 所列。

表 17－2　A/D 模块引脚功能配置

PCFG3：PCFG0	AN7	AN6	AN5	AN4	AN3	AN2	AN1	AN0	V_{REF+}	V_{REF-}
0000	A	A	A	A	A	A	A	A	V_{DD}	V_{SS}
0001	A	A	A	A	V_{REF+}	A	A	A	AN3	V_{SS}
0010	D	D	D	A	A	A	A	A	V_{DD}	V_{SS}
0011	D	D	D	A	V_{REF+}	A	A	A	AN3	V_{SS}
0100	D	D	D	D	A	D	A	A	V_{DD}	V_{SS}
0101	D	D	D	D	V_{REF+}	D	A	A	AN3	V_{SS}
011X	D	D	D	D	D	D	D	D	—	—
1000	A	A	A	A	V_{REF+}	V_{REF-}	A	A	AN3	AN2
1001	D	D	A	A	A	A	A	A	V_{DD}	V_{SS}
1010	D	D	A	A	V_{REF+}	V_{REF-}	A	A	V_{DD}	V_{SS}
1011	D	D	A	A	V_{REF+}	V_{REF-}	A	A	AN3	AN2
1101	D	D	D	D	V_{REF+}	V_{REF-}	A	A	AN3	AN2
1110	D	D	D	D	D	D	D	A	V_{DD}	V_{SS}
1111	D	D	D	D	V_{REF+}	V_{REF-}	D	A	AN3	AN2

表中，A 表示模拟输入，D 表示数字 I/O。

寄存器 ADCON1 中的 PCFG3：PCFG0 位和 TRISX 寄存器用于控制 A/D 转换模拟通道输入引脚。当作为模拟输入使用时，其相应的 TRISX 位必须置 1。如果将 TRISX 位置 0，即将该引脚作为输出使用，而又用 PCFG3：PCFG0 将该引脚设置为模拟量输入，则其引脚自身的输出电压必然与该引脚上所接的待测信号源叠加。待测信号源内阻、引脚输出电压值、内阻等不同，会得到不同的结果，因此这种叠加测得的结果是无意义的。在一些情况下，这种叠加

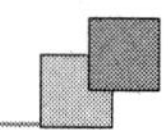

还会损坏单片机引脚或者信号源相关元件。因此，所有被用来作为A/D转换功能的引脚，一定要将引脚方向控制器中的对应位置1，即该引脚必须设置成输入状态。

(3) 结果寄存器

如果PIC单片机中的A/D转换精度为8位，那么用于存放转换结果的寄存器是ADRES。如果A/D转换精度超过了8位，那么用于存放转换结果的寄存器有两个，即ADRESH和ADRESL，分别用于存放A/D转换数字结果的高字节和低字节。

3. A/D转换转换过程

一个完整的A/D转换可以按如下步骤实现：

① 设定ADCON1和TRSIX寄存器，配置引脚的工作方式。

② 若需要中断响应，则应配置相应的中断控制寄存器。

③ 设置ADCS2、ADCS1和ADCS0位选择A/D转换时钟。

④ 选择模拟信号的输入通道，打开A/D模块，注意此时不要将GO/DONE置1。

⑤ 等待足够长的采样延时，将ADCON0中的GO/DONE控制位置1，启动一次A/D转换过程。

⑥ 通过查询或者中断方式来获知A/D转换结束，读取A/D转换结果。有两个标志位可供使用，GO/DONE位在A/D转换结束时会自动清0，ADIF位在A/D转换结束后会自动置1。如果使用ADIF标志位，必须注意该位在置1后不会被自动清零，因此，查询或者中断后要用软件将其清0。

4. A/D转换结果的格式问题

超过8位的A/D转换结果必定需要两个8位寄存器才能存放。在PIC单片机中，相应地定义了ADRESH和ADRESL，用来分别存放10位数值的高位和低位字节。其存放的格式分为左对齐和右对齐两种，由ADCON1寄存器的第7位ADFM决定，如图17-4所示。

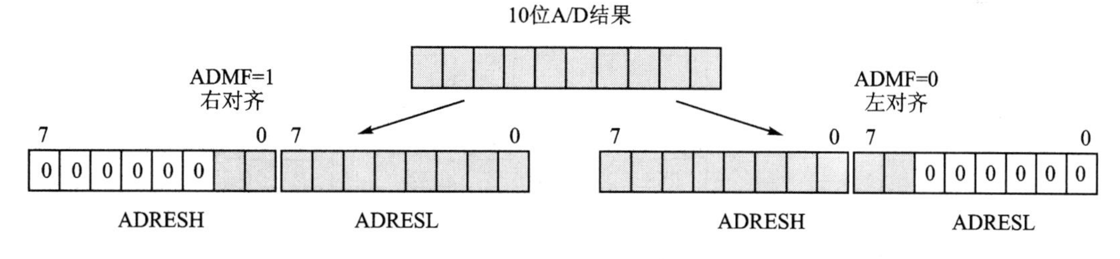

图17-4 A/D结果对齐方式

当ADFM=1时，得到的多位A/D转换结果最低8位直接放入ADRESL寄存器中，剩下的两个高位数据值将从ADRESH寄存器的第0位顺序放入，ADRESH的高位余下的位以0填充。这样的存放格式称为"右对齐"。

当ADFM=0时，得到的A/D转换结果最高8位直接放入ADRESH寄存器中，剩下的两个低位数值将从ADRESL寄存器的第7位顺序放入，ADRESL的低位均以0填充。这样的存放格式称为"左对齐"。

从图中可以看出，使用右对齐方式，当程序需要处理全部的10位数据时，只要将ADRESH和ADRESL中的值分别赋给一个int型变量的高、低8位，即可获得A/D转换结果，比较方便；而如果使用左对齐方式，那么，赋值给这个 int 型变量以后还需要右移 6 次才能获得正确结果。

17.4.2 实例解析 4——A/D 转换演示

1. 实现功能

用 PIC 核心板和 DD—900 实验开发板进行 A/D 转换实验：在 PIC16F877A 单片机的 RA0 引脚（AN0）外接一只电位器（1～50 kΩ），作为外部输入电压，通过 DD—900 的数码管显示出采集的电压值。有关电路如图 17－5 所示。

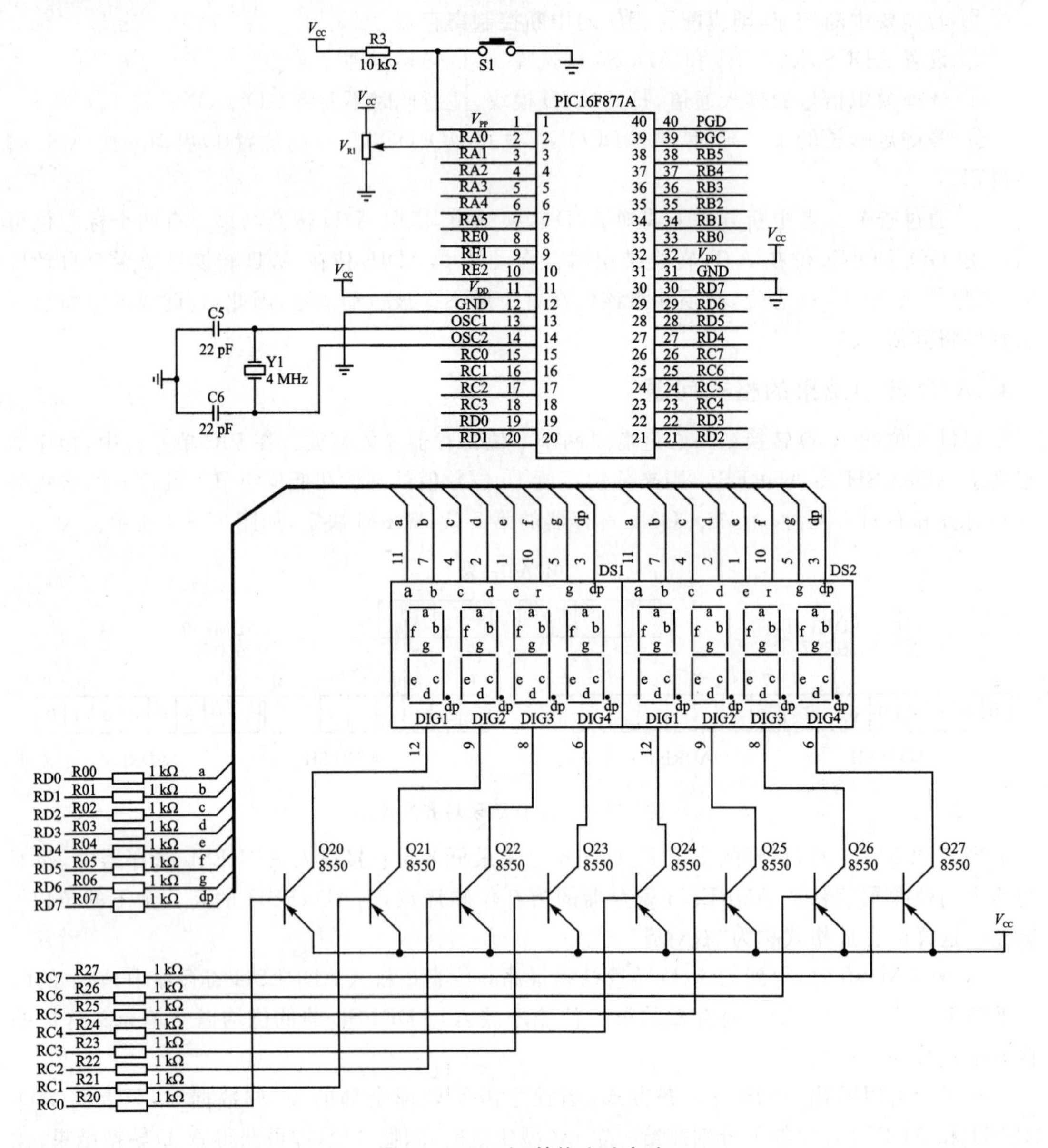

图 17－5　A/D 转换实验电路

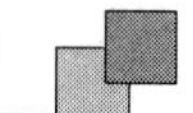

2. 源程序

根据要求，编写的源程序如下：

```
#include<pic.h>
#define uchar unsigned char
#define uint  unsigned int
__CONFIG(HS&WDTDIS);
#define DOT_SET     RD7 = 1             //电平置高，控制小数点灭
#define DOT_CLR     RD7 = 0             //电平置低，控制小数点亮
#define RC0_SET     RC0 = 1             //电平置高
#define RC0_CLR RC0 = 0                 //电平置低
#define RC1_SET     RC1 = 1             //电平置高
#define RC1_CLR RC1 = 0                 //电平置低
#define RC2_SET     RC2 = 1             //电平置高
#define RC2_CLR RC2 = 0                 //电平置低
#define RC3_SET     RC3 = 1             //电平置高
#define RC3_CLR RC3 = 0                 //电平置低
int  ad1,ad2,ad3,ad4;                   //定义 4 个 A/D 转换临时变量
uchar const seg_data[] = {0xC0,0xF9,0xA4,0xB0,0x99,0x92,0x82,0xF8,0x80,0x90,0xff};
                                        //0～9 和熄灭符的段码表
/********短延时函数********/
void  delay()
{
    int i;                              //定义整形变量
    for(i = 200;i -- ;);                //延时
}
/********延时函数********/
void Delay_ms(uint xms)
{
    int i,j;
    for(i = 0;i<xms;i ++ )
    { for(j = 0;j<71;j ++ ) ; }
}
/********数值转换函数********/
void conv(int x)
{
    float temp;
    temp = x * 5.0/1024;                                          //暂存 A/D 转换的结果
    ad1 = (int)temp;                                              //个位
    ad2 = ((int)(temp * 10) - ad1 * 10);                          //小数点第 1 位
    ad3 = ((int)(temp * 100) - ad1 * 100 - ad2 * 10);             //小数点第 2 位
    ad4 = ((int)(temp * 1000) - ad1 * 1000 - ad2 * 100 - ad3 * 10); //小数点第 3 位
}
/********显示函数********/
void display()
```

```
{
    PORTD = seg_data[ad1];                  //显示个位
    RC0_CLR;
    DOT_CLR;                                //显示小数点
    Delay_ms(2);                            //延时 2 ms
    RC0_SET;                                //关个位显示
    PORTD = seg_data[ad2];                  //显示小数点后第一位
    RC1_CLR;
    Delay_ms(2);
    RC1_SET;
    PORTD = seg_data[ad3];                  //显示小数点后第二位
    RC2_CLR;
    Delay_ms(2);
    RC2_SET;
    PORTD = seg_data[ad4] ;                 //显示小数点后第三位
    RC3_CLR;
    Delay_ms(2);
    RC3_SET;
}
/********端口初始化函数********/
void  port_init()
{
    PORTA = 0XFF;
    PORTC = 0XFF;                           //熄灭所有显示
    TRISA = 0X01;                           //设置 RA0 为输入,其他为输出
    TRISC = 0X00;                           //设置 C 口全为输出,数码管位选
    PORTC = 0xff;                           //关闭所有显示
    TRISD  =  0x00;                         //设置 D 口全为输出,数码管段选
    ADCON1 = 0x8e;                          //转换结果右对齐,RA0 做模拟输入口,其他做普通 I/O
    ADCON0 = 0X41;                          //系统时钟 fosc/8,选择 RA0 通道,允许 ADC 工作
    delay();                                //保证采样延时
}
/********主函数********/
void  main()
{
    int result = 0x00;
    while(1)                                //死循环
    {
        int i;
        result = 0x00;                      //转换结果清 0
        for(i = 5;i>0;i--)
        {
            port_init();                    //调用初始化函数
            ADGO = 1;                       //开启转换过程
            while(ADGO);                    //等待转换完成
```

```
            result = result + ADRESL + ADRESH * 256;  //累计转换结果
        }
        result = result/5;                  //求 5 次结果的平均值
        conv(result);                       //调用转换函数
        display();                          //调用显示函数
    }
}
```

3. 源程序释疑

源程序主要由主函数、数值转换函数、显示函数、端口初始化函数、延时函数等组成。

数据转换函数的作用是对 A/D 转换结果值进行处理。将 A/D 转换结果转为适合数码管显示的数据，分别存放在 ad1～ad4 这 4 个变量中。

显示函数比较简单，其作用是将 ad1～ad4 四个变量中的电压数据送数码管显示。

在端口初始化函数中，有以下语句：

```
ADCON1 = 0x8e;          //转换结果右对齐,RA0 做模拟输入口,其他做普通 I/O
ADCON0 = 0X41;          //系统时钟 fosc/8,选择 RA0 通道,允许 ADC 工作
```

可以看出，这里采用的是右对齐方式和 AN0 通道，读者可将其改为左对齐方式，观察结果有什么变化，如果结果不对，如何进行修正。

4. 实现方法

① 打开 MLAB IDE 软件，建立工程项目，再建立一个名为 ch17_4.c 的源程序文件，输入上面源程序。对源程序进行编译，产生 ch17_4.hex 目标文件。

② 将 DD—900 实验开发板 JP1 的 DS、V_{CC}两插针短接，为 LED 数码管供电。

③ 将 PIC 核心板 RD0～RD7、RC0～RC7、V_{DD}、GND 通过几根杜邦线连到 DD—900 实验开发板 P00～P07、P20～P27、V_{CC}、GND 上。

④ 将 PICKIT2 连接到 PIC 核心板的 RJ12 接口，同时，用 5 V 电源适配器为 PIC 核心板供电，将其 PICKIT2 插接在 PC 的 USB 口上，DD—900 实验开发板不用单独供电(由 PIC 核心板为其供电)。

⑤ 进行硬件仿真或将程序下载到 PIC16F877A 单片机中，按图 17－5 所示在 PIC16F877A 的 RA0 引脚外接一只 20 kΩ 电位器，旋转电位器，观察数码管上电压的显示情况，同时，用万用表测量 RA0 引脚的电压，比较万用表测量值与数码管显示值是否一致。

该实验程序在随书光盘的 ch17\ch17_4 文件夹中。

第 18 章

步进电动机实例解析

电动机作为主要的动力源，在生产和生活中占有重要的地位。过去多用模拟法对电动机进行控制，随着计算机的产生和发展，开始采用单片机进行控制。用单片机控制电动机，不但控制精确，而且非常方便和智能，因此，应用越来越广泛。本章主要介绍用单片机控制步进电动机的方法与实例。

18.1 步进电动机基本知识

一般电动机都是连续旋转，而步进电动机却是一步一步地转动的，故称做步进电动机。具体而言，每当步进电动机的驱动器接收到一个驱动脉冲信号后，步进电动机将会按照设定的方向转动一个固定的角度(步进角)。因此，步进电动机是一种将电脉冲转化为角位移的执行器件。用户可以通过控制脉冲的个数来控制角位移量，从而达到准确定位的目的；同时还可以通过控制脉冲频率来控制电动机转动的速度和加速度，从而达到调速的目的。

18.1.1 步进电动机的分类与原理

1. 步进电动机分类

常见的步进电动机分为3种：永磁式(PM)、反应式(VR)和混合式(HB)。永磁式步进电动机一般为两相，转矩和体积较小，步进角一般为7.5°或15°；反应式步进电动机一般为三相，可实现大转矩输出，步进角一般为1.5°，但噪声和振动较大；混合式步进电动机是指混合了永磁式和反应式的优点，它又分为两相和五相，两相步进角一般为1.8°，五相步进角一般为0.72°，这种步进电动机因性能优异应用比较广泛。

2. 步进电动机工作原理

步进电动机有三线式、五线式和六线式，但其控制方式均相同，都要以脉冲信号电流来驱动。假设每旋转一圈需要48个脉冲信号来励磁，可以计算出每个励磁信号能使步进电动机前进7.5°其旋转角度与脉冲的个数成正比。步进电动机的正、反转由励磁脉冲产生的顺序来控制。六线式四相步进电动机是比较常见的，它的控制等效电路如图18－1所示，外形如

图 18－2 所示。在下面的实验中采用的也是这种类型的步进电动机。

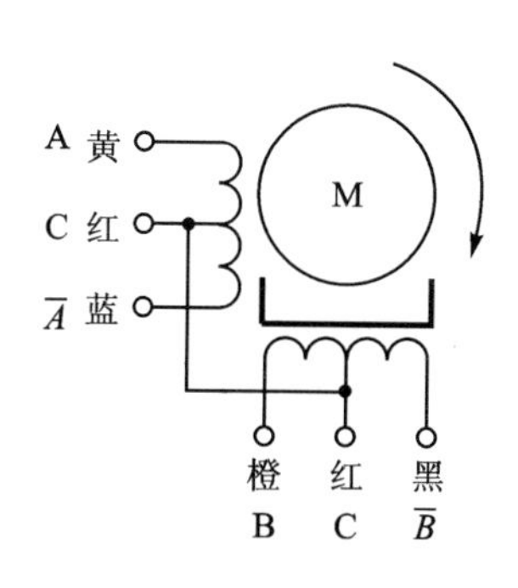

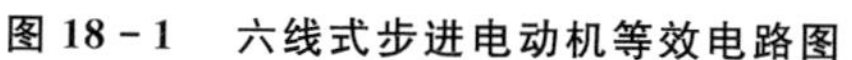
图 18－1　六线式步进电动机等效电路图

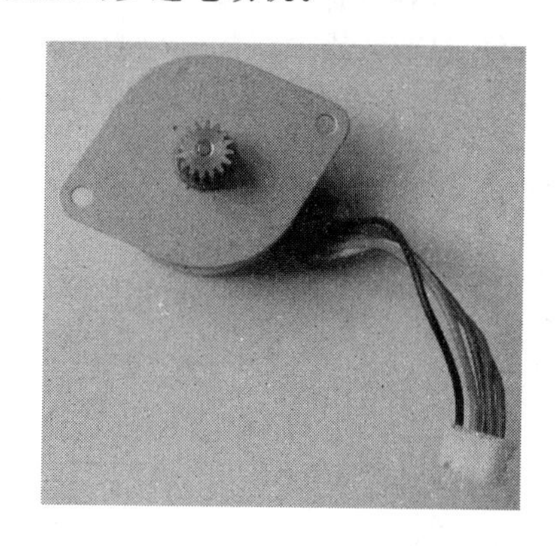
图 18－2　步进电动机的外形实物

从图中可以看出，六线式四相步进电动机有 2 组线圈(每组线圈各有二相)和 4 条励磁信号引线 A、$\overline{A}$、B、$\overline{B}$，2 组线圈中间有一个端点引出作为公共端，这样，一共有 6 根引出线(如果将两个公共端引线连在一起，则有 5 根引线)。

要使步进电动机转动，只要轮流给各引出端通电即可。将图 18－1 中线圈中间引出线标识为 C，只要 AC、$\overline{A}$C、BC、$\overline{B}$C 四相轮流加电就能驱动步进电动机运转。加电的方式可以有多种，如果将公共端 C 接正电源，那么只需用开关元件(如三极管、驱动器)将 A、$\overline{A}$、B、$\overline{B}$ 轮流接地既可。由于每出现一个脉冲信号，步进电动机只走一步。因此，只要依序不断送出脉冲信号，步进电动机就能实现连续转动。

18.1.2　步进电动机的励磁方式

步进电动机的励磁方式分为 1 相励磁、2 相励磁和 1－2 相励磁 3 种，简要介绍如下：

1. 1 相励磁

1 相励磁方式也称单 4 拍工作方式，是指在每一瞬间，步进电动机只有一个线圈中的一相导通。每送一个励磁信号，步进电动机旋转一个步进角(如 7.5°)，这是 3 种励磁方式中最简单的一种。其特点是：精确度好、消耗电力小，但输出转矩最小，振动较大。如果以该方式控制步进电动机正转，对应的励磁时序如表 18－1 所列。若励磁信号反向传送，则步进电动机反转。

表 18－1　1 相励磁时序表

步　进	A	B	$\overline{A}$	$\overline{B}$	说　明
1	0	1	1	1	AC 相导通
2	1	0	1	1	BC 相导通
3	1	1	0	1	$\overline{A}$C 相导通
4	1	1	1	0	$\overline{B}$C 相导通

2. 2 相励磁

2 相励磁方式也称双 4 拍工作方式，是指在每一瞬间，步进电动机两个线圈各有一相同时导通。每送一个励磁信号，步进电动机旋转一个步进角（如 7.5°）。其特点是：输出转矩大，振动小，因而成为目前使用最多的励磁方式。如果以该方式控制步进电动机正转，对应的励磁时序如表 18-2 所列。若励磁信号反向传送，则步进电动机反转。

表 18-2　2 相励磁时序表

步　进	A	B	$\bar{A}$	$\bar{B}$	说　明
1	0	0	1	1	AC、BC 相导通
2	1	0	0	1	BC、$\bar{A}$C 相导通
3	1	1	0	0	$\bar{A}$C、$\bar{A}$C 相导通
4	0	1	1	0	$\bar{B}$C、AC 相导通

3. 1-2 相励磁

1-2 相励磁方式也称单双 8 拍工作方式，工作时，1 相励磁和 2 相励磁交替导通，每传送一个励磁信号，步进电动机只走半个步进角（如 3.75°）。其特点是，精确角提高且运转平滑。如果以该方式控制步进电动机正转，对应的励磁时序如表 18-3 所列。若励磁信号反向传送，则步进电动机反转。

表 18-3　1-2 相励磁时序表

步　进	A	B	$\bar{A}$	$\bar{B}$	说　明
1	0	1	1	1	AC 相导通
2	0	0	1	1	AC、BC 相导通
3	1	0	1	1	BC 相导通
4	1	0	0	1	BC、$\bar{A}$C 相导通
5	1	1	0	1	$\bar{A}$C 相导通
6	1	1	0	0	$\bar{A}$C、$\bar{B}$C 相导通
7	1	1	1	0	$\bar{B}$C 相导通
8	0	1	1	0	$\bar{B}$C、AC 相导通

18.1.3　步进电动机驱动电路

步进电动机的驱动可以选用专用的电动机驱动模块，如 L298，FT5754 等，这类驱动模块接口简单，操作方便，它们既可驱动步进电动机，也可驱动直流电动机。除此之外，还可利用三极管自己搭建驱动电路，不过这样会非常麻烦，可靠性也会降低。另外，还有一种方法就是使用达林顿驱动器 ULN2003、ULN2803 等，下面重点对 ULN2003 和 ULN2803 进行介绍。

ULN2003/ULN2803 是高压大电流达林顿三极管阵列芯片，吸收电流可达 500mA，输出管耐压为 50V 左右，因此有很强的低电平驱动能力，可用于微型步进电动机的相绕组驱动。ULN2003 由 7 组达林顿三极管阵列和相应的电阻网络以及钳位二极管网络构成，具有同时驱动 7 组负载的能力，为单片双极型大功率高速集成电路。ULN2803 与 ULN2003 基本相同，主要区别是，ULN2803 比 ULN2003 增加了一路负载驱动电路。ULN2803 与 ULN2003 内部电路框图如图 18-3 所示。

从图中可以看出，ULN2003/ULN2803 内部含有 7 个/8 个反相器，也就是说，其输出与输

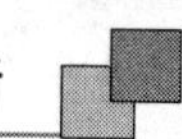

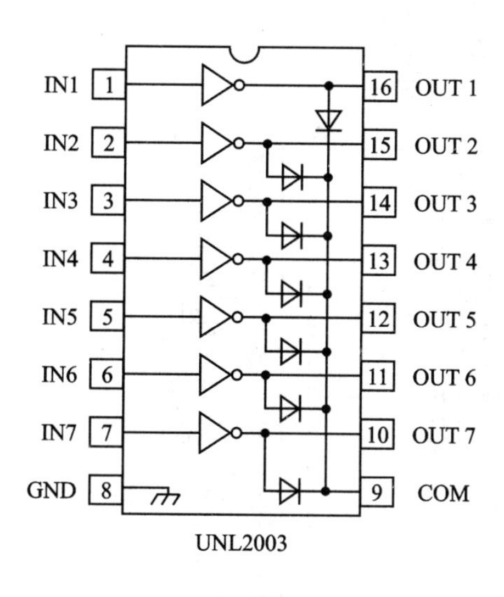

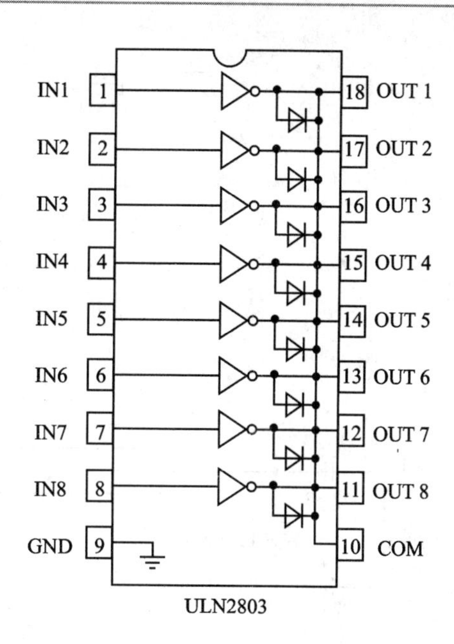

图 18 - 3　ULN2803 与 ULN2003 内部电路框图

入是反相的；另外，ULN2003/ULN2803 内部还集成有多只钳位二极管，其作用是，当步进电动机线圈通断时，会产生过高的反电动势，加入钳位二极管后，可将反电动势钳位，从而保护芯片不因过高电压而击穿。

DD—900 实验开发板中设有步进电动机驱动电路，有关电路参见第 3 章图 3 - 16 所示。

从图中可以看出，步进电动机由达林顿驱动器 ULN2003 驱动，通过单片机的 P1.0～P1.3 控制各线圈的接通与切断。开机时，P1.0～P1.3 均为高电平，依次将 P1.0～P1.3 切换为低电平即可驱动步进电动机运行，注意在切换之前将前一个输出引脚变为高电平。如果要改变电动机的转动速度，只要改变两次接通之间的时间，而要改变电动机的转动方向，只要改变各线圈接通的顺序即可。

18.2　步进电动机实例解析

18.2.1　实例解析 1——步进电动机正转与反转

1. 实现功能

用 PIC 核心板和 DD—900 实验开发板上实现如下功能：开机后，步进电动机先正转 1 圈，停 0.5 s，然后再反转 1 圈，停 0.5 s，并不断循环。有关电路如图 18 - 4 所示。

2. 源程序

根据要求，编写的源程序如下：

```
#include<pic.h>
#define uchar unsigned char
```

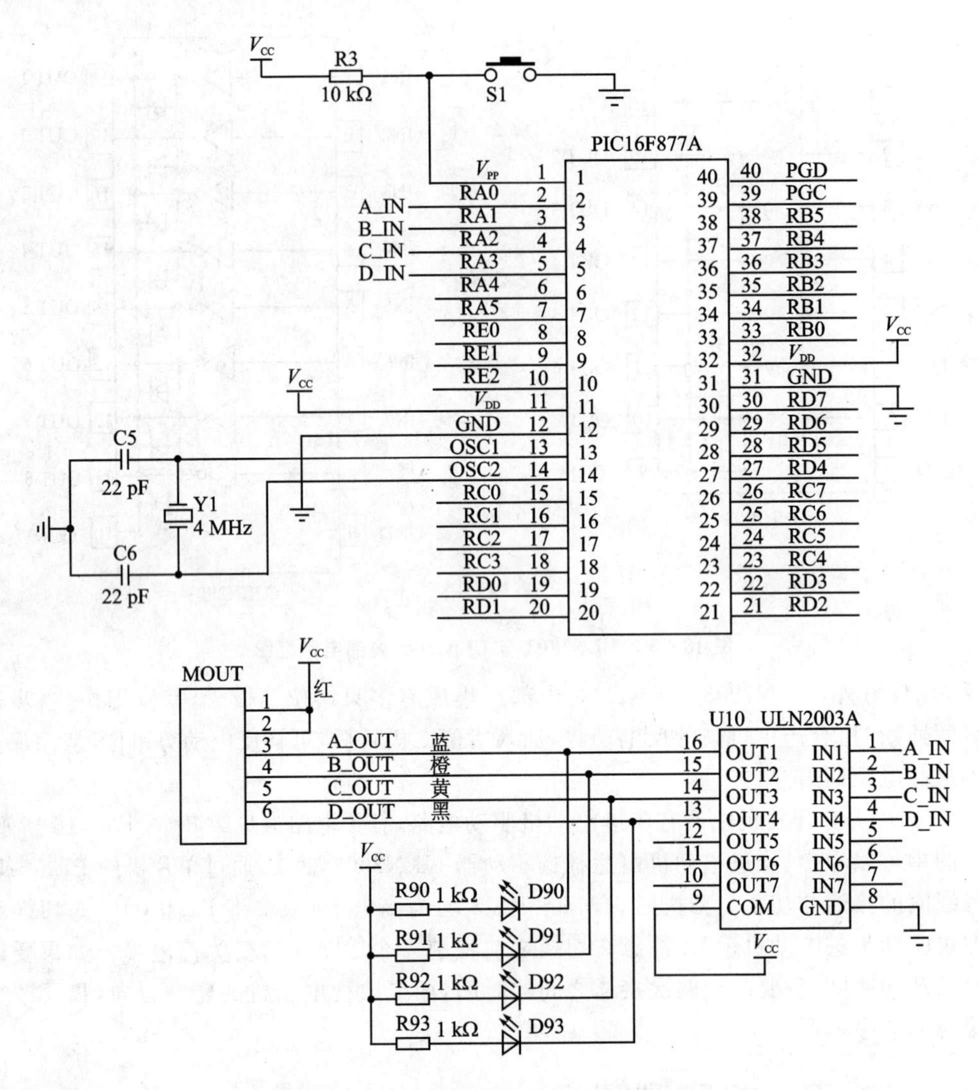

图 18-4　步进电动机正转与反转实验电路

```
#define uint  unsigned int
__CONFIG(HS&WDTDIS);
uchar  up_data[4] = {0xf8,0xf4,0xf2,0xf1};          //1 相励磁正转表
uchar  down_data[4] = {0xf1,0xf2,0xf4,0xf8};        //1 相励磁反转表
/********延时函数********/
void Delay_ms(uint xms)
{
    int i,j;
    for(i = 0;i<xms;i ++ )
    { for(j = 0;j<71;j ++ ) ; }
}
/********端口设置函数********/
void port_init(void)
{
```

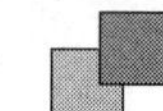

```
    ADCON1 = 0x06;                              //定义 RA/RE 为数字 I/O 口
    TRISA = 0x00;                               //A 口设为输出
    PORTA = 0x00;
}
/********步进电动机 1 相励磁法正转函数********/
void  motor_up(uint n)
{
    uchar i;
    uint  j;
    for (j = 0; j<12 * n; j ++ )                //转 n 圈
    {
        for (i = 0; i<4; i ++ )                 //4 次共转 7.5°×4 = 30°,这样,转 12 次可
                                                //转 360°(即 1 圈)
        {
            PORTA  =  up_data[i];               //取正转数据
            Delay_ms(500);                      //转一个角度停留的时间,可调节转速
        }
    }
}
/********步进电动机 1 相励磁法反转函数********/
void  motor_down(uint n)
{
    uchar i;
    uint  j;
    for (j = 0; j<12 * n; j ++ )                //转 n 圈
    {
        for (i = 0; i<4; i ++ )                 //4 次共转 7.5°×4 = 30°,这样,转 12 次可
                                                //转 360°(即 1 圈)
        {
            PORTA  =  down_data[i];             //取反转数据
            Delay_ms(500);                      //转一个角度停留的时间,可调节转速
        }
    }
}
/********主函数********/
main()
{
    port_init();
    while(1)
    {
        motor_up(1);                            //电动机正转 1 圈
        PORTA = 0xff;                           //电动机停转
        Delay_ms(2000);                         //换向延时为 2 s
        motor_down(1);                          //电动机反转 1 圈
        PORTA = 0x00;                           //电动机停转
```

```
        Delay_ms(2000);                                //换向延时为 2 s
    }
}
```

3. 源程序释疑

该电路使用 2 相步进电动机，采用 1 相励磁法，正转信号时序为 0xf8→0xf4→0xf2→0xf1 反转信号时序为 0xf1→0xf2→0xf4→0xf8。1 相励磁正反转时序表如表 18－4 所列。

表 18－4　1 相励磁法正反转时序表

步　进	RA7－RA4	RA3	RA2	RA1	RA0	十六进制数
1	全设为 1	1	0	0	0	0xf8
2	全设为 1	0	1	0	0	0xf4
3	全设为 1	0	0	1	0	0xf2
4	全设为 1	0	0	0	1	0xf1

注意，上表与表 18－1 相位相反，这是因为表 18－1 列出的是驱动电路(ULN2003)输出端的信号，而表 18－4 列出的是驱动电路输入端的信号，由于驱动电路内含反相器，因而，二者相位相反。

在源程序中，依次取出正转和反转时序表中的数据，并进行适当的延时，即可控制步进电动机按要求的方向和速度进行转动了。

表 18－4 列出的是 1 相励法法正反转时序表，如采用 2 相励磁和 1—2 相励磁，其时序如表 18－5、表 18－6 所列。

表 18－5　2 相励磁法正反转时序表

步　进	RA7－RA4	RA3	RA2	RA1	RA0	十六进制数
1	全设为 1	1	1	0	0	0xfc
2	全设为 1	0	1	1	0	0xf6
3	全设为 1	0	0	1	1	0xf3
4	全设为 1	1	0	0	1	0xf9

表 18－6　1－2 相励磁法正反转时序表

步　进	RA7－RA4	RA3	RA2	RA1	RA0	十六进制数
1	全设为 1	1	0	0	0	0xf8
2	全设为 1	1	1	0	0	0xfc
3	全设为 1	0	1	0	0	0xf4
4	全设为 1	0	1	1	0	0xf6
5	全设为 1	0	0	1	0	0xf2
6	全设为 1	0	0	1	1	0xf3
7	全设为 1	0	0	0	1	0xf1
8	全设为 1	1	0	0	1	0xf9

需要说明的是，对于 1 相励磁和 2 相励磁方式，每传送一个励磁信号，步进电动机走 1 个步进角(7.5°)，因此，转一圈需要 48 个励磁脉冲，而对于 1-2 相励磁方式，每传送一个励磁信号，步进电动机只走半个步进角(3.75°)，因此，转一圈需要 96 个励磁脉冲。

4. 实现方法

① 打开 MLAB IDE 软件，建立工程项目，再建立一个名为 ch18_1.c 的源程序文件，输入上面源程序。对源程序进行编译，产生 ch18_1.hex 目标文件。

② 将 PIC 核心板 V_{DD}、GND 通过杜邦线连到 DD—900 实验开发板 V_{CC}、GND 上。同时，将 PIC 核心板的 RA0～RA3 插针用杜邦线连接到 DD—900 的 JP7 的 A_IN、B_IN、C_IN、D_IN 插针上，使步进电动机接入到电路中。

③ 将 PICKIT2 连接到 PIC 核心板的 RJ12 接口，同时，用 5V 电源适配器为 PIC 核心板供电，将其 PICKIT2 插接在 PC 的 USB 口上，DD—900 实验开发板不用单独供电(由 PIC 核心板为其供电)。

④ 进行硬件仿真或将程序下载到 PIC16F877A 单片机中，观察步进电动机转动及 4 只 LED 灯闪动情况。

该实验程序在随书光盘的 ch18\ch18_1 文件夹中。

18.2.2　实例解析 2——步进电动机加速与减速运转

1. 实现功能

用 PIC 核心板和 DD—900 实验开发板上实现如下功能：开机后，步进电动机开始加速启动，然后匀速运转 50 圈，最后减速停止，停止 2 s 后，继续循环。有关电路如图 18-4 所示。

2. 源程序

根据要求，编写的源程序如下：

```
#include<pic.h>
#define uchar unsigned char
#define uint  unsigned int
__CONFIG(HS&WDTDIS);
uchar up_data[8] = { 0xf8,0xfc,0xf4,0xf6,0xf2,0xf3,0xf1,0xf9 };     //1-2 相励磁正转表
uchar down_data[8] = { 0xf9,0xf1,0xf3,0xf2,0xf6,0xf4,0xfc,0xf8 };   //1-2 相励磁反转表
uchar  rate;                                                        //速率
/********延时函数********/
void Delay_ms(uint xms)
{
    int i,j;
    for(i = 0;i<xms;i ++ )
    { for(j = 0;j<71;j ++ ) ; }
}
/********端口设置函数********/
void port_init(void)
```

```
{
    ADCON1 = 0x06;                                         //定义 RA/RE 为数字 I/O 口
    TRISA = 0x00;                                          //A 口设为输出
    PORTA = 0x00;
}
/********延时函数,延时时间为 speed×4 ms********/
void Delay(uint speed)
{
    uint i,j;
    for(i = speed;i>0;i--)
        for(j = 440;j>0;j--);
}
/********步进电动机 1-2 相励磁法正转函数********/
void  motor_up()
{
    uchar i;
    for (i = 0; i<8; i++)          //8 次共转 3.75°×8 = 30°,即 1 一个周期转 30°
    {
        PORTA  =  up_data[i];      //取正转数据
        Delay(rate);               //调节转速
    }
}
/********步进电动机加速、匀速、减速运行函数********/
void  motor_turn()
{
    uint   count;                  //转动次数计数器
    rate = 16;                     //速度分 16 挡
    count = 600;                   //转 600 次,由于每次转 30°,因此,共转 50 圈
    do
    {
        motor_up();                //加速
        rate--;
    }while(rate! = 0x01);
    do
    {
        motor_up();                //匀速
        count--;
    }while(count! = 0x01);
    do
    {
        motor_up();                //减速
        rate++;
    }while(rate! = 0x0a);
}
/********主函数********/
```

```
main()
{
    port_init();
    while(1)
    {
        PORTA = 0xff;
        motor_turn();
        Delay_ms(2000);                //延时 2 s
    }
}
```

3. 源程序释疑

在对步进电动机的控制中，如果启动时一次将速度升到给定速度，会导致步进电动机发生失步现象，造成不能正常启动。如果到结束时突然停下来，由于惯性作用，步进电动机会发生过冲现象，成位置精度降低。因此，实际控制中，步进电动机的速度一般都要经历加速启动、匀速运转和减速的过程。本例源程序演示的就是这个控制过程。

在源程序中，将步进电动机转速分为 16 个挡次，存放在 rate 单元中，该值越小，延时时间越短，步进电动机速度越快。

在加速启动过程中，先使 rate 为 16，控制步进电动机速度最慢，电动机每转动 30°，控制 rate 减 1，速度上升一个挡次，直到 rate 减为 1，加速启动过程结束。

在匀速运转过程中，rate 始终为 1，控制步进电动机速度恒定不变，电动机转 50 圈后，匀速运转过程结束。

减速停止过程中，先使 rate 为 1，电动机每转动 30°，控制 rate 加 1，速度下降一个挡次，直到 rate 增加到 16，减速停止过程结束。

需要再次说明的是，本实验中采用的步进电动机步进角为 7.5°，而源程序中采用了 1－2 相励磁方式，每传送一个励磁信号，步进电动机只走半个步进角(3.75°)，因此，传送 8 个脉冲只转 30°，传送 96 个脉冲才能转 1 圈。

4. 实现方法

实验方法同实例解析 1。

该实验程序在随书光盘的 ch18\ch18_2 文件夹中。

18.2.3　实例解析 3——用按键控制步进电动机正反转

1. 实现功能

用 PIC 核心板和 DD—900 实验开发板上进行实验：开机时，步进电动机停止，按 K1 键，步进电动机正转，按 K2 键，步进电动机反转，按 K3 键，步进电动机停止，正转采用 1－2 相励磁方式，反转采用 1 相励磁方式。有关电路如图 18－5 所示。

2. 源程序

根据要求，编写的源程序如下：

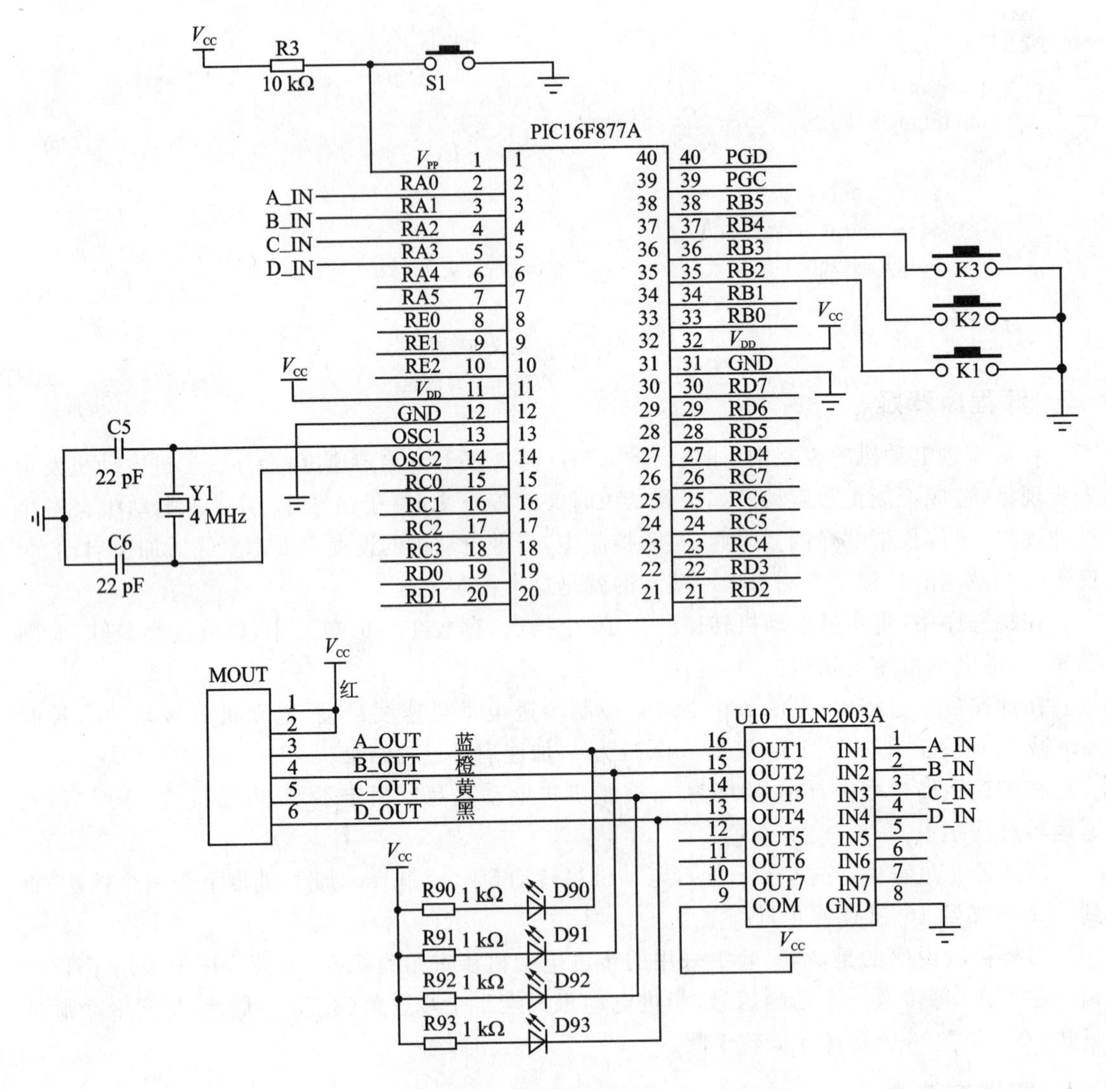

图 18-5　用按键控制步进电动机正反转电路

```
#include<pic.h>
#define uchar unsigned char
#define uint  unsigned int
__CONFIG(HS&WDTDIS);
uchar up_data[8] = { 0xf8,0xfc,0xf4,0xf6,0xf2,0xf3,0xf1,0xf9 };   //1-2 相励磁正转表
uchar down_data[4] = {0xf1,0xf2,0xf4,0xf8};                        //1 相励磁反转表
uchar up_flag = 0;
uchar down_flag = 0;
uchar stop_flag = 0;
#define   BEEP  RE0                                                //定义蜂鸣器
#define   K1   RB2                                                 //定义 K1 键
#define   K2   RB3                                                 //定义 K2 键
#define   K3   RB4                                                 //定义 K3 键
/********延时函数********/
```

```
void Delay_ms(uint xms)
{
    int i,j;
    for(i = 0;i<xms;i ++ )
    { for(j = 0;j<71;j ++ ) ; }
}
/********端口设置函数********/
void port_init(void)
{
    ADCON1 = 0x06;                      //定义 RA/RE 为数字 I/O 口
    TRISA = 0x00;                       //A 口设为输出
    PORTA = 0x00;
    OPTION = 0x00;                      //端口 B 弱上位使能
    TRISB = 0xff;                       //B 口设为输入
    PORTB = 0xff;
    TRISE = 0x00;                       //端口 E 为输出,蜂鸣器(RE0)
    PORTE = 0xff;
}
/*********蜂鸣器响一声函数********/
void  beep()
{
    BEEP = 0;                           //蜂鸣器响
    Delay_ms(100);
    BEEP = 1;                           //关闭蜂鸣器
    Delay_ms(100);
}
/********步进电动机正转函数********/
void  motor_up()
{
    uchar i;
    for (i = 0; i<8; i ++ )             //8 次共转 3.75°×4 = 30°
    {
        PORTA = up_data[i];             //取正转数据
        Delay_ms(30);                   //转一个角度停留的时间,可调节转速
    }
}
/********步进电动机反转函数********/
void  motor_down()
{
    uchar i;
    for (i = 0; i<4; i ++ )             //4 次共转 7.5°×4 = 30°
    {
        PORTA = down_data[i];           //取反转数据
        Delay_ms(30);                   //转一个角度停留的时间,可调节转速
    }
```

```
}
/********主函数********/
main()
{
    port_init();
    while(1)
    {
        if(K1 == 0)                         //若 K1 键按下
        {
            Delay_ms(10);                   //延时 10 ms 去抖
            if(K1 == 0)
            {
                while(!K1);                 //等待 K1 键释放
                up_flag = 1;
                down_flag = 0;
                stop_flag = 0;
                beep();
            }
        }
        if(K2 == 0)                         //若 K2 键按下
        {
            while(!K2);                     //等待 K2 键释放
            Delay_ms(10);                   //延时 10 ms 去抖
            if(K2 == 0)
            {
                down_flag = 1;
                up_flag = 0;
                stop_flag = 0;
                beep();
            }
        }
        if(K3 == 0)                         //若 K3 键按下
        {
            Delay_ms(10);                   //延时 10ms 去抖
            if(K3 == 0)
            {
                while(! K3);                //等待 K1 键释放
                stop_flag = 1;
                up_flag = 0;
                down_flag = 0;
                beep();
            }
        }
        if(up_flag == 1)motor_up();         //电动机正转
        if(down_flag == 1)motor_down();     //电动机反转
```

```
        if(stop_flag == 1)PORTA = 0x00;     //电动机停止
    }
}
```

3. 源程序释疑

本程序通过 K1、K2、K3 键控制步进电动机的转动和转向，正转使用了 1-2 相励磁法，反转使用了 1 相励磁法。

按下 K3 键停止电动机运行时，为防止关闭时某一相线圈长期通电，要将 RA0～RA3 均置为低电平（不要都置为高电平），因为 RA0～RA3 为低电平时，经 ULN2003 反相后输出高电平，使加到步进电动机线圈端的电压与电源电压相同，因此，线圈不发热。

需要说明的是，由于正转与反转脉冲信号频率是相同的，但由于正转使用了 1－2 相励磁方法，因此，正向转速为反向转速的一半。

4. 实现方法

① 打开 MLAB IDE 软件，建立工程项目，再建立一个名为 ch18_2.c 的源程序文件，输入上面源程序。对源程序进行编译，产生 ch18_2.hex 目标文件。

② 将 PIC 核心板 RB2～RB4、V_{DD}、GND 通过杜邦连到 DD—900 实验开发板 P32～P34、V_{CC}、GND 上，使 K1～K3 按键接入到电路中。同时，将 PIC 核心板的 RA0～RA3 插针用杜邦线连接到 DD—900 的 JP7 的 A_IN、B_IN、C_IN、D_IN 插针上，使步进电动机接入到电路中。

③ 将 PICKIT2 连接到 PIC 核心板的 RJ12 接口，同时，用 5 V 电源适配器为 PIC 核心板供电，将其 PICKIT2 插接在 PC 的 USB 口上，DD—900 实验开发板不用单独供电（由 PIC 核心板为其供电）。

④ 进行硬件仿真或将程序下载到 PIC16F877A 单片机中，分别按压 K1、K2、K3 键，观察步进电动机的运行情况。

该实验程序在随书光盘的 ch18\ch18_3 文件夹中。

参 考 文 献

[1] 周坚. PIC单片机轻松入门[M]. 北京:北京航空航天大学出版社,2009.
[2] 江和. PIC16系列单片机C程序设计与PROTEUS仿真[M]. 北京:北京航空航天大学出版社,2010.
[3] 徐玮,沈建良,庄建清. PIC单片机快速入门[M]. 北京:北京航空航天大学出版社,2010.
[4] 姚晓通. DSP技术实践教程——TMS320F2812设计与实验[M]. 北京:中国铁道出版社,2009.